中国古代冷兵器设计史

杨建明 付久强 张洪海 于德华 等 著

北京理工大学出版社
BEIJING INSTITUTE OF TECHNOLOGY PRESS

版权专有　侵权必究

图书在版编目（CIP）数据

中国古代冷兵器设计史 / 杨建明等著 . —北京：北京理工大学出版社，2019.11
　ISBN 978-7-5682-8009-9

　Ⅰ. ①中… Ⅱ. ①杨… Ⅲ. ①冷兵器-设计-军事史-中国-古代 Ⅳ. ①E922.8

中国版本图书馆CIP数据核字（2019）第285023号

出版发行 / 北京理工大学出版社有限责任公司	
社　　址 / 北京市海淀区中关村南大街5号	
邮　　编 / 100081	
电　　话 /（010）68914775（办公室）	
（010）82562903（教材售后服务热线）	
（010）68948351（其他图书服务热线）	
网　　址 / http：//www.bitpress.com.cn	
经　　销 / 全国各地新华书店	
印　　刷 / 北京虎彩文化传播有限公司	
开　　本 / 787毫米×1092毫米　1/16	
印　　张 / 18.75	责任编辑 / 施胜娟
字　　数 / 297千字	文案编辑 / 李丁一
版　　次 / 2019年11月第1版　2019年11月第1次印刷	责任校对 / 周瑞红
定　　价 / 188.00元	责任印制 / 李志强

图书出现印装质量问题，请拨打售后服务热线，本社负责调换

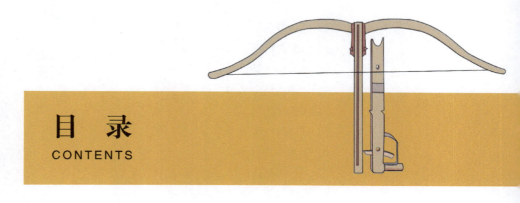

目 录
CONTENTS

第一章　绪　论

第一节　中国古代冷兵器的发展时序 // 2
　　一、人类兵器的起源 // 2
　　二、冷兵器时代 // 3
　　三、冷兵器与火兵器并用时代 // 5
第二节　中国古代冷兵器的造物方法与思想 // 6
　　一、中国古代冷兵器造物方法 // 6
　　二、中国古代冷兵器造物思想 // 8
第三节　中国古代冷兵器设计史的研究方法与框架 // 10
　　一、研究方法与实物资料、古代文献资料 // 10
　　二、研究框架 // 11
第四节　中国古代冷兵器设计史研究的价值 // 13
　　一、学术价值 // 13
　　二、应用价值 // 15

第二章　原始时代的冷兵器设计

第一节　冷兵器的起源 // 20
　　一、原始社会的生产工具 // 20
　　二、部落矛盾促使兵器产生 // 22
第二节　原始时代典型的冷兵器种类 // 25
　　一、格斗类兵器 // 25

二、远射类兵器 // 31
三、防护类兵器 // 33
第三节　原始时代冷兵器设计分析 // 34
一、外观与结构 // 34
二、制造与工艺 // 42
三、操作与交互 // 49
四、性能与威力 // 49
第四节　原始时代冷兵器的历史进步与时代局限 // 54
一、原始时代冷兵器的历史进步 // 54
二、原始时代冷兵器的时代局限 // 56

第三章　青铜时代的冷兵器设计

第一节　"百工"制度对冷兵器设计的影响 // 60
一、何为"百工" // 60
二、"百工"制度下的生产规范 // 61
三、"百工"制度与古代军事管理 // 63
第二节　战争形式与冷兵器的利用 // 66
一、步兵作战与冷兵器使用 // 66
二、车战作战与冷兵器使用 // 66
第三节　青铜时代典型的冷兵器的种类 // 68
一、格斗类兵器 // 68
二、远射类兵器 // 76
三、卫体类兵器——剑 // 80
四、战车 // 81
五、防护类兵器 // 83
第四节　青铜时代冷兵器设计分析 // 85
一、外观与结构 // 85
二、制造与工艺 // 93
三、操作与交互 // 95
四、性能与威力 // 98
第五节　青铜时代的冷兵器造物思想 // 100
一、《周易》设计思想与古代造物 // 100
二、《周易》思想对兵器创制的设计指导 // 101

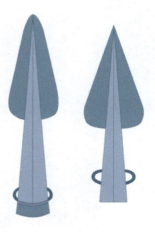

目 录

第四章　革新时代的冷兵器设计

第一节　时代变革对冷兵器设计的影响 // 106
一、农工商业变革对冷兵器设计的影响 // 106
二、社会经济和政治制度变革对冷兵器设计的影响 // 108
三、文化学术对冷兵器设计的影响 // 110

第二节　战争形式与冷兵器利用 // 111
一、战车作战与冷兵器的利用 // 112
二、步骑兵作战与冷兵器的利用 // 114
三、舟师作战与冷兵器的利用 // 114

第三节　春秋战国时期典型的冷兵器种类 // 116
一、格斗类兵器 // 116
二、远射类兵器 // 118
三、防护装具 // 119

第四节　春秋战国时期冷兵器设计分析 // 121
一、外观与结构 // 121
二、制造与工艺 // 124
三、操作与交互 // 125
四、性能与威力 // 125
五、设计案例分析：镂空兽首有銎戈 // 126

第五节　春秋战国时期的冷兵器造物思想 // 134
一、道与《考工记》// 134
二、以利为本，物以致用，体用观 // 136
三、从军礼至权谋的军事思想 // 136

第五章　封建制上升时期的冷兵器设计

第一节　手工业迅速发展对冷兵器设计的促进 // 140
一、官私政策 // 140
二、标准化 // 141
三、赋税制度 // 143

第二节　战争形式与冷兵器利用 // 144
一、步骑兵作战方式的变化与格斗兵器的利用 // 144
二、步兵作战的发展与远射兵器的利用 // 145
三、战争中防护装具的利用 // 146

第三节　秦汉时期典型的冷兵器种类 // 147
一、格斗类兵器 // 147

二、长距攻击兵器 // 148
　　三、防护装具 // 148
　　四、其他兵器 // 149
第四节　**秦汉时期冷兵器设计分析** // 150
　　一、外观与结构 // 150
　　二、操作交互及性能威力 // 152
　　三、制造与工艺 // 153
　　四、设计案例分析——南越王墓铁剑 // 155
第五节　**秦汉时期的冷兵器造物思想** // 161
　　一、统一标准、兼容并蓄 // 161
　　二、文质观 // 162
　　三、孝悌观、厚葬观 // 163
　　四、天人合一 // 164

第六章　多元与融合的冷兵器设计

第一节　**从乱世到强盛时代的冷兵器设计** // 166
　　一、魏晋南北朝时期 // 167
　　二、隋唐时期 // 168
　　三、五代十国时期 // 169
第二节　**战争形式与军事制度** // 170
　　一、战争的特点和主要形态 // 170
　　二、军事制度 // 171
第三节　**典型的冷兵器种类** // 173
　　一、格斗类兵器 // 174
　　二、远射类兵器 // 177
　　三、防护类兵器 // 179
第四节　**冷兵器设计分析** // 183
　　一、外观与结构 // 183
　　二、制造与工艺 // 184
　　三、操作与交互 // 185
　　四、性能与威力 // 186
　　五、三国弩与木牛流马 // 187
第五节　**多元与融合的冷兵器设计思想** // 193

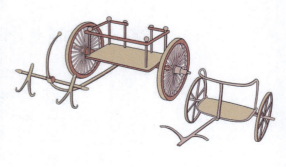

第七章 火器参与时代的冷兵器设计

第一节 农耕民族和游牧民族融合时代的冷兵器设计 // 196
- 一、火器发展对冷兵器设计的影响 // 196
- 二、两宋时期的冷兵器设计背景 // 197
- 三、元朝时期的冷兵器设计背景 // 197

第二节 战争形式与时代军事代表 // 199
- 一、宋辽夏金元时期的战争形式 // 199
- 二、时代军事代表：蒙古轻骑横扫欧亚 // 200

第三节 宋辽夏金元时期的冷兵器种类 // 201
- 一、格斗类兵器 // 201
- 二、远射类兵器 // 207
- 三、防护类兵器 // 212

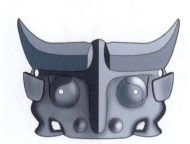

第四节 宋辽夏金元时期冷兵器设计分析 // 214
- 一、外观与结构 // 214
- 二、制造与工艺 // 215
- 三、操作与交互 // 216
- 四、性能与威力 // 216

第五节 抛石机设计与襄阳之战、钓鱼城之战 // 218
- 一、抛石机设计概述 // 218
- 二、襄阳之战中的抛石机应用 // 229
- 三、钓鱼城之战中的抛石机应用 // 230

第六节 蒙古弯刀设计 // 232

第七节 火器参与时代的兵器设计思想 // 234

第八章 走向成熟的冷兵器设计

第一节 传统历史根基的兵器设计 // 238
- 一、明朝历史根基的兵器设计 // 238
- 二、清朝历史根基的兵器设计 // 239

第二节 火器发展对传统冷兵器设计的影响 // 241
- 一、火器发展对明代传统冷兵器设计的影响 // 241
- 二、火器发展对清代传统冷兵器设计的影响 // 243

第三节 典型的兵器种类 // 245
- 一、格斗类兵器 // 245
- 二、远射类兵器 // 250
- 三、防护类兵器 // 255

第四节　明清时期冷兵器设计分析 // 258
　　一、外观与结构 // 258
　　二、制造与工艺 // 260
　　三、操作与交互 // 262
　　四、性能与威力 // 263
　　五、设计案例分析：明清辽东防线火器与冷兵器 // 264
第五节　东方与西方的兵器设计融合 // 266

第九章　结　语

第一节　中国古代冷兵器设计的脉络 // 270
　　一、原始时期冷兵器设计 // 270
　　二、青铜时期冷兵器设计 // 271
　　三、革新时期冷兵器设计 // 271
　　四、封建制上升时期冷兵器设计 // 272
　　五、多元与融合时期冷兵器设计 // 272
　　六、火器参与时代的冷兵器设计 // 273
　　七、走向成熟的冷兵器设计 // 273
第二节　中国古代冷兵器设计分析 // 274
　　一、外观与结构 // 274
　　二、制造与工艺 // 275
　　三、操作与交互 // 275
　　四、性能与威力 // 276
第三节　中国冷兵器设计的若干规律 // 277
　　一、中国古代冷兵器设计的发展规律 // 277
　　二、中国古代冷兵器设计的象形文化规律 // 280
　　三、中国古代冷兵器设计的对立演化规律 // 281
　　四、中国古代冷兵器设计的战争主导规律 // 282
　　五、中国古代冷兵器设计的文化融合规律 // 284

参考文献 // 285

第一章 绪论

第一节　中国古代冷兵器的发展时序

一、人类兵器的起源

兵器特指军事斗争中具有杀伤和破坏功能的各类器械、装置。从广义上来说，任何可造成伤害（包括心理伤害）的事物或工具，都可称为兵器。我们需要从历史发展的脉络来探析人类兵器最早的起源。

（1）动物的"兵器"是它们身体的组成部分，如尖齿、毒牙、利爪、锐角等。与人类不同，动物无法控制也无法预知使用"兵器"的具体时间，所以在自然选择的漫长进化中，许多动物都具备了独有的"兵器"，它们是身体的组成部分，可以随时供自己使用，被快速地调动来进行斗争。由此可知，将"兵器"从身体分离，也就是具有使用"工具"的意识，能够使用自身以外的"工具"作为兵器装备，将是一次重大的突破。这还说明兵器在人类社会出现时是具有偶然性的，开始只是作为工具存在，在某种意外情况下被赋予了进攻和防护的功能，从那一刻起这些工具就具备了兵器的性质。之后，人类才有意识地将某些工具专门用于进攻和防护，逐渐制造出真正意义的兵器。

（2）人类开始制造兵器的目的都是狩猎，而不是战争或其他用途。而早期原始人类的兵器也确实使猿人们在狩猎时远离被其他动物攻击的恐惧。虽然绝大多数动物都有长在自己身上的"兵器"，黑猩猩也能借助石块、木棒等进行攻击，但最终兵器却仅仅在人类的进化过程中快速发展，这是与人类的直立行走密切相关的。直立行走导致人类的上肢和双手得到解放，从而能为兵器提供多种使用方式，如抓、投掷和猛击。与此同时，人类大脑的发育水平越来越高，动手能力越来越强，制造工具的技术也越来越好，这都使得兵器的种类越来越丰富。如何制造出更省力高效，与人体配合程度更高的兵器，也促使着远古"设计师"们对兵器不断升级改造。除此之外，随着人类经济文化等各方面的发展，原始人类不同时期的兵器不断升级，而且每个时期的兵器又具有鲜明的时代特征。

二、冷兵器时代

中国古代兵器的发展时序和世界兵器发展时序基本一致，大致可分为两个时期：冷兵器时期、冷兵器和火兵器并用时期。冷兵器作为人类文明的历史见证之一，依据制造的材质、工艺不同，经历了石木兵器时期、青铜兵器时期与铁兵器时期3个阶段，三者更替迭代。

石木兵器属于原始时期的兵器，其延续的时间最长；青铜兵器属于重要发展阶段；铁兵器发展最为鼎盛，影响最为深远。

（一）石木兵器时期

整个原始社会期间人们使用的兵器都属于石木兵器，这个时期的兵器与生产工具之间的界限并不明显。在人与人、人与自然的斗争过程中一些生产工具开始作为武器使用，逐渐出现兵器的萌芽。

石木兵器时期贯穿3个时代。

（1）旧石器时代：出现了一批利用杠杆、空气动力学或其他物理原理制作的兵器，例如可飞回的矛、渔叉、投石器和弓箭等。

（2）中石器时代：当时人类主要使用的兵器是弓、标枪、飞镖和弹弓，这些都是远战兵器。

（3）新石器时代：石斧、石刀、石锄、石镞、石镰、石镞、骨耙、穿孔斧和多孔石斧等工具，已被较多地制作和使用，为兵器制造水平的进一步提高准备了必要条件。

夏商周时期，阶级社会开始产生，人口增多，为了抢占土地以及财富资源，出现了更加激烈的战争。以生产劳动为主要目的的工具已经无法满足战争的需求，人们开始有意识地设计制造专业性攻防兵器。除了进攻的格斗兵器，防护卫体用的兵器也应运而生。此时兵器已从生产工具中分离出来，正式进入了独立的发展时期。

（二）青铜兵器时期

从狩猎工具发展而来的青铜兵器，因为材质、工艺等方面的更新，威力与杀伤力迅速增强。中国古代"五兵"（矛、弩、剑、戈、锻）多是青铜兵器。青铜兵器的设计、制造和使用贯穿了整个夏、商、周，直至秦初，最后为铁制兵器所取代。青铜冶炼技术的出现使我国古代冷兵器的发展迈出了重要一步，兵器制造进入了新的阶段。夏商时期的战争形式多为车战，兵器形制多为长柄和制作较为粗糙的弓箭。到了西周时期，青铜兵器在造型设计上更加规范，类型更加丰富，此时兵器甚至出现大小系列组合，表现出一种秩序美感，体现了庄严、威猛、肃穆的审美特征，富含设计制造的形式美与功用美。

（三）铁兵器时期

与青铜兵器一样，铁兵器的普及也经历了一段较长的时间。西周时期就出现了冶铁工艺，但是在铁兵器上应用较少。战国时期全新的铸铁工艺、生铁冶炼技术推动了铁兵器的发展，秦汉时期得到推广的淬火技术、退火技术、铸铁脱碳技术，极大促进了铁兵器的广泛运用。尤其是汉武帝时期的"盐铁官营"，以政治强制推行，促进铁制工具的普及并领先世界。东汉至唐代末期创造和发展了炒钢技术、百炼钢技术、灌钢技术，各种铁兵器的构造在宋代相对定型，铁兵器的制造与使用也越来越标准化。宋末至清末民初，铁兵器稳步发展，随着火兵器全面取代冷兵器，铁兵器逐渐退出了历史舞台，但在一些特定场合，铁兵器仍然作为礼仪兵器被广泛使用。

三、冷兵器与火兵器并用时代

从唐末宋初到晚清为冷兵器与火兵器并用的时代。宋代冷兵器的发展已经十分成熟，几乎达到顶峰，在冷火兵器并用、共同发生威力等方面开创了诸多先例。北宋武器一部分延续之前的形制，并且受到一些少数民族地区武器的影响，类型繁杂。与前代相比，宋代的远射工具变化较大，性能与之前相比取得了一些突破。防御兵器方面几乎还是沿用前代的兵器种类，没有重大的创新，只是在细节上进一步完善。北宋时期得益于发达的冶炼锻造技术，盔甲的材质性能较为优越。如根据不同兵种的需求，衍生出了不同形制的盔甲；并且根据当时盔甲的重量，以及所需甲叶数量等各个方面制定了详细明确的量化标准。这一时期，火药兵器也开始在战争中投入使用，但仍处于火兵器使用的初级阶段，并无太大的杀伤力，使用范围与作用都非常有限。这样的情况决定了当时的军队还是以马军与步军为主体，步军占据绝对的主力优势，弓弩的使用占据领导地位，大规模的近身战是主要的作战方式。

火药起源于中国古代炼丹术，火兵器的出现追溯其源头是古代火攻战术。北宋初期非常重视火器的制造，从个体的手工业发展为大型的火药制作作坊，批量化的火药生产使火兵器发展迅速，并且政府颁布奖励政策，推动火兵器的研究与制造。南宋时期出现了铁火炮和火枪，元代时期的火铳就是依照这两者的原理制成的。

明朝时期，统治者大力发展火器的生产与研制，创建了神机营等完全用火器装备的机动部队，内卫京师、外备征战。这个时期，火兵器的种类与质量都有提升，其中管形火器发展迅速，从单管到多管，并且配备较为先进的瞄准和击发装置，逐渐开始取代传统的抛石机和弓弩等远射类冷兵器。

第二节　中国古代冷兵器的造物方法与思想

一、中国古代冷兵器造物方法

原始社会的先民们将打击、截断、切割、雕琢、砥磨、钻孔等最新的制作技术、工艺置入石质兵器中，还将木头和石球两种材质的优点结合起来，取长补短，发明了可投掷的投石索、投石器等木石复合工具，可以发挥更大的作战效能。

青铜时代的冷兵器制造往往依据"气序"规范、造物规范、考核规范等"百工"制度，如《考工记》中体现冷兵器设计的造物规范、设计分工、材料和技术标准等；《周易》注重冷兵器设计的思想引导，强调了形而上的"道"与形而下的"术"两者的有效融合。此时，哲学思想与度数之学的科学方法互为补充，互为融合，形成青铜时代冷兵器设计的重要特点。

秦汉时期的冷兵器制造强调统一标准，兼容并蓄，"文""质"结合，体现"天人合一"。在中国第一个大一统的鼎盛时期，官私政策、标准化运动、赋税制度等都对冷兵器设计产生了重要影响。

魏晋南北朝时期，战争频仍，社会大发展大融合。在这个时期，使用精巧的机械结构成为兵器设计的特点，产生了诸多里程碑式的兵器。例如，汉代时弩的使用比较普遍。

汉代制弩技术已经达到了很高的水平——望山上增设刻度、改进弩型、改进三角棱形箭矢等。汉代末年，三国的弩重点改进了连发、瞄准、轻便易携等特性，使之战斗力进一步增强。魏晋南北朝时期的另外一个典型"木牛流马"则叠加机械传动装置进行仿生设计，载重量大，灵活方便，成为军事后勤的重要交通工具。

宋辽夏金元时期，中国文化多元叠加，军事对峙，冷兵器设计走向成熟，也产生了具有标志性意义的兵器。蒙古军队的武器装备较为完善，据《黑勒事略》载，有甲、弓、箭、环刀、长短枪、盾牌、令旗炮等军事器械。元代蒙古军队以骑兵为主，步兵为辅，骑兵、步兵射术皆精，均有弓箭，另有剑、镰刀、斧、锤等短兵器，少用长兵器。蒙古轻骑兵携带蒙古弯刀与弓箭，灵活机动，横扫欧亚，将冷兵器时代的战斗力发挥到极致。

另外，抛石机是古代一种威力巨大的远射兵器，攻城与防守兼备。1259年，蒙哥汗率主力攻打巴蜀时，南宋军队在潼川府路合州钓鱼城（地处今重庆市合川区）以火药抛石机有效对抗远道而来的蒙古军，甚至炮打蒙哥汗，使其落马中炮而亡，创下了中外战争史上罕见的以弱胜强的战例，钓鱼城因此在军事战争史上被誉为"上帝折鞭之处"，改写了东亚史与世界史。因为中亚穆斯林工匠迁入东亚，回族工匠与汉族工匠制造了配重式抛石机，在襄阳之战中蒙古军队以新式抛石机威震南宋守军。

明清时期是东西方对峙、融合、多元混杂时期。明清辽东防线火器与冷兵器的对决，成为冷火兵器并用时期的经典战争案例。西方火枪在填充和点火方式上较中国传统火铳有本质的进步，战斗力大大增强，火器快步向前发展，冷兵器逐渐衰落的趋势不可逆转。

中国古代匠人在文化融合中不断自我革新、砥砺奋进，不断提升冷兵器的设计水平。纵观历史的滚滚洪流，至少有以下几个时段值得重点关注：

春秋战国时期中原人群与周边（东夷、西戎、南蛮、北狄）民族，魏晋南北朝时期中原地带农耕民族与草原地带游牧民族的交融，隋唐时期中原地带农耕民族与东北、西北及青藏高原少数民族的激烈碰撞，宋元时期本土陆上族群与海外族群的贸易文化交流，明清时期南方族群与北方族群的文化交流……伴随着中国文化自身固有的海纳百川的包容伟力，不断在族群融合和文化长河中，融进夷戎蛮狄人群、草原游牧渔猎人群、青藏高原人群，甚至海外人群的智慧力量，在交流融合、相互促进中，构建了光辉灿烂的中国古代冷兵器设计史。

二、中国古代冷兵器造物思想

（一）师法自然

从中国兵器发展史来看，兵器雏形的灵感来源于自然。这体现了中华民族文化中非常重要的一点：对自然万物的敬畏，重视"师法自然"，从早期兵器的原型设计可以认识到先人对自然的执着关注。在兵器制作中，注重运用自然法则的思想内核植入兵器设计中。从艺术性和实用性上，中国古代冷兵器都体现出重视自然、模拟万物的思想。

第一，在艺术性上，从自然中汲取外观灵感设计兵器，单纯模拟动物的外形或特殊色彩进行兵器设计与制作、纹饰装饰与美化，体现模拟仿生或象形性。冷兵器设计在艺术性上描绘万物形态，表达或崇拜、或威慑、或彰显身份的情感。纹饰作为兵器艺术性的重要体现，多用于表达制器人、持器人对于不同文化意象内涵纹饰的个人感情。动物纹饰、植物纹饰乃至云纹水纹等日月星辰、风雨雷火相关的纹饰都是古人从天地中采撷万物形态，目的在于向外展示军事实力、震慑潜在敌手。兵器外观带来的强烈视觉震撼，是沉默的利剑，可以展示军事实力，实现不战而屈人之兵的战略意图。

第二，在实用性上，模拟动植物的特殊外形或技能用于作战需要。冷兵器很大一部分与野兽猛禽的仿生有关，如模仿尖牙的狼牙棒，模仿鹰爪的飞爪，模仿牛角的牛角叉，模仿龟壳的盾牌，模仿穿山甲的铠甲。对植物的仿生亦包括柳叶刀、铁蒺藜、梅花钩、梅花针、草镰等。武器吸取的动植物象形有叉形、钳形、爪形、镊形、掌形、甲壳形、刺猬形等形态。

（二）天人合一

中国传统文化的最高理想与最基本的思维方式是"天人合一"，体现自然与人的高度统一。《周易》中的"位"不仅是时间和空间两个尺度交合的坐标点，也是人对时空流动的把握再现。《周易》影响传统的造物设计文化，渗透到深层次的民族文化心理中，对中国冷兵器设计的演进起到潜移默化的作用。中国先秦时期的《考工记》蕴含丰富的设计哲学思想：以"礼"为设计基础，体现器物与造物的载体。在"礼""器""道""人"四位一体和"天有时、地有气、材有美、工有巧，合此四者然后可以为良"的发展中，器物达到审美与实用高度统一。设计及造物体现的是人与物、人与自然的艺术对话。中国春秋时期的《老子》也体现了"天人合一"、和谐共生的设计思想与造物准则，这对今天的设计仍然具有指导意义。

我国古代冷兵器造物过程中，人们有效利用自然的思想原则，融合自然与人为一体的精神气度，体现"天人合一"的文化内涵。"天人合一"，结合了人类对自然规律的认知与感受，加入了自我对世界的感受和认知；"天人合一"需要观察自然，从中获得启示，继而利用自然资源，把握自然规律，设计制造出"天人合一"的兵器满足战争需要。中国大地幅员辽阔，各地自然地理状况不同，人们依据当地情况，因地制宜，发展适合地域特点的生产制造工艺，形成地域差异显著的兵器文化。

第三节　中国古代冷兵器设计史的研究方法与框架

一、研究方法与实物资料、古代文献资料

（一）研究方法

本书主要应用了5种研究方法。

1. **历史史料解读法**

对典型的中国古代冷兵器史料进行搜集、查阅，将史料中的冷兵器信息进行比对分析。

2. **实地（地理）考察法**

对国内外多个博物馆主要的核心冷兵器的收藏了然如胸，进行实地考察对比，将中国古代兵器实物、军事场景等作为冷兵器设计要素建立信息提取库。

3. **案例解读法**

对中国古代冷兵器的典型设计案例进行详细的案例剖析，通过典型案例还原冷兵器使用的场景和时代特征，在特定时代背景下对特定冷兵器的外观与结构、制造与工艺、操作与交互、性能与威力等方面进行深入剖析。

4. **数字复原法**

对中国古代冷兵器古代文献记载、墓葬出土的冷兵器进行平面和三维相结合的电脑数字绘图，进行严谨复原，以展示中国古代冷兵器的设计水平。

5. 多重证据验证法

以二重证据法（中国古代冷兵器的文献研究+考古实物研究二维验证）为基础，将文献研究和考古实物研究紧密结合，并结合跨文化材料等，形成多重证据，以支撑设计研究，夯实基础。

（二）实物资料

本书涉及的兵器实物资料主要来源于国内外博物馆、艺术馆馆藏实物、墓葬出土实物，以及传世冷兵器实物等。

国内博物馆主要包括故宫博物院、中国人民革命军事博物馆、首都博物馆、中国国家博物馆、南京博物院、上海博物馆、湖北省博物馆、河北省博物馆、西安秦始皇兵马俑博物馆、安阳殷墟博物馆等国家级、省级和地方博物馆。

国外博物馆主要包括国外入藏中国古代冷兵器的博物馆、艺术馆或陈列馆。

（三）古代文献资料

本书涉及的古代文献资料主要来源于经、史、子、集"四部"，特别是正史、杂史、起居注、杂传、地理、农书、兵书等。如北宋曾公亮的《武经总要》、战国孙膑的《孙膑兵法》、明茅元仪的《武备志》、明戚继光的《练兵实纪》、明宋应星的《天工开物》、明唐顺之的《武编》、明毕懋康的《军器图说》、明王鸣鹤的《登坛必究》、明戚继光的《纪效新书》、明赵士桢的《神器谱》等。

以史为据，是本书的研究理论基础。

二、研究框架

本书的研究主要从时间发展顺序入手：
原始时代的冷兵器设计（旧石器、新石器时代）；
青铜时代的冷兵器设计（夏、商、西周时期）；
革新时代的冷兵器设计（春秋、战国时期）；
封建制上升时期冷兵器设计的高度发展（秦汉时期）；
冷兵器设计的多元与融汇（三国、两晋、南北朝、隋唐时期）；
火器参与时代的冷兵器设计（宋、辽、西夏、金、元时期）；

　　冷兵器设计走向成熟（明、清时期）。

　　其中每一章节都分别从古代战略战术与冷兵器设计、战争形式与冷兵器设计、典型的冷兵器分类、冷兵器设计分析、中国古代冷兵器设计造物思想等几个角度切入进行剖析。全书各章节结构如图1-1所示。

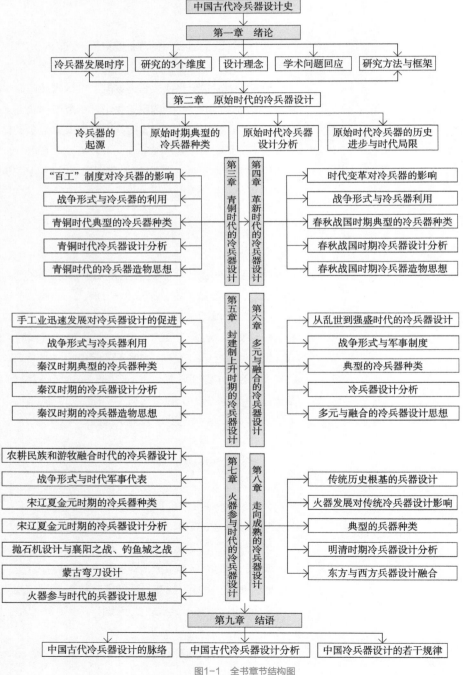

图1-1　全书章节结构图

第四节　中国古代冷兵器设计史研究的价值

一、学术价值

（一）从设计学的角度考察中国不同历史时期的造物经验、政治背景、文化经济等，为古代冷兵器研究提供新视野

本书将中国冷兵器设计分为原始时代、青铜时代、革新时代、封建制上升时期、多元与融合时期、东西方融合时期以及火器参与时期7个阶段进行研究。

如从原始时代到青铜时代，制造业水平的革新从根本上导致冷兵器在材质上从骨、角、木、石等材质向青铜的演变。原始时代因狩猎及部落矛盾的产生，人们开始将日常生产工具拓展为兵器。随着我国人口不断增长与迁移，青铜时代将部落矛盾演变成为国、民族、阶级之间的矛盾，这从根本上促使冷兵器在设计与制作过程中形成规范。

我国文化与经济的发展同样对冷兵器设计带来影响，西周到春秋时期，天子和诸侯遵循乡遂制度，由于"国人"掌握着绝大多数社会资源和金属制造技术，他们佩戴的随身兵器多为工艺精良的制品，而"庶民"的兵器多无据可考或以农具代替。因此，中国上千年的社会发展规律推动着古代冷兵器进化，不同时代背景影响着冷兵器的设计与制造。

（二）注重设计分析，从古代冷兵器设计的外观结构、制造工艺、操作交互与性能威力4个方面进行剖析，弥补了传统冷兵器研究只关注分类及功能描述的片面性

中国古代冷兵器外观分类与功能利用的研究资料已是汗牛充栋，而外观结构、制造工艺、操作交互与性能威力的研究相对较少。我国古代斧、刀、矛等常见冷兵器的外观为人熟知。斧在原始时代是石与木的复合材质，而在青铜时代多见斧为全青铜材质，制造工艺的演变使得冷兵器的操作交互发生改变，从而带动性能威力的提升。同样，原始时代的刀因为制造工艺的区别产生形态差异从而带来交互的变化，而青铜矛的性能威力远超石制矛。从设计学的角度，冷兵器外观设计涉及美学、结构工程学、制造加工技术、操作交互方法、性能威力效果分析，设计因素之间相互影响。因此，本书对古代冷兵器设计中的外观结构、制造工艺、操作交互以及性能威力4个关键方面进行针对性的分析。

（三）将冷兵器设计研究置于不同历史时期的战争形式之中，提高了冷兵器设计研究的科学性与阐释力

冷兵器本身具备独特的作战功能以及在日常生活中不常见的特征，仅观察分析冷兵器外观结构并不能充分理解它们的使用过程及性能威力，因此，本书从冷兵器的应用出发，将冷兵器置于相应的战争形式与场景中进行实景化模拟研究。原始时代的冷兵器多应用于解决部落矛盾，原始兵器更接近日常工具的使用方式。青铜时代随着"国"的出现，战争规模不断扩大，冷兵器逐渐演变为与步兵、战车、防护装具配合应用的多种使用方式，并有了规范化的操作，这使得冷兵器的威力极大增强。革新时代有了冷兵器与舟师作战配合的外观形式需求。宋辽夏金元时期北方游牧民族频繁参战，冷兵器设计要求配合灵活的骑兵作战，并出现了火器与冷兵器相结合的形式。这些多元化的冷兵器使用方式让冷兵器在不同的战争中发挥了巨大的作用。因此，冷兵器设计的场景化研究可以提高冷兵器研究的科学性，增加对冷兵器的解释深度。

（四）对中国古代不同历史时期冷兵器造物思想进行提炼，考察冷兵器设计规律形成的内在机制与动因，推动冷兵器设计学理论研究

正如不同的时代有着异曲同工的美学观一样，不同的时代文化也会赋予冷兵器设计时代特有的社会文化与思想。在青铜时代，百工制度下的"气序""造物""考核"三大生产规范与《周易》中的"师法自然""度数之学"相融合，冷兵器的设计制作不仅有了质量上的保证还让冷兵器设计制造具备可循的规律。革新时代各方面的变革与当时的文化学术给予冷兵器设计双重影响。各方面的变革使得步兵兵器的制造设计有了质的飞跃，士兵们在战场上配备了盾牌、云梯、弹石等辅助作战工具，并使用弓弩、剑、戈、戟同时作战。在文化学术上，《周礼·考工记》记载冷兵器制造的主要科学原理和机械结构，大大促进了冷兵器的设计与制造。由此可见，历史与革新所沉淀出的造物思想是推动冷兵器设计发展的主要内在机制与动因之一，对其研究可推动兵器相关设计学理论进步。

二、应用价值

（一）对大量古代冷兵器的功能、性能与应用进行系统研究，为我国现代冷兵器开发提供新思路

虽然现代军事装备的开发利用更多集中于热武器、核武器，但士兵随身的冷兵器一直是军队必不可少的装备，如现代军事特殊训练过程中的战术刀、军用弓弩，近身肉搏战中的刺刀、战斧等。现代士兵有时要执行渗透任务，往往会要求士兵进行无声作战，这个时候，弓弩的作用就十分明显。现代冷兵器开发从其本身的外观结构、材质工艺、操作交互与性能威力作出系列革新，如：战斧由钢制并将原本斧的实体块状减去，使其减轻重量却增大了威力；现代弓弩由复合材料制成，并配合现代倍镜使用，不仅更加轻便同时大幅增加了精准射击的概率。在我国古代冷兵器发展史中，不论是深入延续并开发旧律的更多可能性，还是彻底改革创新，抑或是融入全新的社会文化与造物思想，皆是去糟粕取精华的演变过程，这些演变可以为中国现代冷兵器的设计创新提供新思路与历史经验。

（二）总结古代冷兵器的设计思想与方法并用于教学，可以提高我国军事装备设计的教学质量与人才培养质量

中国古代冷兵器具有适应战争而生的造物特殊属性，在系统性与针对性方面可以体现中国传统造物思想与设计理念。将历经上千年打磨的成熟设计思想与方法应用于设计专业教学中，能帮助新时代设计专业学生开拓新视野、梳理思路；同时，培养武器装备设计专业人才，建设一支水平高、造诣深的教学队伍是提升我国现代武器装备设计水平的关键所在。系统研究我国古代冷兵器设计史可有助于提升我国军事装备教学质量与人才培养质量。本书希望研究过程中的新思路与新方法可以为相关设计教学提供理论参考。

（三）对中国古代冷兵器设计美学思想进行挖掘，为基于中国古代美学的地方文创设计提供理论依据与实践参照

现代地方文创产品作为地方特色文化元素的体现始终坚持着继承并发展的原则，实现产品种类的实用性及产品外观的观赏性，需要对地方特色文化美学价值不断研究。古代冷兵器作为中国传统造物中的重要对象之一，其美学思想及价值需要在现代语境下重新塑造，与古代冷兵器文化相关的地方文创同样离不开对其设计美学价值的深入挖掘。在悠长的古代冷兵器设计历史中不乏家喻户晓的地方名器，譬如，剑有浙江龙泉宝剑，湖北荆州出土的越王勾践剑；斧有少林宣花斧，山东东平程咬金三板斧；匕首有陕西咸阳荆轲刺秦王的徐夫人匕首，出自春秋战国时期越国欧冶子之手的龙鳞匕等。欧冶子是多数著名冷兵器的设计者、制造者。古代冷兵器的设计历程有着独特的文化内涵，体现着冷兵器不一样的美，使得它们有不同于一般器物的美学价值，可为地方文创设计带来全新的思路。本研究将为与冷兵器相关的地方文创开发提供理论依据与实践参照。

（四）对古代冷兵器操作与战争形式的研究，可重构古代冷兵器的使用功能规范，为开发现代商业价值提供依据

21世纪，中国传统文化的独特魅力得到了世界各地年轻人的青睐，但我们在文化遗产的发扬、维护的过程中还需还原历史真实情境。中国古代冷兵器是中国传统文化中不可或缺的一部分，在与文化遗产相关、具备商业价值的不同产品开发中同样也需追求完美演绎。譬如现代电影《花木兰》中，电影画面出现了大量冷兵器，各种兵器被士兵活灵活现地操作。《荆轲刺秦王》中出现的一把匕首，这把匕首是整个电影画面的焦点，观众会对该兵器留下深刻的印象。又如国产冷兵器游戏《战意》《全面战争：三国》中兵器的种类与使用方式等，画面展示给观众的每一处细节都真实可信才称得上是既专业又优秀的商业作品。现代影视、游戏为代表的商业价值开发涉及了大量冷兵器文化内容，这些内容的准确度同样需要重视。

第二章 原始时代的冷兵器设计

第一节　冷兵器的起源

一、原始社会的生产工具

人类社会的最初形态为原始社会。原始社会分为2个阶段：原始人群阶段和氏族公社阶段。原始人群阶段的社会生产力极其低下，使用的劳动工具多是从自然界获取或简单加工的石块、木棒和骨器，这个时期也称旧石器时代。

中国的原始社会开始于距今约170万年前的"元谋人"时期。从考古发掘的资料来看，当时人们已经能够使用火和制造简单的石制工具了。距今五六十万年前的"北京猿人"，对火的使用已经趋于成熟，不仅能用火照明、取暖和烤制食物，还能用火来防御猛兽，火成为人与野兽斗争的有力武器之一。然而他们使用的火还是自然火，只能长期保存火种，以便随时利用。根据对周口店出土的器物进行考证分析，"北京猿人"已经懂得选用坚硬的石料，运用不同方式打制不同类型的石器，如用来砍树的砍砸器，用来剥兽皮、割兽肉和修整木棒的刮削器、尖状器等，这些器具均是粗糙加工的石器。"北京猿人"用这些简单、粗糙的石器获取食物和抵御野兽，这些石器既是生产工具，又是斗争武器。

原始社会的主要生产工具大致可分为4类。

第二章 原始时代的冷兵器设计

（一）简单石器

旧石器时代的主要工具是从自然界获取或经过简单打制的石器，它们既被用于加工工具和采掘食物，也被用于击退野兽，具有多用途多功能，因此考古学家形象地称之为"万能"工具。中国旧石器时代最常用的简单工具是砍砸器和尖状器（图2-1）。

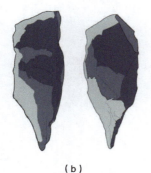

图2-1　简单石器
（a）砍砸器；（b）尖状器

（二）木棒

木棒的制作取材容易，是人类最早使用的工具之一，其作用也是多种多样的，比起短小的石器，木棒打击野兽更为方便有效。《商君书·画策》载："昔者，昊英之世，以伐木杀兽。"由于"石存木亡"，如今想要了解数万年前原始人使用的木棒，只能借助于考古学的发现和画家的想象力了。

（三）复合工具

复合工具是指用2种以上材料复合制成的工具。石头和木棒是最简单的原始复合工具，也是所有工具的鼻祖。这一技术的进步，为原始人创造出更大威力的工具提供了可能，如石锤、石斧（图2-2）、石矛的不断升级。

图2-2　石斧

（四）专用狩猎工具

大约三四万年前，猿人已经度过"古人"阶段进化为

"新人"。这个时期的人类,不但在体质形态上脱离了猿的特征,生产力相比猿人时期也有了相当大的提高,制造工具的水平明显进步,掌握了挖孔和初步磨制技术,出现了一些前所未有的形制,如多边形器、大三棱尖状器及球形器等。同时,人们对火已经有了一定的掌控能力,能够熟练地通过摩擦或碰击来取火。中国古代燧人氏"钻燧取火"的传说正是远古人掌握人工取火技术的描述。

石球可能是最早的专门用于狩猎的工具,它起源于狩猎中投掷的石块。为了提高投掷的准确性,原始人又对石头进行修整,使之变得浑圆规整。① 在距今100万年到50万年的陕西蓝田旧石器时代早期遗址,曾发现一件打制成圆形的石球,直径为9厘米(图2-3)。年代与之接近的山西芮城匼河文化遗址中,也出土了3件相似的石球。这类石球,其最大可能性是作为狩猎用的投掷器。最初原始人用手投掷石球,经过长期实践又发明了飞石索,这是人类最早创制的抛射器,它的出现大大增加了石球的投掷距离和打击强度。

旧石器时代的原始人群分散在广阔的土地上,各自向自然界索取食物,群与群之间很少来往。他们不存在经济联系,更谈不上政治冲突。由于生产力低下,原始人群中的成员无法单独生存,只有通过共同协作劳动获取集体生活资料,共同分配。在原始社会中,既没有劳动剩余,也没有私有观念,更没有靠私有财产奴役他人的剥削阶级,从这个层面来说,人类也没有战争。因此,旧石器时代的斗争武器是人同野兽斗争的工具,作为战争使用的兵器还没有产生。

二、部落矛盾促使兵器产生

人类工具的技术成熟促进了生产力的提高,原始人群的社会结构也随之发生变化。各自独立且流动的原始人群逐渐形成较固定而持久的团体,有了初步的劳动分工;婚姻关系也有了改变,由群居乱婚进化为血缘群婚,开始进入氏族公社时期。

氏族公社时期实行原始共产制,氏族及部落内部按照传统习俗处理日常事务,相互平等,没有压迫与奴役。部落与部落之间没有侵犯,和平共处。结构简单的氏族社会也存在局限性,其所能凝聚的最大集团就是部落。各部落内部的传统习惯对外部其他部落没有约束力,因此各部落间发生矛盾时就需要运用武力解决。他们因争夺水源、领地等经济资

图2-3 石球
(旧石器时代中期,直径9厘米)

---

① 成东,钟少异.中国古代兵器图集[M]. 北京:解放军出版社,1990:6-8.

源，或因家族内部血缘复仇和婚姻的掠夺等人际之间的矛盾而引起的冲突已具有战争的形态，但这种战争还不具有政治意义。他们争夺的内容大部分是天然资源，没有阶级剥削或压迫，没有作为阶级统治工具的国家机器，也没有军队；各部落成员既劳动又战斗，所谓军事首领也是从劳动者中选举出来的，其本质依然是从事生产的劳动者。

当部落间产生矛盾时，人们便将狩猎工具转用于部落战争，生产工具成为人与人之间斗争的兵器。狩猎工具用于生产时为工具，用于战斗则为兵器，两者仍然没有明确区分。人们对工具的使用不断成熟，要求也不断提高，随着磨制技术的不断完善，劳动工具有了更多的类型，并且有较为明确的分工。根据历年出土的新石器时代不同类型的器物，如石戈、石矛、石刀、石球、石斧、石铲和石镞等可以推知，用竹木制造的棍棒、标枪和矛头之类的兵器曾大量存在过。工具的进步促使人们必须先选择工具再进行战斗，选择那些最适合于战斗和杀伤、防护性能最好的工具。同时，战争还启发人们对某种工具适合战斗的原因和条件进行思考，并依据这些条件对工具进行改造，从而促使劳动工具开始向专门的斗争兵器转化。

随着社会的发展，到了氏族社会的后期，因为生产力的提升，开始出现了劳动剩余产品，产生了私有财产以及阶级分化，阶级社会产生，原始社会走向消亡。原始社会末期，为了掠夺奴隶和财富，部落及部落联盟或酋邦之间的战争日益频繁，这在古代文献中有大量记载，如神农与斧燧之战（《战国策·秦策》），黄帝与蚩尤之战（《史记·五帝本纪》），黄帝与四帝之战（汉简《孙子兵法》佚文），颛顼与孟翼之战（《山海经·大荒西经》），颛顼与共工之战（《瓶子·天文训》），帝喾与共工之战（《史记·楚世家》），尧与驩兜之战（《荀子·议兵》），尧与南蛮之战（《吕氏春秋·召类》），尧与丛、枝等部落之战（《庄子·人世间》），尧与有唐氏之战（《鹖冠子·世兵》），舜与有苗氏之战（《荀子·议兵》），禹攻三苗之战（《尚书·大禹谟》），禹与有扈氏之战（《庄子·人世间》），以及禹攻曹、魏、屈、骜等之战（《吕氏春秋·召类》）等。① 人们在这些频繁激烈的战争中加速了工具的改造进程，完善其性能，使其更适用于战斗的要求，于是兵器从劳动工具中分化出来，成为专用于作战的工具。

从原始生产工具最初被用于战争时起，生产工具向兵

---

① 中国军事史编写组.中国历代军事装备[M]. 北京：解放军出版社，2006：4—8.

器的漫长转化过程就开始了。新石器时代晚期正是作战工具与一般生产工具分离、兵器诞生的关键时期。新中国的考古发现提供了一些能够说明这一转化的证据：江苏邳州大墩子遗址曾经发现一座墓葬，距今约5 600年，墓主人为中年男性，右手握着骨匕首，左肱骨下置石斧，可能生前是氏族中的武士。一枚骨镞嵌入他的左股骨，应当是射中后折断在体内留下的（图2-4）。云南元谋大墩子遗址，距今约3 200年，发现了更加令人触目惊心的情况（当时中原地区已进入青铜时代，但边远的云南地区还停留在石器时代），遗址中有八座墓都埋葬着遭乱箭射杀的青壮年男女，其中一个男子胸腹遗有十余枚石镞，头部的右颧骨和下体的骶骨还各嵌着一枚石镞。据推测这些人是原始战争中被处死的俘虏。上述实例反映了原始狩猎工具向杀人兵器转化的情况。①

总之，在这段漫长的时间里，工具主要用于狩猎、采集、种植，属于生产工具，同时也用来格斗和作战，处于武器和生产工具不分的状态。因此，原始生产工具在不断发展进步的同时，也潜在地为独立兵器诞生做好了准备。

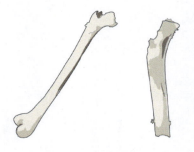

图2-4　墓葬中出土的股骨

---

① 成东，钟少异. 中国古代兵器图集 [M]. 北京：解放军出版社，1990：6-8.

第二节　原始时代典型的冷兵器种类

在中国原始社会晚期，主要的原始兵器是由石块、木头以及兽类的骨头等非金属材料制成，大多都是从生产工具或狩猎工具中演变而来的。这些兵器已经基本形成了进攻性兵器中的一些常见类型，大致分为3种：格斗类兵器、远射类兵器、防护类兵器。

一、格斗类兵器

（一）矛

矛的雏形来源于削尖的竹木棒，它能够增加狩猎者与猎物之间的距离，在狩猎时对人起到一定的保护作用。人们最初用石斧削尖木头来制作矛头，随后逐渐学会用火之后，将矛头用火烧焦使其更加坚硬。直至近代，我国有些地区还在使用这种原始的矛，如在西双版纳地区，当地人将矛头进行火烤或油炸使其更加硬实。在复合工具出现后，矛头也开始用石质或骨质作为材料，奠定了矛的基本形态（图2-5、

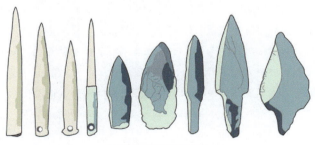

图2-5　各种形制石矛头

图2-7）。

随着原始先民制作能力的逐步提升，磨制和钻孔的技术也更加成熟，矛头的磨制也更加精细。人们为了能够将矛头与矛柄更紧密地连接起来，还学会在矛头尾部钻出一个小孔用来穿绳，绑缚矛头（图2-6）。根据考古调查记载，在旧石器时代的遗址中发现过此类石矛。

图2-6 石制矛头

（二）镖枪

镖枪或投枪指的是用于投掷的矛。原始社会的先民为了满足生活需要，发明了具有特殊结构的投掷镖枪。在浙江的河姆渡遗址中，就发现过石制、骨制以及木制的翼形器（图2-8），以及一些硬木材质的矛头（图2-9），人们推测这些都是用于制作镖枪的部件。翼形器起稳定作用，将其绑缚于镖枪柄上，功能类似于弓箭尾部的羽毛。为提高投掷打击的攻击效率，原始先民开始对一般矛枪进行改进，制造出了一些专用的投枪、标枪和一些辅助投掷的器具，如投矛棒，在世界各地都有广泛的应用。

图2-7 石矛

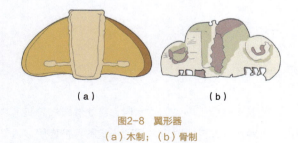

图2-8 翼形器
（a）木制；（b）骨制

（三）钉头锤

钉头锤是指把石头绑在棍棒一头的原始锤子。钉头锤的攻击性能非常出色，只需用其轻轻一击就足以使人的头盖骨受到极其严重的伤害。随着青铜铸造技术的发展，锤头部分以铜铸造以增加重量。随着战争的逐步发展，战士们在作战时会穿戴一些防护用具，有效降低了钉头锤的杀伤力，使钉头锤无法有力地击砸对方，发挥不出优势。笨重的钉头锤不利于在战场上挥舞攻击，不能轻而易举地对敌人造成伤害，如此一来钉头锤就不再是一种优势兵器，导致它逐渐消亡，最终不再被使用。

图2-9 硬木材质的矛头
（长21.1厘米，宽2厘米）

（四）石斧

石斧是由砍砸器发展而来的。砍砸器装上手柄就是石斧（图2-10、图2-11）。石斧是人类最初发明的简单器具，利用力学的尖劈原理，可以用小力发大力。在由原始生产工具转化而来的原始兵器中，石斧是主要的劈砍兵器。山西怀仁鹅毛口石器时代遗址中出土的一类打制石器的形状与后来的石斧极其相似，发掘者因此将其定名为"石斧"，可以被视为从旧石器时代的砍砸器向新石器时代石斧演变的中间形态（图2-12、图2-13）。

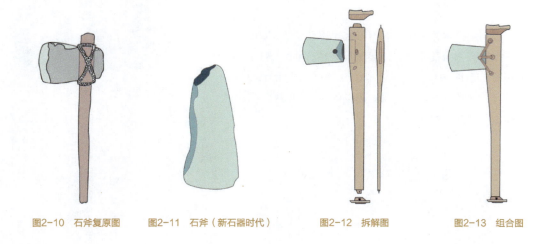

图2-10　石斧复原图　　图2-11　石斧（新石器时代）　　图2-12　拆解图　　图2-13　组合图

在我国各个地方出土的石斧有不同的特点。例如广西百色出土的手斧（图2-14）与湖南澧水流域出土的手斧（图2-15），在石料的选择上相对于湖北十堰丹江口库区出土的手斧（图2-16）较为单一。百色手斧以舌形刀刃为典型特征，丹江口库区手斧以泪滴状手斧为主。百色与丹江口库区都有通体加工的实体文物出土。

图2-14　广西百色出土的手斧

图2-15 湖南澧水流域出土的手斧

（五）有孔石锤

随着制造技术的发展，石斧形制也出现了不同的种类。其中一类被称为有孔石锤，这类器具既是一种生产工具也是一种具有攻击性的兵器（图2-17）。有孔石锤的锤头一般比较厚实，两端分别可以用来锤击与砍伐，中间有一个中空的圆孔，用来安装木柄。

图2-16 丹江口库区出土的手斧

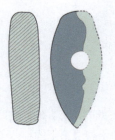
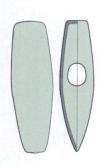

图2-17 有孔石锤

（六）石锛

在秦代之前没有关于"锛"的记载，但在原始社会有一种用于砍伐树木的农耕工具，被称为"斤"，后来被人称为"锛"。石锛与石斧都是新石器时代较为常见的工具，斧与锛的区别主要体现在以下两点：

（1）斧通常是双面都有刃，并且双面的磨制都较为均匀。锛的制作多为单面磨刃，有时也会有双面磨刃的情况，两面磨制不均匀，磨制的程度差别较大。

（2）在装柄方式上二者不同。斧的柄与刃缘平行，锛的柄与刃缘垂直。

（七）石钺

石钺是一类用来劈砍的器具，由石斧发展而来，盛行于新石器时代晚期（图2-18、图2-19）。石钺与石斧有着密切的亲缘关系，石钺是青铜钺的前身，一般不用于生产劳动中。与石斧相比，石钺的制作有许多改进，比石斧更加牢固，其刃部也更加锋利，它主要的用途是杀敌或猎杀野兽，在砍劈树木方面作用不大。在新石器时代晚期，石钺是重要的兵器，并且逐渐成为军事统帅的象征。

图2-18　石钺

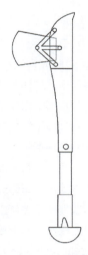

图2-19　石钺的装柄方式

（八）刀

新石器时代遗址中出土的刀多为形状长方的七孔石刀（图2-20），专家推测这种石刀要与长柄结合使用。石刀刀体形状多样，有椭圆形、长方形、菱形、三角形，根据复原图可以将之与后世的长柄大刀联想到一起。

图2-20　七孔石刀

甘肃鸳鸯池遗址中曾出土过骨梗石刃刀，这种形制的石刀可以被分为A型和B型两种。

A型石刃刀，刀梗与刀柄连成一体，一般被称为通柄式骨梗石刃刀。通柄式骨梗石刃刀还可分为两种：一种是在刀梗的一侧开槽装石刃，另一种是在刀梗的两侧开槽装石刃（图2-21）。

B型石刃刀，称为接柄式骨梗石刃刀，刀梗与刀柄错向连接，用绳子在连接处进行捆绑。接柄式骨梗石刃刀也分为两种：一种是在刀梗的一侧做槽装石刃，另一种是在刀梗的两侧装石刃。在出土的文物中，刀梗与刀柄的连接处有穿透的孔，可以通过绑绳等方法使两者连接得更为牢固（图2-22）。

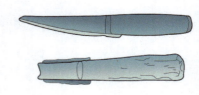

图2-21　A型石刃刀

图2-22　B型石刃刀

（九）棍棒

棍棒的取材较为方便，形制较为短小，是一种简单的器具，但其打击的威力不容小视。这样一种便利、效率高的工具在石器时代广为运用。起初原始人只是将木棍或树枝稍作削制，以增强其抓握度。随后为了增加其杀伤力，开始将棍棒分为两个部分制作，即头部与柄部。柄部尽可能细，容易把握；头部制作得相对大一些，并且会加上一些石片、贝壳残片，增加杀伤力。在北方地区新石器时代晚期的遗址中出现过一种圆环状石器。有些棍棒还会作出一些尖锐、凸起的齿刃，根据推测，它们是连接在木棒上使用的"棍棒头"（图2-23）。棍棒与石头的结合使这种工具的砸击威力大大增强，但新石器时代大量使用的仍是那些没有头的普通棍棒。

图2-23　棍棒头

（十）戈

在广东地区的新石器时期晚期遗址中发现了一些文物，具有戈的雏形（图2-24），推断其功能与镰刀相似。据史料记载，镰刀在原始战争中具有勾砍、勾割的功能，在它的启发下，人们对其形制进行了改造，创造出了戈这种兵器。

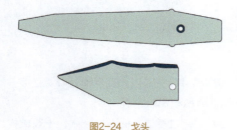

图2-24　戈头

（十一）匕首

在众多原始兵器中，新石器时代匕首的制作堪称精美。出现在我国原始时期的匕首最常见的有两大类：一是石刃骨匕首（图2-25），其柄部为细长的骨梗；二是环柄骨石匕首，在山东泰安的大汶口文化遗址中曾有发现，这种匕首携带方便，在一些近距离的扭打格斗中较为常用，常作为防身工具，防备一些突发的近距离攻击。

图2-25　石刃骨匕首

二、远射类兵器

（一）飞石索

飞石索是人类使用的最古老的远射器具，又称投石带。在旧石器时代和新石器时代遗址中曾大量发现用飞石索抛射的石球。1976年，在山西阳高许家窑旧石器时代中期遗址中出土1 059个石球。大的直径超过10厘米，质量大于1 500克；小的直径不足5厘米，质量小于100克；其他的则介于二者之间。这些石球主要是供飞石索抛射使用的，一些用绳索和皮条制作的飞石索已经腐朽不存了。①

飞石索主要有两种类型，即单股飞石索和双股飞石索（图2-26）。单股飞石索仅仅用索绳系住石头，双股飞石索在索绳的一端有一个环，在使用中盛满石头，施放时套于手上。

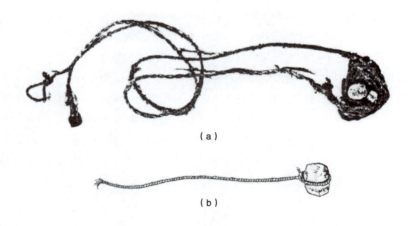

图2-26　飞石索
（a）双股飞石索；（b）单股飞石索

---

① 钟少异. 中国古代军事工程技术史[M].太原：山西教育出版社，2008：21.

（二）弓箭

弓箭是原始人最重要的狩猎工具，因此在新石器时代晚期成为最重要的原始兵器。1963年，在山西朔县峙峪旧石器时代晚期遗址（距今2.8万年）中发现一件用燧石打制而成的细小石镞，长2.8厘米。1973—1974年，在山西沁水下川旧石器时代晚期遗址（距今2.4万—1.6万年）中又发现十余件打制石镞，长3~4厘米。这些石镞是目前中国石器时代考古发现中经鉴定确认的最早的石镞，表明距今2万多年前，中国境内的先民已经使用了弓箭。

为了增强弓箭的杀伤力，原始人开始尝试在箭端装上石质、骨质的尖头，称之为"镞"；同时在箭尾装上鸟类羽毛，制成箭羽，以增强箭矢飞行的稳定性。在中国石器时代遗址中，发现了大量用石头、动物的骨和角、蚌等材料制作的原始箭镞。箭镞由原始的打制石镞逐渐发展为磨制精细的骨镞，再进一步发展为精细磨制的石镞与骨镞并用。这样的演变大约经历了旧石器时代晚期到新石器时代晚期2万多年。这个期间原始人围绕着"如何能够使箭镞更牢固地装在箭杆上"这个困扰他们已久的难题，不断进行着摸索和实践，尝试使用了多种连接的方式，同时也不断改进镞的形状使其与箭杆能够更贴合。纵观箭镞的整个发展过程，大致可以分为3个阶段：从一开始没有铤，到出现不明显的铤，再到有明显的铤。这个演变过程反映出人们越来越注重箭镞与箭杆结合的牢固程度。

最原始的弓箭制作是将单片的竹木料弯曲制成弓体，用动物的筋或皮质的绳条作为弦，发射用的箭则使用削尖的竹竿或木棍。随着技术的进步及弓箭使用范围的扩大，弓逐渐由之前运用单片的木材或竹材发展到运用综合材料制作（如利用竹子、木头、动物筋和胶等材料组合制成的早期复合弓），这种工艺大大增强了弓体的韧性和强度。

近代我国一些少数民族仍然在使用一些非常原始的弓箭，这有助于了解原始时代的弓箭历史。如东北鄂伦春族的弓箭，弓体用单根落叶松或榆木制作，以鹿或狍的筋为弦；箭以桦木制成，仅把前端削尖成锋。早期的复合弓还可以在东北的鄂温克族见到，他们用黑桦木做弓体的里层，以落叶松木为表层，两层之间夹垫鹿或狍的筋，然后用鱼皮熬的胶粘固。

(三）弹弓

弹弓是原始先民普遍使用的一种工具，可以说是弓的前身，因弹丸的材质不同可以分为石弹和泥弹两种。在新石器时代的一些遗址中，与石球一起出土了一些较小的石质或陶质的弹丸。在西安半坡村遗址、浙江余姚河姆渡文化遗址、安阳殷墟中都出土了不少石球，这些小石球应该是弹弓发射所用的弹丸，这也印证了古人所说"弓生于弹"，即弓箭起源于弹弓。

三、防护类兵器

进攻性兵器产生的威胁推动原始先民对防护工具的重视，创造了以藤条、树皮、动物皮革等为原材料制成的原始防护装具，如盾牌和甲胄。

（一）盾牌

在我国兵器发展的几千年历史中，如同矛被视为典型的进攻性兵器，盾被视为防护器具中最具代表性的器具。原始时期的盾牌大多用植物的藤条、树木等材料制成，有的还会在此基础上蒙一层兽皮。这种原始盾牌在近代的一些少数民族群落中还能够看到。

（二）甲胄

受到动物"孚甲以自御"的启发，人们起初模拟动物用来保护自身的甲壳，在身上披裹一些坚硬的东西用以保护自己。据民族学资料记载，最原始的甲胄与盾牌的用料一样取自大自然，仅仅是在身上捆绑缠绕一些树皮和藤条，然后把整张兽皮披裹在身上，腰部束上藤条加以固定。随着手工艺的发展，人们开始学会把一些较细的藤条编成藤甲，兽皮也可以用来制作盔甲。在掌握基本的裁剪加工后，人们开始根据身体尺寸对自然物进行改造，使其更合身，从而形成了具有一定样式的整片皮甲。

第三节 原始时代冷兵器设计分析

一、外观与结构

史前时期,生产工具与兵器没有明确的区分。最初的兵器源于生产工具的发展,尤其是狩猎工具的发展。新石器时代晚期,原始社会开始解体,区域战争不断增多,促使兵器及其制造技术逐步专门化。由于生活环境、民族习惯、地域文化和军事形式的差异,古代冷兵器拥有了各自的外观结构特征。

(一)石制兵器的外观结构特征

原始的石制兵器大多发掘于第二石英层,仅1931年一年周口店文化遗址便掘获石器2 000余件,其中人工加工痕迹显著的器具有数百件。材质包括绿色砂岩、石英砂岩、石庭斑岩及绿色页岩,其余都为石英石,以及数块燧石。这些石制兵器按形状可分为七类(表2–1)。

表 2-1　石制兵器的形状及特征

形状	特征
椭圆形	前端有一钝尖，腹部前方为凹入利刃，脊部前为凸出利刃
菱形	腹部前方为凹陷的刃，脊部为稍直的利刃
肾形	前端为圆形利刃，腹部全为利刃
长刀形	前端为一尖，腹部为外凸的利刃，脊部及后端皆为宽面
正方形	四面皆为利刃
三角形	前端为三个面所成之尖，腹部为利刃，脊部及后部为宽面
梯形	腹部为利刃，其他三面为宽面

　　北京周口店遗址出土的器物包括骨兵器与角兵器，器体上有人工切割痕迹的凹槽，其浅槽作平行线形或交叉形；深槽较为宽大，均只有一槽，在兵器腹部的中间部位有切工痕迹，但很平整。在周口店遗址发现的石器半数均有一次击打痕迹，且在石器边缘曾发现再次击打痕迹。

　　在北京周口店遗址的炭灰与石器层所出土的石器有2 000余件，包含以下几类：

1. 打制石子

　　（1）方形石器：该类石器三面都有打制的痕迹，剩下一面有锋，捆绑着砍劈器具。这是当时较为常见的器具，使用痕迹明显。

　　（2）切体石器：大多数都为体积较小的石子，受到垂直击打而分裂。典型的形状为切割形，切去石子上较为圆滑的部分。较为平滑的部分为碾压用，突出的部分用作为圆锤。

2. 石英核

　　此类小型石器大多是圆锥形的石英核，由人工打磨而成。有些表面留存着之字形磨痕，也有未经加工的天然石英核，可以直接制成石斧和石锤。分类如下：

　　（1）扁圆核：这种类型的石英核大多为不规则的形体（图2-27）。有的一面平整另一面凸起，下端锐利，两边有棱；也有的三面凹凸不平，下端尖锐；还有的经过进一步加工，做成圆锥形或蛤蜊形。

　　（2）锥核：这类石英核形体一般较为完整。常见的形制是圆锥体，在其底面以及锥体部分有细致的加工痕迹，制

图2-27　石英核

作精细。

3. 石刮

石刮形态较小，可分为线形石刮、凸形石刮及凹形石刮。

（1）线形石刮：其中比较大的用石英制成，形状像镞头；有的用绿色石子制成，形状像桃子。比较小的多用半透明水晶石制成，做工较为精致，两面平滑，边缘整齐。有的直接利用天然的形状，仅用人工打磨得更加锐利。

（2）凹形石刮：此类石刮不是很多，目前发现的只有几件用石英石制成的，形状像鸟头；还有几件用水晶石制成的，比较粗糙，形状像不完整的镞头。

（3）凸形石刮：此类石刮更少，就目前出土情况来看，有的形状细长，像军刀，一边直如刀背，一边曲如刃尖，上端尖锐而下端平整；也有的用花纹石英石制成，形状像方形的贝壳。

4. 石锥

石锥，上端尖锐如锥，下端平面，没有经过再加工。有的形状像香蕉，有的像镞头，有的像竹笋，也有不规则的形状（图2-28）。

图2-28　石锥

5. 石镞

原始社会的石镞多采用片状的板岩制成。原始人加工箭镞的手段与其技术水平紧密相关，如旧石器时代的箭镞是打制而成的，新石器时代的箭镞则多为磨制（图2-29）。

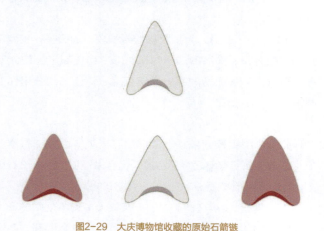

图2-29　大庆博物馆收藏的原始石箭镞

早期的石镞仅仅是三角形或叶片形的石片，是把箭杆顶端劈出一条缝，然后把石镞夹上去，再用绳索将箭杆的劈缝绑紧。

第二章 原始时代的冷兵器设计

这种做法虽然方便，但并不牢固，因为绳索捆绑的部位并不是箭杆和箭镞的结合部位。后来，人们为了镞可以安装得更为结实，便把镞制造成梭形，这样用绳索扎紧箭杆的同时，也把箭杆和镞牢固地扎在一起了。再后来，人们在箭镞的后部制造出细细的铤，这样箭镞可以更好地和箭杆结合。在原始社会，铤装镞这种技术还处于探索阶段。当时的镞铤形状有的竖直，居于箭镞底部正中；还有形状略似直角三角形，安装时需要把箭杆的顶端削成斜坡状，然后再用绳索缠绕斜铤（图2-30、图2-31）。

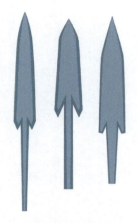

图2-30 燕尾形原始石箭镞

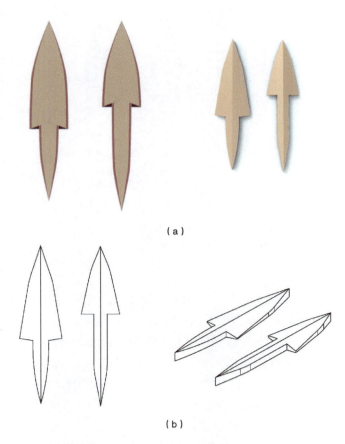

（a）

（b）

图2-31 辽宁博物馆收藏的原始骨箭镞
（a）实物图；（b）示意图

山东泰安大汶口文化遗址出土过不少骨镞，外形分三种：一种为三角形的骨片，表面仅经过简单的加工；一种为梭形，尾部较为尖细；一种有明显的铤。这三种样式的骨镞刚好对应了原始社会箭镞的三个发展阶段（图2-32、图

2-33）。潍坊姚官庄龙山文化遗址出土过23枚鹿角镞和64枚石镞，其中部分鹿角镞的外形为三棱状。

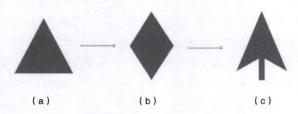

（a） （b） （c）

图2-32 原始镞形发展示意图
（a）无铤；（b）有不明显的铤；（c）有铤

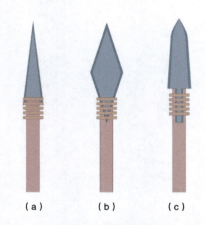

（a） （b） （c）

图2-33 原始箭镞装杆示意图
（a）无铤；（b）有不明显的铤；（c）有铤

6. 石斧

石斧是旧石器时代一种重要的工具。石斧的制造原料包括石核、砾石、石片。石斧必须两面打制，将一端加工得相对尖薄，尖端横截面为平凸或双凸，尖端处的两侧平行开刃。石斧的安柄方式多采用榫卯法，把石斧装上木柄后，用绳子通过穿孔并结扎固定（图2-34）。石斧的柄较短，一般为30～40厘米，便于举起挥动，进行砍劈。石斧的加工分为通体加工与部分加工。

史前石斧的造型分为两种：一种较为厚重结实，横截面近似椭圆形，磨制粗糙，没有穿孔，多用于砍伐木材，不重视斧柄之间的连接牢固程度；另一种石斧较为轻薄，刃部较为锋利，横截面近似长方形，磨制精细，且常见有穿孔，使用起来较为灵活，并且锋利的刃部有较好的一次性砍伐效果。

根据石斧的平面、剖面、刃部的特点不同，史前石斧大

图2-34 石斧套安柄示意图

致可分为胆形石斧、长条形石斧、亚腰形石斧、梯形石斧、长方形石斧。

（1）胆形石斧：外形似垂胆，两端向中间收，斧体较为扁平，刃的弧度也较大（图2-35）。

（2）长条形石斧：器身比较修长，呈棒形，有相互对称的圆角形弧度刃，两边为平直形。早期的长条形石斧多为打制，后期则多用磨制手法制造。这类石斧的剖面多为椭圆形（图2-36）。

（3）亚腰形石斧：腰部有一块凹陷，露出肩部，凹进去的部分用来装柄或系绳子（图2-37）。

（4）长方形石斧：呈现长方形或近似长方形的形状，斧体较扁，厚度较薄，制作手法细致，刃部平滑锋利，大多数为不穿孔（图2-38）。

（5）梯形石斧：正面呈梯形或类似梯形的形状，分平刃与弧形刃两种（图2-39）。

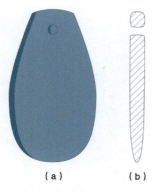

图2-35　胆形石斧
（a）正面；（b）剖面图

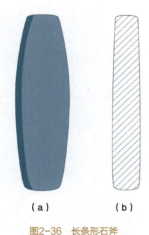

图2-36　长条形石斧
（a）正面；（b）剖面图

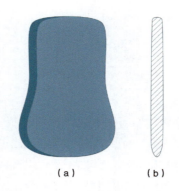

图2-37　亚腰形石斧
（a）正面；（b）剖视图

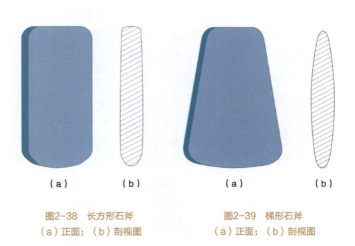

图2-38　长方形石斧
（a）正面；（b）剖视图

图2-39　梯形石斧
（a）正面；（b）剖视图

7. 有孔石锤

根据使用方法，有孔石锤柄部的安装方式分为刃部平行或垂直两种形态。柄与刃呈平行关系的有孔石锤用于砍劈，被称为"纵刃锤斧"。呈垂直关系的有孔石锤用于挖掘，被称为"横刃锤斧（图2-40）。

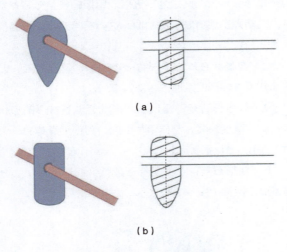

图2-40
（a）纵刃有孔石锤斧按柄复原图及剖视图；
（b）横刃有孔石锤斧按柄复原图及剖视图

8. 石刃骨匕首

新石器时代晚期，在我国东北和西北地区广泛存在一种石刃骨匕首。出土这类原始匕首的主要有黑龙江省密山县新开流文化遗址、齐齐哈尔市昂昂溪文化遗址以及甘青地区马家窑文化遗址。此类匕首的共同特点是以兽骨作为主体，前端磨尖，两侧挖出对称的凹槽，在槽内镶嵌锋利的石刃，用胶质物粘贴加固。

甘肃东乡林家文化遗址出土的石刃骨匕首，距今约5 000年，代表了这类兵器的原始形式。它以完整的细长骨梗为体，前端磨尖，两侧镶嵌石刃，后端粗而光滑，为手柄部分。从柄到锋端，逐渐变细或变尖，柄、身无明显分界。兰州花寨子遗址出土的石刃骨匕首是较为成熟的形制，距今约4 500年，仍以整块兽骨磨制而成，但在器身中部有明显的束腰，其后为逐渐变粗变宽的柄，柄和身有初步的区分。在柄端钻有两个小孔（一个已残），镶嵌的石刃已经脱落。最为成熟的样本是甘肃永昌鸳鸯池墓地出土的石刃骨匕首，[①]距今约4 300年。该墓地共出土4件石刃骨匕首，其中两件类似甘肃东乡林家文化遗址出土的早期石刃骨匕首形式，但是

---

① 钟少异. 古兵雕虫[M]. 上海：中西书局，2015：74-75.

第二章　原始时代的冷兵器设计

制作远较后者精细。另外两件则是新出现的石刃骨匕首，柄和身是复合而成的，它以一块兽骨为器身，呈扁平柳叶形，前锋尖锐，器身后部有一扁茎，其上穿孔，用以装柄，柄以两块磨光的兽骨叠夹扁茎而成，兽骨上也有钻孔，用穿钉固连。这种石刃骨匕首也称为原始的扁茎短剑，具备了扁茎剑的基本形态和结构。

图2-41为甘肃临洮马家窑文化遗址出土的石刃骨匕首复原图。

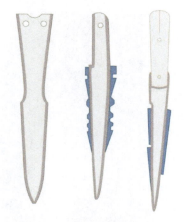

图2-41　甘肃临洮马家窑文化遗址出土的石刃骨匕首复原图

（二）弓箭的外观结构特征

弓箭作为一种武器，它的使用和发展与一个民族的文化、生产水平、地域环境以及对外交流相关联。不同民族在不同历史时期所使用的弓箭类型并无定数。原始时期的弓箭是狩猎的主要用具，这在一些地区的岩画中有集中的展现。弓箭射程远，速度快，杀伤力强，取材方便，制作简单，能大大增加狩猎效益，无论步猎还是骑猎都离不了它。

弓箭的发明和使用源远流长，制作工具的发展也经历了一个漫长的过程。恩格斯曾经说过："弓、弦、箭已经是很复杂的工具，发明这些工具需要有长期积累的经验和较发达的智力，因而也要同时熟悉其他许多发明。"原始时代制作弓箭的材料多为竹、木、骨，采用就地取材的方法，弦线一般为动物皮搓拧成的绳拴系而成。

根据考证，中国发明和使用弓箭的时间最早，距今已有3万余年。在旧石器和新石器时代，人们使用单体弓。这种类型弓的制作方式是由单片的坚硬木材弯曲为弧形。单体弓的拉弦力是随拉弓距离线性增大的，短直的单木弓受力"僵硬"，拉弓费力较大，而射出的箭力量也较弱。

（三）甲胄的外观结构特征

最原始的护甲只是简单的树皮、兽皮和藤条。藤条通常会进行特殊的处理，将其长时间泡在桐油中，再制成甲，增加其韧度。甲的制作一般按照身躯的大小，用藤条编制出一个仅能覆盖胸部的背心，再配一顶藤帽。这样的藤甲只能对胸部和头部起到防护作用，如图2-42（a）所示。

也有使用整张兽皮（如牛皮与犀牛皮）进行裁剪后披裹在身上作为防护的甲胄。制作时先将皮料分割成长方形，再

41

用条条将这些皮料块连接，串连成与胸部、背部、肩部同宽的甲片单元。傈僳族的皮甲是一个很典型的例子，它用一张长约一米的生牛皮缝合而成，在皮料上开一个舌形的缝，沿缝将切开的皮革掀起，形成领孔。穿戴时从领孔把头套进去，掀起的舌形皮革可以护住后颈，然后在腋下使用抽绳把前后两片皮料系紧使皮甲能够贴紧躯干，起到防护的作用，[①]如图2-42（b）所示。

二、制造与工艺

原始社会是冷兵器发展的初级阶段，石质兵器在这个阶段占主导地位。由于原始社会生产力低下，人们只能在自然界中寻找已有的材料来制造工具。相对于自然界其他材料，石块是最容易找到的具有足够硬度的现成材料，并且在制造木、骨、角器时也需要它，所以石质工具是原始社会的主要工具。

石质兵器起源于石质工具，包括一些骨角兵器和竹木兵器，都是从生产工具中演化而来的。兵器的发明创造一方面来源于人们在同野兽斗争过程中积累的经验，或者通过观察野兽之间的斗争得出的总结，如通过观察，仿照动物某些部位的形状制成具有攻击能力的武器：仿照禽兽犄角制造的矛；仿照鸟类的喙制造出的戈；仿照乌龟、昆虫的甲壳制造出盔甲等。另一方面也有日常生活中的需求催生了工具的制造，例如劈砍硬物的斧子，砸碎物品用的棍棒等。在初期阶段，由于技术水平的限制，制作出来的兵器都极为粗糙，随着磨制技术的提高，工艺日趋完善，冷兵器普遍能达到锐而有力的基本功能需求。石质兵器在人类历史中使用时间最长，即使到了商周时代铜制兵器开始流行，石质兵器也还在继续使用，直到铁质兵器出现之后，石质兵器才开始走向消亡。

（一）打制石器技术

以石块之间的碰撞打击来制造石器是最古老的工具制造方法，这种方法贯穿于整个旧石器时代。起初，原始人类利用最易取得的天然石块，经过简单敲砸，将其更改成自己想要的形状，使之成为工具。后来，人们从石块上敲打出石片，再对不同形状的石片进行修正，加工成的工具主要有尖

（a）

（b）

图2-42 原始甲胄
（a）藤甲；（b）傈僳族的皮甲

---

① 成东，钟少异. 中国古代兵器图集[M]. 北京：解放军出版社，1990：18.

状器、刮削器、砍砸器、三棱大尖状器等，这些工具在考古学上统称为石片石器（图2-43）。

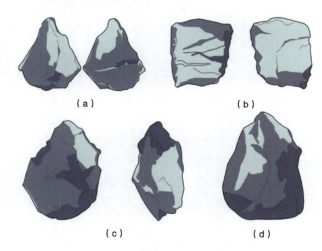

图2-43 石片石器
（a）尖状器（北京周口店北京猿人遗址第一地点出土）；
（b）刮削器（山西怀仁鹅毛口遗址出土）；
（c）砍砸器（山西襄汾丁村遗址出土）；
（d）三棱大尖状器（山西芮城侯度遗址出土）

从石核上打制石片的方法主要有3种：

一是锤击法，手握石块或石器为锤（也用角、木槌），直接击打，另一只手把石核放在石砧上，用石锤砸击其边缘以剥离石片。

二是摔击法，把选择好的石料放在地上，然后手握另一块石头，摔击放在地上的石料，以此打下所需要的石片。

三是碰砧法，用一块石头为砧，手握石核，将其边缘向下碰击。打击石片时，往往先将石核进行修整，例如将球形砾石的顶部打成一个平面（习称台面），从而更易于打下石片，且使打下的石片较规整。[1]

除了利用工具对石核进行加工外，原始人也利用自然环境，例如对巨石和山岩进行直接打制（也称之为锤制或啄制）。李济曾说："以石锤石，或以石啄石，为更石形极有效方法之一种，今日石工仍加沿用，唯以铁锤代石锤耳。"[2] 粗打制和修理在砾石石器的加工中应用比较广泛，方法与石片石器基本相同。

随着技术的成熟与发展，旧石器时代的石器总体在形状上呈不断规整、不断缩小的趋势，并且由于复合工具的问世，加速了石器的这种发展趋势，人们打制出的石器愈发小而规整。打制和细敲技术在中国旧石器时代已经纯熟，再加

---

[1] 成东，钟少异. 中国古代兵器图集[M]. 北京：解放军出版社，1990：10.

[2] 钟少异. 中国古代军事工程技术史[M]. 太原：山西教育出版社，2008：10.

上复合工具技术对打制和细敲技术的促进，很快便出现了小型石器。

（二）细石叶镶嵌工艺

在旧石器时代晚期，古代先民研制出了另外两种制作石器的新技术：一是间接打击法（表2-2）；二是压削法（表2-3、图2-44），或称压制法。压削法分为胸压法和手压法，这样的制造方法能够使器具的体积更小，形制上更加规整。以这两种制造方法为基础，细石叶镶嵌工艺诞生了。

表 2-2　间接打击法操作方法

制作类型	操作方法
间接打击法	将木质或骨角质的短棒一端置于石台边缘，用石锤敲击另一端，敲打出薄而细长的石片

表 2-3　压削法操作方法

制作类型	操作方法
胸压法	将石核置于地上，操作者以双脚夹住石核使之稳固，再用一T形木件，横木顶于胸上，直木前端装有硬质或硬木端头，对准石核台面的边缘，以上身之力下压，即可产生细长而薄的石片
手压法	用小型的手执压削器，其前端装有石质或骨质尖头，用以修削石器的边刃和尖锋，特别是针对小型石器的细加工

以间接打击法或胸压法制成的石片有2种形式：第一种是将石片加工为小型尖状器、刮削器、雕刻器等不同形状，再装柄使用。距今1万至四五千年前，在我国北方乃至整个东北亚地区都非常流行这类方法加工石器。第二种是将石片加工成细小的石叶，作为锋刃镶嵌于骨角质或木质器上（图2-45）。考古发掘出的一些细石叶，重量不足1克，可见当时技术的细致程度。在这些精细加工中，手压法运用得最为广泛。

以间接打击法和压削法加工成的小型石器，促进了小石器技术的发展和细石叶镶嵌工艺技术的成熟。在我国，这些制作工艺于旧石器时代晚期开始出现，在中石器时代（即新旧石器时代的过渡时段）逐渐走入鼎盛时期。如果进行细致的区分，细石叶镶嵌工艺是由间接打击法和胸压法发展出来

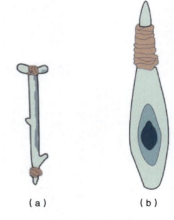

图2-44　压削法示意图
（a）T形压削器；（b）手执压削器

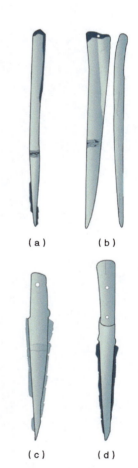

图2-45　新石器时代晚期石刃骨匕首
（a）（b）甘肃东乡林家文化遗址出土的石刃骨匕首（分别长23厘米、23.5厘米）；
（c）（d）甘肃永昌鸳鸯池墓地出土的石刃骨匕首（分别长24厘米、33.5厘米）

的工艺。

引女条形石叶最能展现中国的细石叶镶嵌工艺。石叶扁薄细小，边缘锐利。长度为2厘米，宽5毫米，厚2毫米。其使用方法一般是镶嵌在骨角器或木器上，将这些小石叶紧挨着镶嵌于内刻好的凹槽内，并用天然树脂等黏合剂粘合。

细石叶镶嵌工艺也是制造复合工具的一种新方法。最初制造复合工具只是将打制好的石器绑缚于木柄上，后发展为将加工好的石刃镶嵌于骨角质或木质器上。这一工艺技术的进步，改变了锋刃与手柄的镶嵌结构，兵器的性能得到了提升，对后世石器工具的发展也有着深远影响。

胶粘方法的运用也是一大技术进步，尽管最初依旧是从自然环境中获取可直接利用的天然树胶，但是这一技术的发现开启了兵器制造中的胶合技术。该技术的进步对于冷兵器时期的武器制造技术具有重要意义。胶粘方法的运用，使人类对粘合有了初步的经验。这一重大技术进步也标志着复合制器思想的重大发展。

（三）磨制石器技术

旧石器时代晚期，人们利用磨制技术对石器进行细加工，这种工艺首先体现在了小型的装饰品上，如一些穿孔的石珠和砾石，都有一面被磨平的痕迹。在旧石器时代末期向新石器时代过渡的阶段，制造石器开始使用磐制法。在距今约1万年的河北阳原虎头梁文化遗址出土的石器中，有3件凹底尖状器，凹底尖状器一面很粗糙，而且有经过纵横打磨、深浅不一的条痕，反映了最初该技术的运用情况。年代稍晚的山西怀仁鹅毛口文化遗址出土的石器中，有一件石斧的两面和顶端经过磨制，其他部位仍留有打击的痕迹。[①]

进入新石器时代，磨制技术有了进一步发展，从粗磨发展到细磨，从局部磨制扩大到通体磨光，磨制石器的数量也日渐增加。但在新石器时代早中期，人类对石器的加工方法主要仍为打制，大量石器还只是略加粗磨，大体积的锋刃器只是将刃部磨光。在陕西仰韶文化遗址出土的石斧，有4/5都只是经过了粗磨，其余1/5中只有一小部分经过细磨，还有一些是打制的。

磨制石器的制造工序一般分为3个步骤：一是打制"毛坯"雏形；二是敲掉表面棱脊，将器具的表面修理平整；三是磨光，用砺石与沙子的混合物加水进行研磨。磨制技术在

---

① 钟少异.中国古代军事工程技术史[M].太原：山西教育出版社，2008：13.

石器中的运用是石器形态规整化的一个重大飞跃。新石器时代的磨制石器已发展为规范化器具，根据不同的功能需要已有确定的形状。磨制技术的出现与发展对锋刃器的制作具有重要影响，因为这能使锋刃更加锐利。仰韶时代的箭镞，已经普遍通体磨光，是当时采用磨制技术最充分的一类石器。

新石器时代晚期，磨制技术开始成熟与完善。当时多数石器已通体磨光，少数经过细敲后磨光刃部，打制石器已逐渐消失，出现了更精细的研磨手法，甚至用皮革进行抛光。对比早期厚重的磨制石器，当时广泛使用的切割法使石器的形体更加细薄，棱角分明。当时石料切割常用的方法是在石材表面倒上沙石水，然后用木片或石片从两面摩擦，在石材上形成凹沟，最后将其截断。在良渚文化遗址出土的石器中，一些石器截面较厚的切割可能用到了线切割技术，如用动物的筋或其他柔软的线状物进行切割。

距今4 000年的龙山时代，磨制石器的加工技术及应用开始达到顶峰。这个时期的石器，绝大多数通体磨光，其中一些器具形状规整，线条流畅，表面细致光洁，说明通体磨光在当时已是普遍应用的技术。

（四）石器穿孔技术

石器穿孔技术最初见于旧石器时代晚期的一些装饰品上，这样的形式便于穿绳佩戴，与其他的制作工艺相比发展较为缓慢。在河南三门峡市庙底沟考古遗址出土的文物中，2 600件石器中只有936件穿孔石器，直到新石器时代晚期穿孔石器才开始逐渐增多。穿孔石器所用的工具和制作方法如表2-4所示。

表2-4　石器穿孔的所用工具和制作方法

加工技术	所用工具	制作手法
钻	尖状器，石锥手	旋转钻孔
啄	敲啄器	（1）在大件石器上直接钻孔 （2）先啄出凹陷，再钻透
划	尖状器	（1）反复划削，着重中间部分，形成中间宽两头窄的梭形狭槽 （2）在石器表面划出长槽，于中间部位钻透

第二章 原始时代的冷兵器设计

续表

加工技术	所用工具	制作手法
木棍旋钻	硬木棍	（1）手掌夹住木棍来回旋转磨钻，同时加入沙水混合物 （2）在木棍前端装置石锥头 （3）运用弓弦法，利用弓弦带动木棍转动
管钻	直管（如竹管）	与木棍钻取的方式大致相同，钻出的空洞很直，并有圆形的石芯脱落。这种技术效率高，并且降低了器具的破损率

石器穿孔的用处主要是穿绳绑缚木柄。早期的无孔石器只是将石块绑在木柄上，稳定性较差，用力过猛石块会脱落。为解决这类问题，人们将石器穿孔，或将木柄穿孔，将绳子穿绕孔中，这样的捆绑方式能使石块与木柄更加贴合，在使用过程中也更加牢固，承受力的范围也越大，如新石器时代晚期的穿孔石斧（石钺）和长条形七孔石刀（图2-46）。

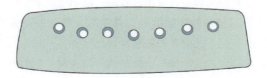

图2-46 新石器时代晚期的长条形七孔石刀

（五）骨、角、木器制造技术

中国原始先民可能在旧石器时代早期已用动物的骨、角制作工具了。在周口店北京猿人遗址中发现的一些截断肿骨的鹿的角根（一般长为12～20厘米），既粗壮又坚硬，可能是当作锤子使用的。一些带尖的鹿角或打磨成尖状的肢骨，可作为挖掘工具使用。旧石器时代晚期，骨角器得到了极大的发展，器型在更新迭代的过程中愈加明确。品种也愈发丰富，既有鹿角棒（北京周口店山顶洞北京猿人遗址）、鹿角鹤嘴锄（甘肃刘家岔遗址）、矛枪头、渔叉（辽宁海城小孤山遗址）等较大型的器具，也有小型的装饰品和细小的骨针等，表明当时先民们已经采用了锯、切、削、钻、挖、刻、磨等一系列加工方法。[①]动物骨、角的硬度不如石料坚硬，其磨制技术在旧石器时代晚期开始在生活中普遍运用，比石器的磨制技术早很多。到了新石器时代，骨角材质开

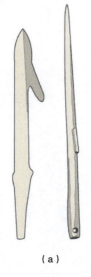

(a)

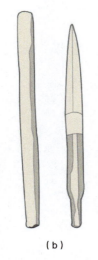

(b)

图2-47 新石器时代晚期骨器
(a)鱼镖头；(b)矛枪头

---

① 钟少异.中国古代军事工程技术史[M].太原：山西教育出版社，2008：14.

始大量运用于制作弓箭的箭镞、长矛的枪头、捕鱼用的渔叉以及刀器的刀身（图2-47），基本的制作方法没有大的改变，但制作工艺比过去更为精细。

木器的制造历史与石器制造同样古老。一根未加工的木棒，先将其削为矛的尖端，又根据不同器具的需求制作出各种工具的木柄。矛头的基本加工方法一般为钻、切、刮、锯、削、凿，随着制造工具的进步，其加工工艺越加精细。从石器时代的弓箭制造中可以看出当时木工技术的精湛。经过1万多年的实践与改进，新石器时代晚期制造弓箭的匠人在木材的选用和加工等方面都积累了丰富的经验。

另外，旧石器时代晚期，人们常用贝壳制作一些装饰品。到了新石器时代，贝壳又被用于制作箭镞等兵器。常用工艺有磨制、削打、钻孔等。

（六）石器制造中出现分工的迹象

20世纪60年代，考古人员在山西的怀仁鹅毛口，发现了一处旧石器向新石器过渡之际的石器制造场遗址。从遗址中出土的石器多为厚重器具，其中有大量的未完成或废弃的石制品。出土的器具一般重量为几百克，一些体积大的达到千余克。器具的种类包含砍砸器、尖状器、刮削器、石手斧、锤等。在该遗址的不远处还发现了其他的石器遗存，主要为细小的石器。据推断这两处遗址为石器制造场，通过出土文物的种类可以推断当时已经有了专业的分工。

（七）手工业的独立

新石器时代晚期，随着生产劳动的专业化分工，一部分人逐渐从渔猎生产中脱离出来，专门从事石玉器、骨角牙器、陶器的制造，于是诞生了最初的手工业者。在山东泰安的大汶口遗址中，陪葬较多的为石质、骨质工具，墓室中还发现了一些石骨料，反映出墓主可能为制作石骨工具的手工业者。从大汶口文化中晚期（公元前3500—前2500年）出土的文物中也可以看出精湛的陶、石、玉、骨、牙器制造技术，这反映出当时的社会已出现分工，手工业从农业生产中分离出来，成为相对独立的生产部门。中国新石器时代晚期，民间玉器文化兴盛，已经存在玉器作坊。这些作坊具有一定规模，琢玉技术高度发展，并且制造技术专业性较强，

第二章 原始时代的冷兵器设计

开办作坊的地区相对集中，存在一批从事玉器制造的专业工匠。

新石器时代晚期，社会的分化尤其是早期王权帝制的孕育，与手工业的发展有着密不可分的联系。一些迹象表明，在龙山时代的城邑中存在着一些手工生产作坊，这些作坊多为居住于这些早期城邑中的统治阶层服务。如河南淮阳平粮台龙山文化城址中有多处陶窑，在城东南角的一处灰坑内还发现了铜炼渣。手工业的进步为社会发展提供了巨大推动力，早期手工业也因此开始被纳入权利辖制的体系中。

三、操作与交互

原始时期冷兵器的原材料多为石、木以及兽类的骨和皮，并且大多是从生产工具演变而来的，大体可分为格斗兵器、远射兵器和防护兵器，根据实际作战环境使用不同种类的兵器。

如近身作战多使用矛、锤、斧、刀、棍棒等兵器。其中一类可投掷的矛——镖枪，就是对同种兵器多样化使用的有效探索。原始先民为了提高此类兵器的攻击效率，还进一步制造出辅助投掷的翼形器、投矛棒。格斗兵器中的石斧、石钺都是由砍砸器发展而来，在实际作战中为了方便拿握，在砍砸器上开口装配木质手柄组成可以劈砍的兵器。棍棒类的兵器取材较为方便，是一种简单兵器。原始先民为了增加杀伤力，逐渐将木棒分为头部与柄部进行制作，柄部尽可能细从而易于把握，头部会绑上石块或贝壳残片以增大打击强度。

远射类兵器类型较少，主要为飞石索、弹弓、弓箭3类，可进行远距离作战。由于原始社会制造工艺的局限性，远射兵器的杀伤范围较小，但对于兵器功能的探索为之后金属冷兵器的发展奠定了基础。

原始社会的防护兵器采用的材料多为兽皮、树皮以及藤条，这个阶段的防护兵器处于初步探索阶段，防护效果较为薄弱，随着工具运用的进步，防护用具的制造也得到了进一步的发展。

四、性能与威力

原始时期的冷兵器，大部分用于近身作战。整个原始时代中因为受到手工业生产条件的限制，兵器的杀伤力并不是很高,始终未能超出近体格斗、直接杀伤的范围。原始时期的兵器分为3大类:格斗类兵器、远射类兵器和防护类兵器,本节将对其性能与威力进行分析。

(一)格斗类兵器

格斗类兵器指搏斗时用于直接杀敌的各种手持兵器。按其长度可分为长兵器与短兵器,长兵器的长度一般等于或超过使用者的身长,短兵器则短于使用者的身长。

1. 戈

戈具有啄、勾的功能。早期社会的戈多为石质的,形态仿照鹰的喙,前尖后宽,后部有一圆孔,用来穿绳子绑缚在木柄顶端。最初的戈主要是用于啄击,还不具备勾割功能(图2-48)。追溯其啄击功能的出现,一些专家认为是来自鸟啄的启示,从斧等工具中演变而来的;也有的学者提出是演化于镰刀类的工具,这也是一种有力的猜测。虽然在之后青铜时代中,青铜戈的形制和功能与镰刀相似,但镰刀对于原始戈的影响微乎甚微。

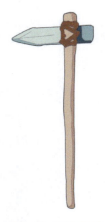

图2-48 石戈复原图

2. 矛

矛是具有直刺功能的长柄格斗兵器,是古代军队装备的主要兵器之一。矛既可以投掷,也可以手持使用。

在战争出现之前,矛主要是作为狩猎工具,在旧石器时代就已存在。矛的前端是一根削尖的木棒或竹棒,也可以在木、竹棒的顶端绑一支兽角。随着人们劳动能力的提高,又发展为用石头、兽骨等坚硬材料加工成矛头,以增强其杀伤能力。战争出现后,这种用来杀伤野兽的工具,自然地就转

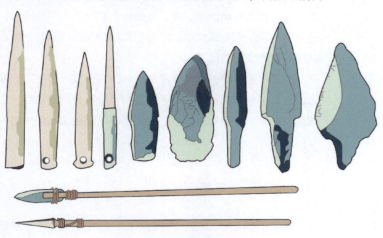

图2-49 骨、石矛

第二章 原始时代的冷兵器设计

化为伤敌的格斗兵器。当人们掌握了磨制和钻孔技术后，作为兵器的骨、石矛头也就加工得更适合战斗的需要了。许多出土的骨、石矛头都相当精致，有的基部还钻有小孔，以便于绑缚装柄（图2-49）。[①]

3. 石钺

石钺是格斗兵器中的一类，主要用于砍劈，它是由石斧演化而来的。当战争爆发时，原始社会中用于生产的石斧开始被当作兵器使用，并改称"戊"，后用青铜铸造时改为"钺"。从一些出土的石钺文物可以看出，石钺较薄，中间有一用来穿绳的圆孔（图2-50）。

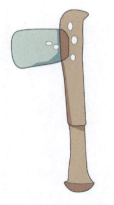

图2-50 陶质石钺模型

4. 石斧

石斧最初是作为一种生产器具来使用的，人们利用它清理杂树、开垦荒地，劈柴、砍伐木材，制作弓箭、棍棒、斧柄等木制品。对于石斧是何时转变为武器的这点很难断定，但从出土的文物中可以看出，在仰韶文化庙底沟类型时期，一些石斧已经开始有了超出生产工具的用途。在河北邯郸涧沟遗址中发现的三枚头盖骨上都有明显的斧痕，证实了原始社会中确实有一些石斧是被用来作为武器使用的。石斧的形状较小，手握起来轻巧灵便并且较为省力，同时其杀伤力强，在原始社会时期是优等的武器。

还有一类石斧为仪式用石斧，这种石斧不具有实用价值，在一些宗教仪式中比较常见。其选材较为严格，制作工艺也较为精细，没有使用过的痕迹，有些刻有花纹。我国出土的玉石质地石斧是仪式石斧的代表。

在我国旧石器时代的遗址中曾发现一种被称为"薄刃斧"的器具，学者通过其形状（通常是用一块长石片加工制成）特征，推断是用来切割或砍劈的工具。这种薄刃斧的出土文物数量较少，专家对其的定义还不够完善。薄刃斧的制作原材料一般为浅色石英岩、深色石英岩、细砂岩、石英砂岩、红色石英岩等。

5. 匕首

早在原始部落战争时期，人们就已经用石、骨等材料制造匕首了，大多作为防身的兵器。当时的匕首形制和矛头、戈头相似，不同点在于后端的形状更便于手握。目前出土的实物有两种：一种是骨匕首，在上端开有手握用的大孔；另一种是石刃骨匕首（图2-51），手握处为柄，骨柄外面贴上薄木片或薄骨片，更加便于手的抓握。石刃为锋利的燧石片，用胶质粘固在匕首两侧的凹槽内。

图2-51 石刃骨匕首

---

① 《中国军事史》编写组.中国历代军事装备[M]. 北京：解放军出版社，2006：24.

6. 短刀

短刀属于近身的格斗兵器，主要功能为砍和劈，可以单手持用。石器时代制造的短刀多数用于农业生产。

（二）远射类兵器

1. 弓箭

原始社会的先民们获得食物的主要方式是通过狩猎。使用经过加工的箭头、木棍和石块投击猎物，但这种狩猎方式受到了距离的限制。在长期的狩猎过程中，人们开始探索解决这一弊端的方法。他们开始将树枝或竹枝弯曲，并用绳子绷紧制成弓，用削尖的木棒当箭，利用绳的弹力将箭射出，这就是弓箭的雏形。弓箭能在较远距离杀伤敌人，是戈、矛等近身格斗兵器所无法实现的。因此，自有战争以来，弓箭即成为主要兵器之一，为历代统治者所重视。[①]

在陕西宝鸡北首岭仰韶文化遗址的墓葬中，曾发掘出一具成年男子的无头骨骸，其双膝间随葬着成束的骨镞。在江苏省邳县大墩子大汶口文化遗址（距今5 500—4 800年）中曾发掘出一具中年男性的骸骨，其右手握有骨匕首，左肱骨下置有石斧。有一支三角形的骨镞嵌入他的左股骨，有2.7厘米深，从嵌入的深度、部位和折断情况分析，此箭的穿透力较强，而且可能是一支射中人体后折断于体内的带毒箭头。

这些考古发掘证明了弓箭在仰韶文化时期已经开始用于战斗。这些墓葬和骨骸的出土，为弓箭由生产工具演变为伤敌武器提供了有力的证据。骨镞射入人体之深，反映了当时弓箭制作技术和损伤力度的提高与加强。弓箭在古代战争中使用了数千年，是使用年代最长的一类兵器。

2. 弩

弩的出现较早，在原始社会中就已经有所使用。用骨片制作的弩机悬刀在我国的新石器时代遗址中常有发现。

3. 箭

许多古籍（包含甲骨文）中有关于商代用弩的记载。弓、弩所用的箭，古代称"矢"。最初的箭，多用较细的树枝和竹子削尖制成，形制极为简单。后来随着技术发展，人们开始用尖状的骨头、锋利的石片、贝片等在绑在箭杆的头部，就成了带有石镞、骨镞的箭。在长期的发展中，人们对

---

① 《中国军事史》编写组.中国历代军事装备[M]. 北京：解放军出版社，2006：58.

箭的制造技术进行了升级，在箭杆尾部装上了羽毛，这样既可减少箭在空中飞行时的空气阻力，还有利于保持飞行方向，箭的制造从此开始趋于完善。

（三）防护类兵器

1. 盾牌

至今，我国还没有发现史前盾牌的实物出土，但在一些依旧保留原始生活习俗的民族群落里还存在着延续至今的简陋盾牌可作为研究参考。原始先民普遍使用木头和兽皮等日常材料来制作盾牌。

2. 甲胄

远古时期甲胄的制作与早期人类身着的衣服有着密不可分的联系。从发展历程看，起初人们是将完整的兽皮披在身上，随后通过进一步改良，开始出现领口，可以套头穿戴。

第四节　原始时代冷兵器的历史进步与时代局限

一、原始时代冷兵器的历史进步

（一）制作技术与工艺的进步

我国大约在1万年前开始进入新石器时代，当时的先民为了解决在石器制作中遇到的各种困难，创造性地充分运用自然环境资源，发明产生了许多便利的工具。起初人们只是直接使用大自然中的现成物品进行防身与劳作，并没有创造新工具的意图。在随后的发展中，人们发现经过再加工后的工具使用起来更加方便和得心应手，于是便开始探索对工具的改造，在这个过程中掌握了各种加工制作技术，例如打击、截断、切割、雕琢、砥磨、钻孔等，并且通过这些技术制成了比较规范的生产用具。

（二）使用材料的进步

随着制造工艺的提升，新石器时代的先民还学会了制作复合工具，并且开始尝试使用各种各样的新型材料，还尝试着将各种材质穿插、拼合、混合使用。如为石制或骨制的武器安装上木质的手柄，在弓箭的制作中除了使用常见的木材、竹材外，还开始运用动物的皮毛以及橡胶。这种复合工具的适用范围很大，在渔猎和农业生产中都有出现，从而推动了原始先民的生活逐渐向栽培植物和饲养动物方向转变。先民发明创造的大量工具，构成了独特的工程技术体系，为以后的兵器制造奠定了基础。

（三）工具使用方法的开拓

生产工具逐步发展，开拓了工具使用的新方式。旧石器时代和新石器时代早期，人们为了果腹御寒而操劳忙碌，必须进行群体劳动，在氏族内部劳动成果也是公平分配，没有私有财产，没有剥削。氏族间的距离很远，也很少交往，没有利害冲突，因此各个部落或部落联盟之间，一般都能够和平相处、相安无事。那个时期制作的工具大多为农具，即使是用来防身也主要是为了抵御野兽的伤害，而不是对其他部落的侵略。

当农业生产达到一定规模，劳动产品开始出现剩余。部分成员脱离农业生产，开始从事手工业劳动，出现了私有财产。随着人口的繁衍增长，人们对生产和发展的需求越来越高，会因为抢夺水源、土地等生存生产资料产生矛盾，甚至还会产生婚姻掠夺和血族复仇等利益纠纷。这些冲突引起了武力的交锋，人们开始将一些农业用具用于互相的厮杀中，从而使这些生产工具的性质发生改变，转化为械斗工具，即武器。

我们的祖先在暴力斗争中很自然地会选择并使用工具来增加自己生存的机会。这种选择是有意识的，那些更有利于格杀的生产工具会被挑选出来。一旦械斗有了一定的规模和频率，人们就会根据格杀的要求改造这些经常被挑选出的工具，增强其杀戮能力而弱化生产能力，这个选择改造的过程促进了兵器的产生和发展。根据斩、杀、刺击、远射等不同的作用，制成不同种类的武器，为冷兵器的初步形成奠定了基础。新石器时代晚期，随着原始社会的解体，战争不断加剧，促进了兵器的进一步演化。

（四）为兵器的发展提供启示

石器时代，人们创造了一系列具有创新和进步意义的冷兵器，凝聚了古人对于自然以及人与自然关系的丰富认识，对人类文明的进步和冷兵器的发展作出了贡献。从远距离投射石球与弓矢的不断改进中，我们能够看到原始冷兵器对其产生的影响。人类学、民族学资料表明，迄今一些原始部落还在使用可以投掷石球的木石复合工具——投石索、投石器等。

即使是在铜制兵器盛行的商周时代，人们仍然夹杂使用着石制兵器。夏代是中国青铜时代的开始，在不少古代传说中都提到夏代已经能够铸造铜器。在黄河流域，考古工作者还发现了不少介于原始社会末期的龙山文化和早商文化之间的文化遗存，其中有少量的铜兵器出现，不过这还不足以改变当时兵器的主要材质，夏代仍然大量使用各种石制的原始兵器。

在冷兵器时代，亚欧大陆广泛使用的大型攻城武器——投石机以及后来改进的投石车，对历史发展产生了重要的作用。火药与投石机、投石车的相互结合，促进了武器的进步，并直接催生了后世火炮。[①] 弓矢的发明也是人类进入成熟晚期智人（新人）阶段的标志之一，使狩猎、伤敌效率大为提高，直到13世纪火器诞生前，弓矢都是狩猎和战争中非常重要的兵器。

二、原始时代冷兵器的时代局限

（一）原始时代冷兵器原材料的局限性

进入新石器时代后期，青铜时代逐步到来。人们在掌握了取火技术后，学会了制陶工艺，陶器烧制的温度要达到1 000℃左右，这相当于青铜的熔点，所以冶金术在这一基础上开始发展。公元前21世纪，随着夏王朝的建立，开启了中国的青铜制造时代。随着青铜材质的频繁使用、铜的采集挖掘，青铜冶炼铸造技术得到不断提升。到了商代，青铜材质的工具以及兵器开始逐渐取代了石质兵器，人类开始进入以金属为主要材料的时代。

相较于同时期的其他材料，青铜的物理性能优越，其硬度要比石质工具更加坚硬，能够承受更大的打击力，延展性更好，在浇铸时可以改变外观形态。青铜的这些物理优势使其成为兵器制作材料绝佳的选择。所以，当青铜出现后，很快就将其运用在兵器的生产中。另外，青铜独有的金属光泽带来的视觉感受比石质兵器更加强烈，适合作为权威武力的象征。

---

① 陈明远，金岷彬. 木石复合兵器——投石索、投石器、投石机[J].社会科学论坛，2014（3）：32-42.

（二）原始时代冷兵器使用范围的局限性

到了商代，奴隶制社会不断地发展与巩固，当时的统治者建立起了一批规模浩大的军事队伍。《卜辞》上记载，在商王武丁时期（公元前1250—公元前1192）的军队已经有3个师的规模，每师约1万人，战争规模也越来越大。《卜辞》中有许多商代战争的记录，出征的时间有时可以长达数月，士兵数量也很惊人。这些变化对兵器提出了新要求，原始兵器已经无法满足大量生产制造的需求，并且在性能上也不再适用于大型战争。随着青铜冶炼技术的逐日提升，石质兵器不再是首选。从一些考古数据中可以看出，商代前期，在商王朝的统治中心地区就普遍出现了青铜兵器。

第三章 青铜时代的冷兵器设计

第一节 "百工"制度对冷兵器设计的影响

根据历史记载，夏代是我国历史上的第一个朝代，中国由此开始进入了奴隶制社会。大约在公元前21世纪至公元前16世纪，国家、军队已经开始形成。因此，原始社会中部落之间的冲突已经开始演变为民族、阶级、政治群体之间的争斗。步战是当时主要的战争方式。到了商代，奴隶制得到了进一步的发展与巩固，军事队伍的规模也越加庞大，战争也开始变得频繁，这就对兵器的制造提出了新的要求；并且这一时期的青铜冶炼技术也较为发达，为兵器的革新创造了条件。

一、何为"百工"

在古汉语中，"工"兼有多重词义，可以作为名词代指在某方面具有专长技能的从事劳动工作的技术性人员，也可作为动词指某项专业技术的使用，也可作为形容词来形容工匠技术的精湛。综合以上表述可见，"工"与普通的体力劳动不同的是，"工"的劳动包含了劳动者的创新能力和技能储备，在劳动过程中需要具备并发挥一定的专业技能。同时，在"工"的劳动中有了分工的存在，在这一过程中生产出便利人类生存活动的各类工具，人类使用这些工具获取生存必需的生活资料，所以这种生产活动是一种对最终所需物的间接生产。由此可见,古代人类社会有两种生产模式存在:一种是生产人类生活所必需的生活资料,即直接成果,农民是该生产活动的主体;另一种则是生产能够为生活资料的获取提供便利的各类器具,即间接成果,生产主体主要是工匠。"百工",就是指对人类的生产和消费活动提供外在帮助的群体,其价值在于使人的生产和消费活动变得更便捷高效。由于"百工"是对生产资料的间接生产,所以该群体的生产劳动与单纯的体力劳动就有了一定的差异,渐渐地开始了对美学的向往和对功能性器具的创造。

关于"百工"的记载最早见于上古文献《尚书》中。如《尧典》载:"允厘百工,庶绩咸熙。"《益稷》载:"(舜)乃歌曰:'股肱喜哉!元首起哉!百工熙哉!'"这里的"百工"并非指工匠,而是指"百官",这就体现了中国上古时期"工""官"身份的重叠性。[①]中国最早的"官"除了行使管理职能外又因其具有一定的专业技能而被称为"工";而中国最早的"工"因其生产的器物为他人的生产活动提供了有效的帮助而被看作"官"。这种身份的重叠性也是与中国古代早期美和艺术的制度性特征相适应的。

"百工"具体的工作内容为"审曲面势,以饬五材,以辨民器",意为"百工"需要充分了解自然物材的形状、性能,并根据材料本身的性状,施加人工,制为器物,并为百姓所用。"百工"在生产过程中充分发挥了人的主观能动性,通过多样的材料处理方式来对自然材料进行改造,考虑生产的整体性和系统性,包含着工匠的实践经验,体现了其对材料特性的熟悉程度。从商代青铜兵器的繁荣发展可以看出,工匠们通过对青铜材质特性的了解和对铸造手段的研究,为青铜兵器外观和性能上的提升提供了技术支持,足见"百工"制度的先进性。

二、"百工"制度下的生产规范

"百工"受官职身份限制,其行为活动都受到一定的限制,在其一年的劳动过程中,他们的设计造物活动都要遵循严格的规则制度,自由度不高。根据《礼记》中所记载内容可以总结出"百工"生产所依据的三类规范,主要有"气序"规范、"造物"规范、"考核"规范。

---

① 刘成纪. 百工、工官及中国社会早期的匠作制度[J]. 郑州大学学报,2015(5):35.

（一）"气序"规范

古代的生产活动以自然条件为基础，大多就地取材，同时工艺技术的应用受气候条件影响较大，所以，"百工"的生产就需要顺应自然时序和自然规律。兵器与普通的生活用具有所不同，尤其注重物理特性，为了实现最优性能，往往在选材和气候条件上有着非常严格的控制。如一般在季春之月，工师下令检查材料库里的储藏，例如金铁、皮革筋、角齿、羽箭干、脂胶丹漆，都要品质良好的；然后工匠开始制作，监工每日会提醒工匠一切应按照程序制造，严格选材，顺应时序，使器物坚牢耐用。《考工记·弓人》中提到弓人制作弓，取用六材必须依照季节：冬季剖析干材，春季用水煮治角，夏季治理筋，秋季再用胶、漆、丝3种材料将干、角、筋组合在一起；冬寒季节固定弓体，隆冬冰冻时检验漆文是否剥落。由于古代的生产条件受自然影响，不可控因素较多，所以生产过程必须与自然时序相适应才能降低外界环境对器物生产造成的不良影响。因此，顺应自然、合乎时序成了"百工"造物的第一规范。

（二）"造物"规范

"百工"的生产除了依循"气序"规范外，在造物活动中还需要遵守以下三点：

一是所造器物要"合度程"，即检查器物的规格质量，"度程"即造物本身的具体尺度。工匠需要选用优良的材料按照标准尺度进行器物的生产，对具体尺度和工艺手法的规定，使这一造物规范对于兵器的规格化大批量生产具有重要的推动作用。礼制规定："用器不中度，不粥于市；兵车不中度，不粥于市；布帛精粗不中数，幅广狭不中量，不粥于市；奸色乱正色，不粥于市。"即日常所用的器具、兵车、布帛等，尺度不合规范不能流入市场进行买卖。由此可见"百工"制度对器物用具制造规范的重视。

二是戒淫巧。中国古代社会对于"礼"的重视也使得造物过程中的技巧使用必须遵循一定的规范制度。所以在春季开工之时会规定"百工"不可追求新奇造物，不可以奇技、奇器来博取上位者的欢心。比如，先秦时期各类器物的设计中，装饰往往受到各种等级制度的规范和制约。因此工匠在实用器具的制造过程中更加注重实用需求。这一时期兵器的设计趋势充分体现这一造物规范的应用，除了部分用于仪仗的礼器之外，大部分兵器的设计以功能结构的升级为主，对于复杂的雕刻纹饰不再有过多追求，只做少量装饰点缀。

三是物以致用。"竭其力谓之功，尽其心谓之致。虽合度程，戒淫巧，而未能功致，犹未得为器之善也"，即"百工"所造器物除了需要满足各项尺度规范和不作多余无谓的装饰外，最核心的要求是必须具备一定的实用价值，器物功能需要完备。好的造物设计就是在人使用器物功能时能提供便捷、宜人的体验，器物功能是"百工"造物技艺水平最直接的体现。

（三）"考核"规范

"百工"之长在年末会检验工作成绩，也就是说工匠们需要进行一年一度的年终考核。工匠们拿出自己制作的产品，看是否依照法度标准，是否符合细致程度。除此之外，他们所造物品的好坏，还需要在实际使用的过程中得到检验。所以工匠们需要"物勒工名"，在使用过程中"以考其诚"。即在自己制作的器物上留刻名字，以方便管理者检验产品质量。"百工"为在官之工，而且是世代为工。不能"移官"（换主人），所以一旦产品"功有不当，必行其罪"。若产品质量低劣，坑害了使用者，便会对相应的责任者进行处罚，对责任的追究直抵工匠的内心和思想深处，即所谓"以穷其情"。此类制度规范使兵器的制造更加严格，也提供了应有的质量保证。

三、"百工"制度与古代军事管理

（一）石器时代兵器制造与管理制度的萌生

根据史籍记载，发生在5 000多年前的大型部落战争中已经有专属的部门或人员管理和制造兵器。《管子·地数七十七》中谈到在蚩尤之时就分派工匠制造战争所用的矛、戈等兵器；《新唐书·宰相世系·表二下》记载，黄帝第五子青阳，生子曰挥，挥观看到天上的弧星，便仿其形状做了弓矢。挥职为弓正，管理弓矢的制造，这就表明在黄帝之时就有了负责制造弓矢的管理人员。《正义》释曰："工师若今之大匠卿也。"

南齐之时便有了大匠卿这一官职，掌管皇家工程，负责建筑修造和工具制作，包括兵器的制造。《尚书正义·尧典》称尧"允厘百工，庶绩咸熙"，意思是尧管理"百工"，"百工"的工作才能有序开展，蓬勃发展。到了舜继位之时，舜推荐垂为管理这项工作的人。垂是舜的朝臣，也泛指能工巧匠。还有一种说法认为"共工"是管理该项工作的人。除了让垂来领导"百工"之外，舜还模仿了尧的做法，让朝臣推荐能够继续光大尧帝事业的能人贤士。众臣一致推举禹担任司空一职。《尚书·舜典》中记载：众人荐举曰"禹任司空""平水土"。《荀子·王制》中记载司空在当时有管理"百工"修建堤梁、创建水库用于治水的职能，说明商周时期司空是管理"百工"之官。

夏朝在公元前21世纪建立，当时的古代人民开始建造城池，兵器的制造机构开始出现。制造兵器的工匠在"百工"制度下从事生产活动。古籍《山海经》中的"海外南经""大荒北经""海内经"等都有记载。禹曾用箭射死敌对部族的首领，取得胜利；夏帝少康的儿子杼制造了铠甲；在寿华之野，羿与凿齿使用戈和盾进行战斗并获得胜利；少暤，夷的首领，其子般和倕、浮游等均具有制造弓矢的高超技能（上述所记载的不一定是真实姓名，而是当时原始的兵器制造和管理人员即兵器工匠的托名）。

在远古时代，我们的先辈创造了各种生产工具和保护设施来完善生存条件。经过多次部落战争，许多生产工具和保护设施逐渐演变成了武器和城池。战争的洗礼使当时众多的部落开始融合，最终形成了一个庞大的部族来对当时的华夏民族进行统治管理。人类社会开始从原始社会逐渐走向文明社会。这一发展与当时生产工具和防护设施的创造以及它们向兵器和城池等军事装备设施的转变是分不开的。"百工"制度的出现以及工匠的造物活动为制造兵器和建立匠人管理机构提供了条件，为我们的祖先迈进文明社会提供了重要的保证。

（二）青铜时代兵器制造与管理机构的形成发展

青铜兵器是一种是在青铜冶炼的基础上生产的，是由石材演变为金属材料的兵器。夏、商、周王朝的皇室已经设立了"司空"作为管理铸造工作的官员。据郑玄注《考工记》载："司空掌营城部、建都邑……造宫室车服器械，监百工者。"其中有制造弓矢的"弓人""矢人"、掌戈矛殳类长兵器制造的"庐人"、负责制造铠甲的"函人"、负责剑的形制设计的"桃氏"等,都是制造兵器的工匠。《周礼·夏官》中所记述的"司甲""司兵""司戈盾""司弓矢",都是管理和配发兵器的机构或官员。如"司兵掌五兵五盾,各辨其物与其等,以待军事。及授兵……从司马之法以颁之"。春秋战国时期,各诸侯国都采用了西周管理兵器的制度。

如果说新石器时代晚期兵器制造与管理制度的萌生是人类进入文明社会的初步试探,那么青铜时代初步形成的兵器制造与管理机构是人类文明社会进一步发展的保障。在这种保障下,"百工"造物步入正轨,各部门工匠充分发挥自身的聪明才智创造了灿烂的青铜文化,成了兵器发展历史进程中重要的一环。

第二节　战争形式与冷兵器的利用

一、步兵作战与冷兵器使用

商代时期的战争形式多为步战和阵战，在战争中要求保证组织严密的战斗队形。商代战士的常用兵器是青铜戈，通过出土文物的木柲朽痕可以看出，商代的戈仅长一米左右，打击范围较小，也进一步证实了当时的作战方式为步战。青铜戈的用法主要为"啄"，然而啄兵用于步战时有一定的缺陷，其打击方向不易改变，敌人易于回避反击。而与戈相似的另一种适用于步战的兵器——矛。矛在作战时可以灵活地调整进攻方向，敌人难以躲避，从而更容易把握战机。因此在步战条件下，矛的使用开始逐渐增多。中国历史上青铜矛的出现要晚于戈，因为铸造矛时必须使用内范，生产工序相较于戈较为复杂，所以直到商中期青铜矛都较为罕见，直到商晚期才得到大量使用。

二、车战作战与冷兵器使用

从商晚期到西周早期这段时间里，青铜矛取代青铜戈的趋势逐渐变弱，很快青铜戈又取代了青铜矛在实战中的地位。据考古资料显示，自西周起青铜矛的出土数量开始锐减，直至西周晚期，出土数量不足40件，与同时期青铜戈的出土数量差距悬殊。然而西周矛的形制比商代成熟很多，之所以走向没落的原因在于作战方式的转变。这一时期的战争形式以车战为主。在商末牧野大战中，周武王"戎车三百乘"，作为伐纣大军的中坚力量，标志着车战时代的到来。之后周人常以车战方式同周围邻国、部落交战。青铜矛在车战中也可使用，但使用效果远没有步战中理想。车战中用矛刺击的距离要比步战时大得多，并且因为距离较远导致矛头的命中率也较低。加上车战中战车运动速度快，容易产生颠簸，士兵难以准确把握矛头施行刺击，因此青铜矛的作战效能大大减弱。而作为勾杀工具的戈显露出其在车战中的优势，战士在战车上挥戈勾杀就可以横扫一片，同时借由双方战车错向交锋时的相对运动速度，也能大大增加挥戈勾杀的力量，进一步增强杀伤力。

第三节　青铜时代典型的冷兵器的种类

一、格斗类兵器

(一) 戈

戈是中国特有的勾啄兵器，在新时代石器晚期就已经出现，发展到夏商开始用青铜铸造。河南偃师二里头文化遗址的青铜戈是发现年代最早的戈，具有明显的早商文化特征，此时的戈形体较为细长，没有阑。商代前期的戈基本上只有直内戈和曲内戈两种形式；至商代后期戈的形态有了变化，改进了戈头与戈柲的穿插方式，出现了銎内戈，与之前两种戈的主要区别在于戈头的形状不同，并且装柲的方式也不同。到晚商出现了中胡一穿戈和中胡二穿戈，甚至长胡三穿戈（图3-1、图3-2、表3-1），虽然这种形制的戈较为少见，但为商代以后戈的发展预示了方向。

第三章 青铜时代的冷兵器设计

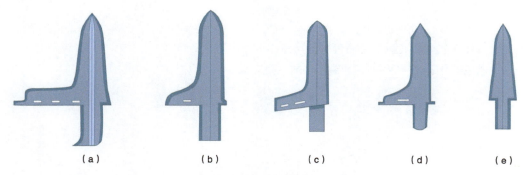

图3-1 不同形制的戈头
（a）长胡三穿戈；（b）有胡銎内戈；（c）中胡二穿戈；（d）中胡一穿戈；（e）銎内戈

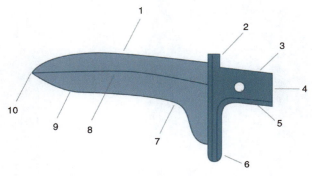

图3-2 戈的各部名称
1—援；2—上阑；3—内；4—后缘；5—穿；6—下阑；7—胡；8—脊；9—下刃；10—前锋

表 3-1 戈的形制演变

时期	戈在此时期的常见形制
石器时代	无穿无胡的石戈
夏商周	无穿无胡的铜戈
春秋	单穿带胡的铜戈 二穿带胡的戈 三穿带胡的戈
《考工记》时代	三穿带胡的戈 四穿带胡的戈

（二）戣

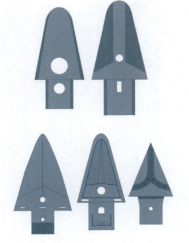

图3-3 西周铜戣和商代铜戣

戣是戈的一种，在商代的中期出现，又称为"戬"。与戈相比其援部较为宽短，大致呈三角形。这种兵器首次出现于陕西的汉中地区，随后其使用范围开始向周边地区扩展。西周初期，中原地区仍有多数军队使用铜戣，形制与商朝时期的大致相似（图3-3）。

69

（三）矛

矛主要用于直刺和扎挑，是一种长柄兵器，主要由矛头、矜、镦三部分组成，是古代军事装备中的主要兵器之一（图3-4）。

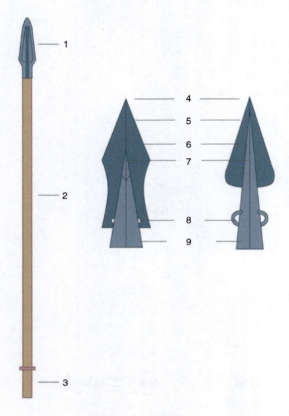

图3-4　矛的结构图
1—矛头；2—矜；3—镦；4—锋；5—刃；
6—叶；7—脊；8—孔纽；9—骹

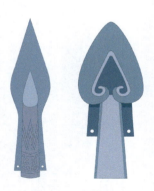

图3-5　双孔式铜矛

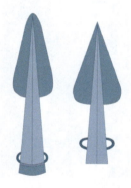

图3-6　双纽式铜矛

矛在旧石器时代就已经存在，当时是作为狩猎工具。随着战争的发生，这种原本猎杀野兽的工具就转化为杀敌的格斗兵器，迄今为止并没有夏代铜矛出土的记录，但从夏代出土的铜戈、铜戚中推断夏代可能已经出现了铜矛。到了商代，矛在军事兵器中的地位已与戈同样重要了。在湖北黄陂盘龙城商代前期遗址出土了迄今年代最为久远的三件铜矛，因其形状类似柳叶，故称为"柳叶形矛"。商代后期，铜矛的形制有了新的发展，最为普遍的是三角形叶矛（又称双孔式铜矛，如图3-5所示）和亚腰尖叶形矛（又称双纽式铜矛，如图3-6所示）。

西周前期的铜矛基本上延续了商代的双纽式铜矛，但矛体较小（图3-7）。截至铁矛开始出现，这一时期内矛的形制主要有四点变化：①矛体的宽度缩小，变为窄叶形；②骹的长度发生变化，之前是骹长于体，变为体长于骹；③骹上不再有环纽；④将矛柄改为"积竹矜"（即以木为芯，外圈以两层小竹片裹紧，涂漆，使柄坚韧而富有弹性）。

（四）戟

戟是戈与矛的合并，兼具两者特性，兼有勾和刺的功能，并且作战时的性能优于两者。目前只出土过一件商代的戟，只是将矛和戈与柲简单连接，在形制上并没有过多创新。可以看出商代的戟只是当时人们对兵器改造的一种尝试，戟作为兵器的用途在当时并没有被确定，更没有广泛运用。

西周的戟在形制上有3种较为常见的形式（图3-8）：

（1）将矛的刺、援、内、胡4个部分相连，相交成十字。

（2）与第一种制法大致相同，也是整体作为十字形，只是戟刺部分弯曲制成钩状。

（3）整体的形制与戈大致相同，2/3处叉出横向的援。

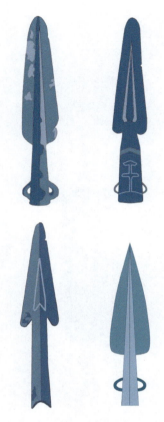

图3-7　西周前期铜矛

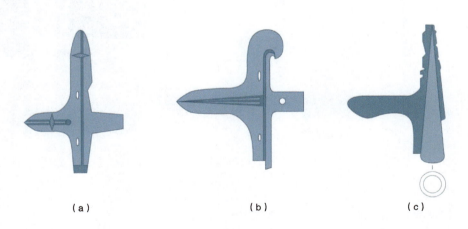

（a）　　　　　　　　（b）　　　　　　　　（c）

图3-8　戟的3种形制
（a）将矛的刺、援、内、胡四部分相连，相交成十字形；（b）整体十字形，戟刺部分弯曲成钩状；
（c）形制与戈大致相同，有横向的援

另外，在西周开始出现通体连接合铸的青铜戟，说明戟在西周时期得到了发展，但这种制造方式过于繁杂，实际操作并不理想，所以并没有得到长久的运用。

吸取了西周将戟刺与戟援合铸的失败经验，东周采用了分铸的方法。戟的制作在东周开始趋于成熟，因为戟的形制来源于矛与戈，所以其发展与矛戈的发展紧密相连。

（五）斧、钺和戚

这3种兵器的主要用途均为劈砍。

1. 斧

青铜斧既可以用于作战，也可以用做刑具。斧的形体比较长，斧刃较平，有轻微的弧度。其装柄方式有两大类：直銎式和管銎式（图3-9～图3-11）。当时用于战争的斧多是长柄，常将其称为长斧和大柯（柄）斧。在原始时代，东西方的主要格斗兵器多为斧、钺和矛，进入青铜时代后，西方沿袭之前的兵器，多使用长矛和战斧，东方则将使用的重点转移到了戈和矛上。

图3-10　直銎式斧局部

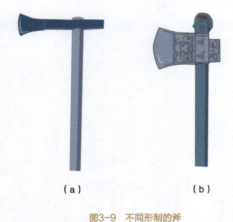

图3-11　管銎式斧局部

图3-9　不同形制的斧
（a）直銎式斧；（b）管銎式斧

2. 钺

商代时期的钺与斧在形制上较为相似，钺是从斧中分化出来的，最初称为"戉"，在用青铜制作后改写为"钺"。青铜钺在商周时期的军队中运用广泛，同时也作为礼器和断头用的刑具。与新石器时代的石钺、玉钺不同，青铜钺具有良好的金属延展性，所以样式较多。钺的形状大多较宽且厚，刃部呈弧形，刃的两端微翘，有的还向上翻卷。河南安阳妇好墓曾出土2件大铜钺——妇好钺（图3-12），山东益都苏埠屯商墓曾出土"亚丑钺"。在目前出土的青铜钺中还有一类直刃方形钺。商代后期铜钺的数量大增，并且开始出现大型钺。

由于钺常作为刑具使用，所以这种兵器也是一种权力的象征，并逐渐成为军队权威的标志，在制造工艺上日益精美（图3-13）。又因为钺在实战中的性能不及戈与矛，所以在战场上的利用率并不高。西周时期，随着周王朝的衰弱，青铜钺在中原地区的使用逐渐减少。东周时期，青铜钺的主要作用是作为战斗和杀戮权力的象征物。根据古书记载，黄钺代表着权力，白钺代表军队的指挥权。

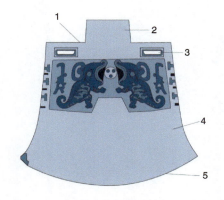

图3-12　妇好钺及其各部名称
1—肩；2—内；3—穿；4—身；5—刃

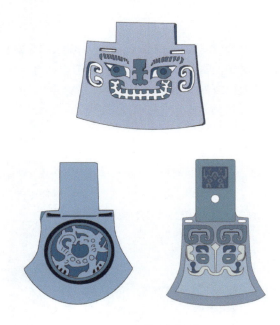

图3-13　制作精美的青铜钺

3. 戚

戚在体形上小于钺，又称"小钺"。目前距今年代最久远的戚是在河南偃师二里头遗址出土的，其体形较为窄长，刃呈微弧形，后有方形的"内"，戚体与戚"内"间有略凸的阑。根据现有文物可以将戚分为两大类：一类表面没有过多的装饰（有的甚至没有装饰），这一类戚可能用于实战；另一类表面有丰富的装饰，在"援"与"内"的部位都有雕刻花纹，这类戚有可能是舞武中的道具（图3-14）。

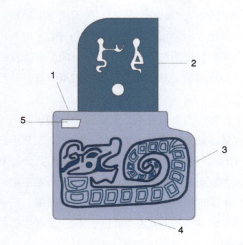

图3-14 青铜戚
1—肩；2—内；3—戚身；4—刃；5—穿

青铜钺和青铜戚的出土数量远少于青铜戈和青铜矛，但前两者在装饰上要比后两者更加精美，可以说明青铜钺和青铜戚主要是作为有特殊含义的礼仪兵器来使用的。

（六）刀

在夏、商、西周时期，刀这一类锋刃器的主要用途是作为生产工具，但同时也存在一部分作为武器使用的刀（图3-15、图3-16），但战争中的使用还是较少。

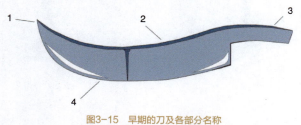

图3-15 早期的刀及各部分名称
1—锋；2—背；3—柄舌；4—刃

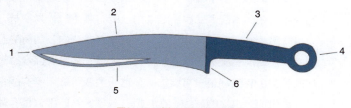

图3-16 青铜刀的各部分名称
1—锋；2—背；3—阑；4—首；5—刃；6—柄

青铜刀主要由刀柄与刀身两部分组成。甘肃马家窑文化遗址曾出土过一件锡青铜制小刀，这件文物被认为是铜质类兵器的起点。到了商代早期，刀柄与刀身有了明显的区分，并且形制也开始产生变化。

商代的刀有两种常见类型：一种是短柄刀，刀身较窄，与刀柄采用合铸的方式打造，长度一般为20～30厘米（图3-17）；另一种是长柄刀，在商末周初的军队中较为流行，是一种装有长柄的青铜大刀，刀身较宽，刀体较长，长度一般为30～40厘米。

图3-17　短柄青铜刀

在西周时期，青铜短刀几乎被淘汰，只有青铜大刀还在使用。同时西周时期还存在一些刃部为波纹状的青铜制砍击兵器，在金文中有与之相似的文字图形，也证实了这种刀具的存在（图3-18）。

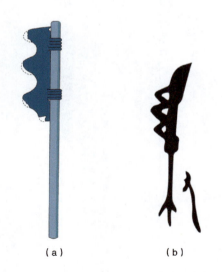

（a）　　　　　　（b）

图3-18　青铜制砍击兵器及金文文字图形
（a）青铜波状刃砍击兵器；（b）金文中的文字图形

（七）青铜殳

青铜殳又称为杸，是一种由石器时代的棍棒演变而来的打击兵器，史料中最早的记载始于周代，在东周时期的车战中运用较多。湖北随州擂鼓墩出土的青铜殳分为有尖端和无尖端两种形态。一般的殳长约3米，柄部多采用竹柄和木柄，多数为八棱形，尾端装有镦。前段有铜制的殳头，称为"首"。无尖锋的青铜殳，其殳首为平顶的圆形，有些还带有一枚铜纽（图3-19）。

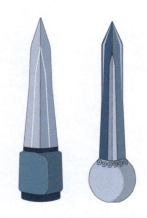

图3-19　不同形制的殳头

（八）青铜铍

铍（pí）是一种在东周时期出现的新型直刺兵器，又称为"鏬""铦"或"柸"。主要由铍头、格和长柄组成（图3-20）。铍和殳一样柄部也有镦。铍头的形状类似于尖峰的直刀，铍的扁茎较长，茎上有穿孔，与扁茎短剑相似，很可能是由扁茎短剑发展而来。但铍的柄更长，这样的结构能增加进攻时的穿透力。

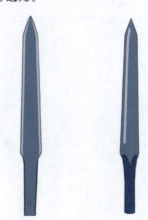

图3-20　铍头

二、远射类兵器

（一）弓

弓的形态在商代已基本定型，根据商代甲骨文、金文中与弓有关的象形文字，可作出大致推测。没有上弦的弓称为弛弓（图3-21），上弦的弓称为张弓（图3-22），张弓与弛弓是完全不同的两种形态。

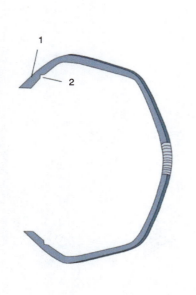
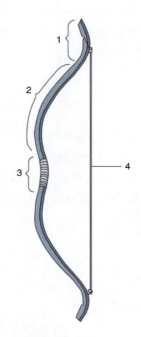

图3-21 弛弓
1—弭；2—彊

图3-22 张弓
1—箫；2—渊；3—弣；4—弦

考古发现有一种铜制"弓形器"常与商代兵器同时出土，经考证为弓的附件，弛弓时绑在弓背的中央起到保护作用，张弓时摘下，被称为"弓柲"（图3-23）。弓柲大部分装饰有花纹，有的镶嵌宝石，有的两端有铃，有的装饰有兽纹，有的还有氏族符号。

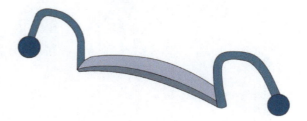

图3-23 弓柲

到东周时，弓的构造已无明显变化。据汉郑玄注《考工记》称，周代的弓由周王室所设"五官"中的"冬官"制造。其中"弓人"和"矢人"即制造弓箭的工匠。[1] 所制的弓根据用途产生不同的分类，有用于战争的王弓、弧弓，有用于狩猎的夹弓、庾弓，有用于习射的唐弓、大弓等。

制弓技术逐渐由加强单体弓发展为复合弓。复合弓是指

[1] 卢嘉锡，王兆春.中国科学技术史：军事技术卷[M].北京：科学出版社，1998：29.

弓体用相同或相似的材料层层叠合，或用数段材料拼接而成的弓。通常使用的材料有木和竹、动物的肌腱和角、胶与漆等。

（二）弩

弩是由弓发展而创造的针对远距离射击的兵器。它由3部分组成：弓、弩臂和弩机（图3-24、图3-25）。弓横放于弩臂前端，弩机安放在弩臂后部。弩臂承载着弓，抻拉弓弦且供发射者操持。弩机可以控制弓弦延时发射。

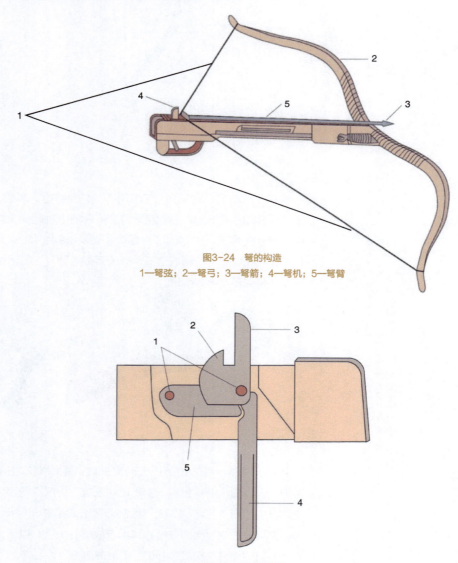

图3-24　弩的构造
1—弩弦；2—弩弓；3—弩箭；4—弩机；5—弩臂

图3-25　弩机的构造
1—键；2—牙；3—望山；4—悬刀；5—钩心

（三）箭

箭是与弓一同使用的兵器，又称"矢""镝"，主要由镞、杆、羽、栝四部分组成（图3-26）。箭镞锋利有刃，安装在箭杆前端，起到杀伤作用。杆是箭的主干，通常用竹制成，也用木、藤制作箭杆。羽在杆的尾部，保证箭飞行时的平稳。最上乘的箭羽以雕翎制成；鹰羽其次；鸱枭羽更次；雁鹅羽质量最差，遇风会倾斜乱窜。栝在箭杆的底部中央，方便扣弦瞄准，商代又称为"比"。

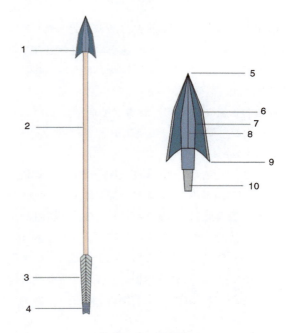

图3-26　箭和箭镞的构造
1—镞；2—杆；3—羽；4—栝；5—锋；6—刃；7—叶；8—脊；9—后锋；10—铤

商代的青铜镞多用合范浇铸。范的中部有一道主槽连着浇口，主槽两侧如同植物叶脉斜连着三个镞的镞铤。浇铸时，将青铜液注入主槽口，青铜液便从主槽流入各个镞模中，一次可铸7支，铸造效率得到大大提高。

从出土箭镞的数量上看，当时使用最多的箭镞有两种：一种是长脊双翼式，脊伸出翼底，截面呈菱形，翼末倒刺尖锐，长6.5厘米；另一种是短脊双翼式，脊较短，没有超出翼底，两翼的侧刃有较大弧度，翼末的倒刺同样尖锐，长约5厘米。在河南安阳殷墟车马坑出土的车箱中，发现一个直径7厘米、残长56厘米的皮制平底形圆筒状的箭箙（盛箭器），箙内装有10支铜镞箭，尖锋朝下，尾羽朝上。在河南安阳殷墟妇好墓、小屯车马坑等一些遗址也掘获了不少以10支为一组放在一起的箭镞（可能当时"10"已经作为一种计数单位了）。

西周时期，目前还未出土完整的弓和箭，但就箭镞情况可以大致推测，在当时弓箭已成为最主要的远射兵器，大致沿用商代的凸脊扁平双翼青铜镞的形制。

三、卫体类兵器——剑

剑在中国古代是非常重要的冷兵器。始于商代的青铜短剑是目前发现最早的剑类兵器，被称为"曲柄匕首式剑"。其剑身较短，剑身与柄衔接处有突齿，柄微曲，多装饰有精美的几何图案，柄首形式多为铃首、兽首（图3-27）。

图3-27 商代青铜羊首剑

晚商的青铜剑曾在河北省青龙抄道沟、山西省石楼后蓝家沟、山西省保德县林遮峪等地出土。这种青铜剑剑身微曲，剑首铸成铃状。

西周时期，黄河流域和长江流域都出现了与青铜短剑有明显区别的早期青铜剑。这些青铜剑形体短小，长度为30厘米左右，方便随身佩戴（图3-28）。在黄河流域的陕西、河北等地发现了一种扁茎似柳叶形的剑，其特点为扁茎、无格，柳叶形剑身，上有2个圆孔，便于安柄。① 这种剑的完整形态应是在扁茎上钉柄形木板，并在木板外缠绕细麻绳，有的还将柄末端插入铜质中空的剑首。在长江下游的吴越地

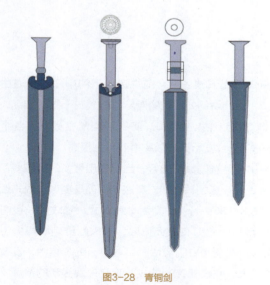

图3-28 青铜剑

---

① 成东，钟少异. 中国古代兵器图集[M]. 北京：解放军出版社，1990：58.

区也发现了早期形制的青铜剑，其造型特点是圆形柄首，有格，圆茎或扁圆茎，有的茎上有箍，这些可能是南方早期的青铜剑。

四、战车

战车有攻车、守车两种。攻车与敌人直接作战，守车用于屯守和载运辎重。攻车通常称为战车、兵车、革车、武车等。商代的战车的构成部分有辕、舆、轮、轭（图3-29）。

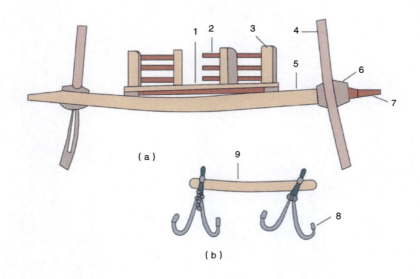

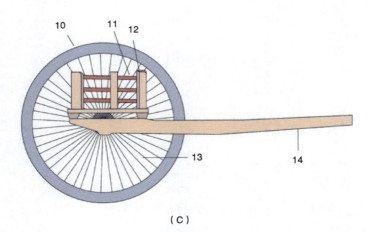

图3-29 战车结构
（a）正视图；（b）后视图；（c）纵剖侧视图
1—舆；2—輢；3—轼；4—轮；5—轴；6—毂；7—害；8—轭；9—衡；10—牙；11—輢；12—轼；13—辐；14—辕

战车的主要特点是独辕、两轮、方形车厢（即舆）、长毂，车厢置于车辕末端并压制在车轴上，车衡横于车辕前端，车衡上绑两轭用来驾马，一般驾两匹马。轮子的直径较大，车厢的门开在后部。战车主要由木制成，在重点部位安装青铜件，通称为"车器"，起到加固和装饰作用（见图3-30）。

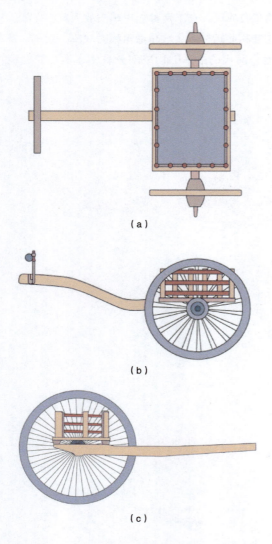

图3-30 战车视图
（a）俯视图；（b）（c）侧视图

战车发展到西周时期有了进一步改进，商代两马驾驭的战车到西周时以四马驾驭为主，至秦代成为主流战车。《诗·小雅·六月》中有"戎车既安，如轾如轩。四牡既佶，既佶且闲"的诗句，从中可以想象四马战车的威武。

第三章 青铜时代的冷兵器设计

五、防护类兵器

(一) 盾

商代的盾由原始社会中简易的木牌、藤牌和套有兽皮的兽牌演变而来。河南安阳殷墟曾出土商代盾的残片，形状为梯形，表面略微鼓起，宽度为60~80厘米，它以木棍作为框架，蒙上皮革或编织物。此时期的盾牌普遍用木和皮革结合制作，并在上面刷漆，再加上一些青铜配件，用来加固和装饰盾牌，还能起到恐吓敌人的作用（图3-31）。大多数盾的形状为圆盘形或圆环形，有些还会仿照人面或兽面的形状制作。西周时期的盾基本上沿用商代盾的形状，所用材料依旧为木头或皮革，多呈梯形。陕西宝鸡曾出土过一面保存较好的西周盾，框架为黑色的木板，形状为梯形，比商代的盾牌更大一些，盾上钉有青铜饰品并刻有铭文。北京房山琉璃河西周墓中曾出土过一面兽面盾，其上钉有7个青铜盾饰，给人以狰狞的视觉冲击。

图3-31 商代盾饰

图3-32 商代晚期青铜胄

(二) 胄

胄是古代将士打仗时戴在头上的一种防护用具，用来抵挡矛、戈、刀、矢的攻击，是古代军队的重要装备。传说在黄帝时期的一些部落战争中，已经有了胄的雏形，但非常简陋，多用藤条和皮革制成。进入商代出现了青铜，胄才开始真正发展起来。河南省安阳侯家庄的一座商代晚期墓穴中发现了140多件青铜胄，由此可以推断青铜胄出现的年代应该是在公元前14世纪左右。这些青铜胄都是合范铸造。胄的前部与眉毛齐平，可遮住眉毛，左右以及后部向下延伸，护住战士的双耳以及颈部，高度一般为20厘米左右，重达2~3千克。胄的顶部有根铜管，用来插一些羽毛和缨饰，胄的表面有时还会铸有虎纹、牛纹、葵花纹等纹饰（图3-32、图3-33）。山西省柳林县曾出土过另一种商代的青铜胄，胄体呈半球形状，仅左右两侧向下延伸出护耳的部分，顶上用一个立纽代替青铜竖管，以系毛饰，可能是北方草原民族文化特征的一种反映。[①]

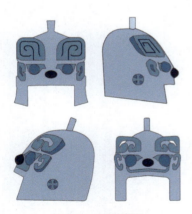

图3-33 商代青铜胄

① 卢嘉锡，王兆春. 中国科学技术史·军事技术卷[M]. 北京：科学出版社，1998：39.

西周时期胄的制作与商代并无大的差别，在北京市昌平区白浮一带的西周早期墓穴中挖掘出的胄与商胄相似，但也有新的改进：一是顶部常有的铜管消失，取而代之的是一个

83

方形的铜纽,有时是铸出一条纵向的脊,上面有一些小孔;二是两侧的护耳部分比之前多出了两个小纽,可能是用来串皮条起固定作用,防止胄在作战过程中脱落。周代的胄上没有任何花纹(图3-34)。

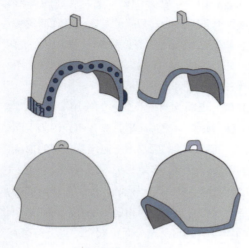

图3-34　周代青铜胄

(三)甲

甲是士兵作战时穿着的护体用具,用来保护身体不受矛、戈等利器的伤害。原始社会先民从动物甲壳上受到启发创造了甲。汉代的《释名释兵》中说:"甲,似物有浮甲以自卫也,亦曰介,亦曰函,亦曰铠,皆坚重之名也。"[1]

最早的甲与胄一样都是利用藤条、木材、兽皮等材料制成,这样制出的甲是一块固定的形状。根据考古学者的记载,商代制作甲的材料仍然是整块的皮革,在河南安阳的商代遗址中发现过此类皮甲的残迹。整块的皮甲在穿上后会造成战士们的行动不便,并且对肩膀、手臂、腰腹这些需要活动的部位也起不到防护的作用。

到了周代,人们开始将大块的兽皮分割成小块,根据不同的防护部位裁剪成大小形状合适的各类甲片,再用绳子将其编成整块的甲,制成"组甲"和"合甲"。出土文物中还有些镶嵌青铜铸件的皮甲,山东省胶县西庵出土过西周的青铜兽面胸甲,陕西省长安县(今为西安市长安区)的西周墓中也出土过青铜甲片,并可以将它们复原编连成甲,但总的来看青铜甲的使用还不普遍。[2]

---

[1] 《中国军事史》编写组. 中国历代军事装备[M]. 北京:解放军出版社,2006:85.

[2] 卢嘉锡,王兆春. 中国科学技术史·军事技术卷[M]. 北京:科学出版社,1998:40.

第四节 青铜时代冷兵器设计分析

夏王朝的建立拉开了中国奴隶制的序幕，兵器制造工艺与军事建设成为国家建设中的主要部分。

商周时期青铜冶炼技术逐步成熟，青铜兵器成功取代了原始石制、骨制的兵器。在造型和设计上也有所发展和进步，进一步加强了兵器在各个方面的性能，并且创造出了新的种类，兵器的形制结构也发生了变化。到了东周时期，青铜器的制造发展到顶峰，在冶炼工艺中，合金的配比技术以及器具表面的艺术处理方式都产生了质的飞跃。一些非金属兵器的制造也在这期间突飞猛进，匠人们也探索出多种材料复合的兵器制造工艺。

一、外观与结构

在早商文化的遗址中，最有代表性的是位于河南偃师的二里头遗址，在这里出土了大量青铜戈、青铜镞、青铜戚、青铜矛等兵器。从这些出土文物中可以看出，此时的兵器与生产用具已经有了明显区分。

（一）戈

戈是青铜器时代最具特色的一种兵器，是中国特有的冷兵器。戈主要由戈头、木柲、铜樽组成，有些木柲的顶端还有一个柲冒。戈头部分通常上下皆有刃，前面有尖刺锋利的援，以及装木柲用的内；内上会有绳孔，称为穿，用来捆绑束缚戈头；在援与内之间会有阑，在援靠近阑的地方形成一种称为胡的结构，胡上也有穿（图3-35）。从一些出土文物中可以看出青铜戈的形制结构与石器时代的工具有很多相似之处，例如在装柄方式上戈与石斧有着相似之处。戈的用法为啄击，与石斧的砍劈功能相近，包括史前社会使用的镰刀，其形制与戈也有着相同点。

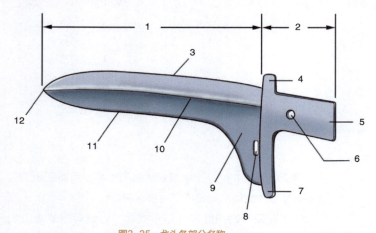

图3-35　戈头各部分名称
1—援；2—内；3—上刃；4—上阑；5—后锋；6—穿；7—下阑；8—穿；
9—胡；10—脊；11—下刃；12—前锋

商周时期，戈作为重要的作战兵器，在功能和形式上进行了多次改造尝试。

（1）完善装柄的方式，解决在作战中戈头容易出现松动、脱落、歪斜等问题。

①最初是在戈头的援、内之间作出上下阑，以此为缠绕绳索的支撑点；又在援、内之间制出侧阑，西周时在侧阑上制出两个向侧后斜出的翼，以阻止啄击时戈头后陷；进而将下刃延长为胡，在胡上制出穿绕绳索的洞。[①] 这些改进使得戈头与柲之间的连接更加牢靠。

②第二种做法是在戈头的援、内之间制出一个銎，将内装柲的形式转变为銎装柲，这样能提高牢靠的程度，并且装柄工艺也变得更加容易。但在使用上多以第一种方式为主。一些学者分析认为产生这样的结果是因为銎内装柲的方式不能有效解决勾杀时戈头前脱的问题，所以在西周时期逐渐不再使用这种方式。

---

① 钟少异. 中国古代军事工程技术史[M]. 太原：山西教育出版社，2008.

(2)强化勾杀能力。

商代前期戈头的援一般制作得较长,这使得戈头在装柄后与秘之间的夹角几乎为直角,有些甚至为锐角,功能主要是啄击。随着戈的进一步改进,援逐渐缩短,与秘的夹角逐渐增大,西周时达到100°左右。这种上扬的援锋已不再适合啄击,所以开始采取勾割的用法。伴随援锋上扬,胡的长度也不断增加,胡上开始出现串绳用的孔,同时出现了刃,这就增加了戈援下刃部分的使用功能。这一形制上的变化,导致戈的主要用途转变为勾杀。

(3)进一步拓展作战功能。

商末周初,戈的制作工匠延长了援的下刃部分形成胡,同时将援的上刃延长并向上折起形成凸起的尖刺,使整个戈头呈现十字形。这种形制的戈在西周初期曾有流行,但最终被功能更加完备的戟所代替。

(二)矛

矛的组成部分为矛头、柄(矜)、镦。青铜矛头又分为身和骹。身的左右分别有刃,中间有一条脊,脊的两侧有两个凹槽。骹呈一个中空直筒,上细下粗,用来插入矛柄。骹的两边各有一个半圆环,用来挂矛缨(见图3-36)。

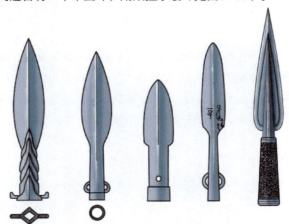

图3-36 青铜矛头

(三)戟

戟的形体结构可以视为戈和矛的结合,戟刺部分源于矛,戟援部分源于戈,但其柄要长于矛和戈。商代早期,人们就尝试将戈与矛进行结合以产生新型兵器,但由于当时的技术和作战方式等多方面原因并没有实现。到了周代，青铜的冶炼技术得到提升，具备了生产多功能复合兵器的条件，戟开始被大量生产并投入使用。

当前出土的青铜戟可以大致分为3种形制。

1. 戈与戈相结合

在戈的基础上，延长并拓宽戈头的上阑部分，使戈援向上拱起，形成戟刺，呈十字形状，因此这种类型的戟被称为"十字形戟"。

2. 矛与戈相结合

在矛的形制基础上，在矛头上分叉出一根戈援，整个矛头形成"卜"字形，这种类型的戟被称为"卜字形戟"。这种戟在进行钩割时，一旦向后用力戟头容易脱落；在进行啄击时，又会因为横向用力，戟头会松动歪转，所以"卜字形戟"投入使用不久就停止了生产。

3. 戈与刀相结合

以戈为主体，将其上阑加宽延长，成为长柄刀型的戟刺，因为刀锋向后翻卷形似钩，所以称为"钩戟"。

除此之外，还有一些具有特殊形状的戟，但实战功能较弱，大多作为仪仗兵器或冥器使用。

（四）斧钺

1. 斧

目前出土的青铜斧文物中，年代最早的是在商代。商代青铜斧制作精美，样式、材质均为优等，多作为生产工具、仪仗用具以及刑具使用。斧形长短宽窄形式各异，很多雕刻有精美的图案，有些还铸造成人形或兽形（图3-37）。

图3-37　青铜斧

2. 钺

距今年代最久远的钺出土于河南郑州二里岗遗址,没有太多装饰,有肩无阑,上面有一穿孔,这种形制的钺无法牢固地缠缚于柲上。随后又出现了两穿、三穿的钺,内也逐渐加长,以便更好地与柲连接。

青铜钺在历史上多作为仪仗器具使用,所以经常饰有精美的图案(图3-38)。

图3-38 青铜钺(钺身两侧饰透雕虎纹)

(五)剑

剑是非常重要的卫体兵器。青铜剑由剑身和剑柄组成。剑主要形制特点为直身至顶端收聚成锋利的尖,两侧有刃,常配有剑鞘。通常单手持剑进行击刺,古人称持剑的兵种为"直兵"。周代的制剑技术已经非常发达(图3-39)。剑的结构主要分为以下五部分。

图3-39 各种不同形式的古代铜剑

1. 剑刃

这是剑最主要的部分,周代的铸剑技术变化多样,剑的长短制式各不相同。

2. 剑格(腊)

它是指剑身与剑柄之间作为护手的部分。在周代初期开始出现剑格,最初仅为一条横线,两端与剑身宽度一致,与剑身平齐没有凸出;后来发展为上下平齐两端突出,为一个半圆形,并且逐渐开始出现各式花纹图案以及镶嵌金银珠宝。

3. 剑茎（柄柱）

周代的剑，包括剑茎、腊与首，剑茎与剑刃铸为一体缠緱之后，仍隐约突起，以便握持。

4. 剑首

周代后期，铜剑开始出现首，根据茎的形制不同首也各有不同，有盘形上平下凸铜首、卷边铜首、弓形剑首、耳形铜首、环形铜首等。除了这些还存在玉首以及少数的角骨木首。①

5. 剑室（鞘）

周代之前的剑没有剑室，直接将箭插到腰侧。周代后期，剑的体形越来越大，刃部更加锋利，佩戴时必须要插入剑室，在避免佩戴者受伤的同时还可以保护剑体不易生锈。为了美观，剑室经常会装饰一些图案纹样（图3-40）。

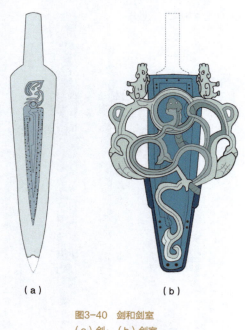

图3-40 剑和剑室
（a）剑；（b）剑室

（六）弓

弓的组成结构有弓臂与弓弦，其外观与金文中的象形文字类似，从金文绘制的图像中可以看出商代弓的长度与人的身高几乎相同。到了东周，开始使用复合材料制作弓，并且结构特征已经基本确定（图3-41）。在北京一处西周古墓中曾出土过一件两端带有圆铃的弓，甘肃一处西周古墓中也

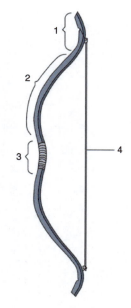

图3-41 弓的形制
1—箫；2—渊；3—弣；4—弦

---

① 周纬. 中国兵器史稿[M]. 天津：百花文艺出版社，2006：86-88.

第三章　青铜时代的冷兵器设计

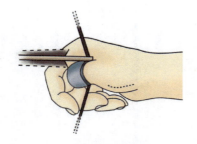

图3-42　扳指使用示意图

曾出土过一把长36厘米的弓，上面刻有装饰性的蝉纹，弧背上也有圆铃，晃动时可以发出声响。从这两件出土的文物大致可以看出西周时期弓的基本外观与结构。此时还有一种被称为"弓柲"的工具，其作用是保护弓弦。士兵张弓搭箭时还会在大拇指上佩戴一个材质坚硬的"扳指"，在古书中称之为"韘"，用以保护手指（图3-42、图3-43）。

（七）箭

箭的基本构造分为4个部分：镞、杆、羽、栝（图3-44）。镞在箭的最前端，为锋利的尖状，是弓箭杀伤威力的重要体现。镞的样式多数还是沿袭原始石镞，但也有新的发展，例如有一种两边带翼的铜镞就使杀伤力有了很大提升。箭杆多用竹木、藤等材质。羽在箭的尾部，用来保持箭体飞行时的平衡。栝在箭的最底端，是用来扣弦的部件。

图3-43　玉扳指
（商后期，这是目前我国发现最早的扳指）

夏商时期箭镞已经出现了双翼，其特点是两翼较宽，中间有凸起的脊，铤插入箭杆中（图3-45）。

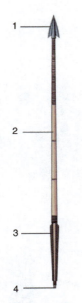

图3-44　箭各部分名称
1—镞；2—杆；3—羽；4—栝

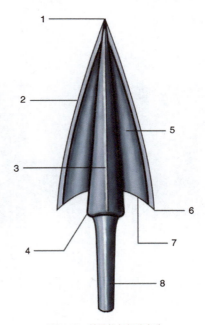

图3-45　箭镞的各部分名称
1—前锋；2—刃；3—脊；4—关；5—叶（翼）；6—后锋；7—本；8—铤

箭镞发展到周代，基本还是延续商代的形制。随着防护装具的改善和战斗的不同需求，箭镞形制增多，如有的增加了血槽，有的设计成三棱锥体（图3-46）。

（八）弩

弩是一种由弓发展而来的兵器，即装有托柄和释放装置的弓。其主要结构包括弓、弩臂和弩机。与新石器时期的弩相比，青铜制的弩机极大改善了弩的性能。弩臂的材质多为木质，一般为长条形，装在弓的中点处，弩臂相当于持弓士兵的手臂。弩臂的尾端有释放箭的装置，可以扣住弓保持张开的状态，同时控制弦的回弹程度。弩臂的上端有一个与箭杆形状相似的长条形凹槽，用来固定箭。

（九）盾、胄、甲

1. 盾

商代的盾，形制已经成熟。主要是以木料和皮革制成盾体，表面上漆，形状多为长梯形、长方形或椭圆形。在河南安阳殷墟中发现的盾用木棍做框架，蒙上整张兽皮或编织物，表面涂漆并绘有虎纹。盾整体成长方形，正面外凸，背有握把（图3-47）。

图3-46 周代三棱青铜镞

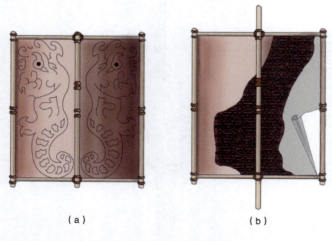

（a）　　　　　　　（b）

图3-47 商代革盾
（a）革盾正面；（b）革盾背面

图3-48 铜盾饰（狰狞兽面）

有些皮革制成的盾面上镶嵌有青铜铸造的盾饰，有人面形、兽面形等，能增强革盾的防护功能，还能在视觉上对敌起到震慑作用（图3-48、图3-49）。

图3-49 铜盾饰（狰狞人面）

西周的盾基本沿袭了商代盾的特点,依然用皮革、木材等制成,多为梯形。陕西宝鸡出土的周盾长110厘米,上宽50厘米,下宽70厘米,盾体涂黑漆,上半部分装饰盘状铜盾饰,盘外有铜环。这时的青铜盾饰相比商代的更大,有的还刻有铭文。

2. 胄

胄早在黄帝时代的部落战争中就已产生,商代的胄改为铜制,商代后期胄已开始装备于军队中。

山东滕州前掌大商墓中出土了39件用青铜和皮革复合制成的胄,由此可知当时胄的制造主要采取两种方式。

(1)整体由青铜铸造而成。胄体通常长约20厘米,前铸护额,两侧和后部向下延展,可保护面颊和后脑,顶部留有一根细管,可插缨饰。胄体表面装饰兽面纹、虎纹并打磨光滑,内里粗糙,佩戴时需要内衬布帛。

(2)青铜与皮革复合而成。一般以皮革制成胄体,在颅顶、前额和两耳等要害部位装配青铜件。前额的铜件常铸兽面纹,有些胄两侧垂悬兽牙制成的长方形饰片。这种复合材料的胄减轻了重量,又保持了必要的硬度,并且有很好的柔韧性。

3. 甲

甲与复合式的胄相似,也是采用青铜、皮革等多种材料制成。在西周墓葬中出土的皮革或其他质料的甲衣上都使用了铜制胸甲和圆甲。

在陕西长安普渡村的西周墓中发现了一件铜甲,由42块长方形铜甲片编连而成,每片甲片宽4厘米,厚0.1~0.2厘米。有长、短两种,长的10厘米,短的7厘米,四角钻有小孔。推测该护甲编连成整体后,里面是以整片皮革为内衬,穿着时用背带扎结固定,腰部用腰带固定,可以保护胸部和腹部(图3-50)。

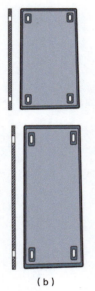

图3-50 陕西长安普渡村出土的西周铜甲片
(a)复原示意图;(b)结构剖视图

二、制造与工艺

商代已经进入青铜器时代。古人基于石器制造技术的经验,最初对铜的加工方式是锻打。随着冶铜术的发展,铸造工艺也随之进步,青铜时代对铜的制造从以锻打为主转为以铸造为主。

（一）矿石冶铸

在铸造前先对矿砂进行冶炼，将矿石纯度提高。在商代殷墟发现的矿砂中铜砂含量虽然不高，但砂石很少，可见是经过人工筛选的。矿石入炉时，为了使其易熔，会加入一些木炭作为熔剂配合。

商代人用土窑做炼炉，因其形状称为"将军盔"，内质有云母粒等碎石。炼炉上面为筒形的锅，下面是单独的腿，重约7 000克，最厚的地方为3厘米，可熔铜汁约13千克。之所以用单独的腿，大概是为了防止晃动，减少与地面的接触面积以方便转动。主要燃料为木炭，用革囊、竹筒鼓风。由此可见，商代的青铜冶铸已经形成了完整的技术操作流程。

（二）合金原料调配

炼炉生产的铜在质地上还不够纯净，需要人工再次精炼，然后加入其他金属使其变成合金。青铜是铜和锡、铜和铅或铜和铅、锡的合金，合金中铜、锡、铅的比例决定了青铜器的性能。早期冶铸青铜器是将不同的矿石原料直接混合，没有明确的比例规范，对每种成分的作用关系也知之甚少。到了商代晚期，人们已掌握了锡、铅、红铜混合冶炼的一般方法。发展到周代，人们已经能够根据不同的功能需求在合金内加入更多种类的金属，例如加入锌、锰，使兵器坚而不脆；加入锑和砒素以及硫黄，制出的兵器具有斩钉截铁的锋利，可以斩断敌人的刀剑，经久耐用，不易腐蚀；加入金银可以增加兵器的光泽，也有防锈的功能。

（三）浇铸与加工

合金制成后，将熔化的金属液浇入铸范模型中，待冷却凝固后取下模型，即可成器。铜器从铸范取出后，还需进行打磨修饰才可使用。

铸后加工的流程大致如下：

（1）刮去多余的碎铜，进行打磨，使其表面光滑整洁。

（2）对表面进行装饰。商代和西周时期流行在兵器上镶嵌绿松石，如河南安阳殷墟妇好墓出土的曲内戈，就在铸成的阴纹图案中镶嵌了细小的绿松石块，再用黏结剂加固而成。

第三章　青铜时代的冷兵器设计

（3）锻打退火。为了提高青铜兵器的性能，对铸好的铜坯还要进行锻打，以提高其硬度；再进行退火处理，以增强其韧性。

（4）装配。如安装器柄以及鐏、镦（或镦）等附件，甲胄之类则需编连或缀以衬里。河南浚县辛村西周墓出土的多件铜兵器，器柄尚有残留，经鉴定皆为木质。①

（四）外镀

商代的工匠已经开始对兵器的外镀进行探索，但由于技术不成熟，这一时期的外镀大多是厚厚的一层锡，显得比较粗糙。

周代的青铜兵器尤其是青铜剑由合金铸成，配比逐渐精炼，外镀技术也有了很大进步，轻薄坚固。周代出土的器物之所以没有很强的腐蚀痕迹，正是因为当时的工匠已经掌握了铜锡等合金的精确配比，并且能够使用先进的外镀技术起到防腐防锈的作用。

三、操作与交互

（一）戈

戈在作战时的功能多为勾刺与啄击，可勾住敌军并对其进行啄刺。因此古人称戈为"勾兵"与"啄兵"。

戈钩的功能体现在可勾住敌人的颈部致其死亡，或者将敌人勾住拉近距离然后用短兵器进行砍杀。啄的功能体现在从上往下啄击敌人的头部或者啄刺敌人的两侧及腰部。因为形制的限制，戈不具备直刺的能力（图3-51）。

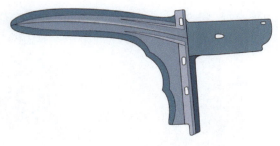

图3-51　战国铜戈

（二）矛

矛是一种直刺兵器，操作较为单一。战国时期矛得到进

---

① 钟少异. 中国古代军事工程设计史·上古至五代[M]. 太原：山西教育出版社，2008：77.

一步发展，在中脊线上增加了两个凸起的刃，在矛身上形成了一道较深的血槽，以增强杀伤力（图3-52）。

（三）戟

为了同时满足勾和刺这2种实战功能，工匠将矛与戈的造型进行了结合，制造出戟。戟柄的前方有用于直刺的直刃，旁边还有用以勾啄的横刃，是一种复合型兵器（图3-53）。

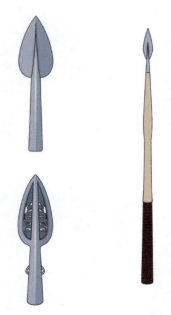

图3-52 青铜矛

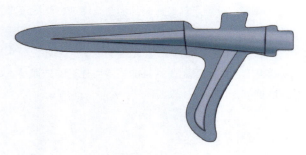

图3-53 戟的形制

（四）钺

钺具有砍劈功能，在作战中属于近身格斗兵器。但因其操作的局限性，在周代，钺在战争中的利用率逐渐下降，一些铸造精美、雕刻着精美纹样的钺开始作为仪仗用具出现，彰显统治者的权威（图3-54～图3-56）。

图3-54 虎纹青铜钺
（上端饰虎纹，内做透空龙首形，身饰菱纹）

图3-55 菱纹青铜钺
（内饰虎首，身饰菱纹）

图3-56 绿松石青铜钺
（内镶绿松石，饰饕餮、虺龙纹）

（五）弓箭

弓箭的使用需要战士有较强的臂力，用以张弓，其力量多数作用于弓的弓弦上，当弓弦被突然松开时，会产生一股强大短促的弹射力，推动箭矢向前运动，完成弓箭的发射（图3-57）。

图3-57　战国青铜器上使用弓的图像

（六）弩

弩与弓箭在操作中的不同之处是：使用弓箭时弓的部分是竖直的；弩在使用中弓的部分呈水平横放状态。弩的通常用法是将弓弦张开用弩机扣住，然后用左手托住弩臂，将箭矢放置在矢道上，右手勾住弩机，瞄准，最后扣动扳机发射。

另外，弓完全凭人手操作，张满即发，无法久持；弩则依靠一套机械装置实现了张弦与发射的分离，可以长时间地保持弓弦蓄势待发的状态，可以延时发射。所以弩的发明大大提高了远射兵器的威力及准确性，促进了射击战术的发展。

四、性能与威力

（一）戈

戈的主要作用为勾、啄，在夏商周时期以青铜铸造代替了原始时期的石制戈。商代晚期戈的形制一直延续到西周时期。西周时期对戈头的部分作出了样式调整，多采用直援直内有阑式的戈头，扩大了戈头与戈柲的夹角，由商代的直角变为钝角，如此一来戈援会向上翘起，从而增强击杀力度。西周后期多数使用中胡戈、短胡戈（图3-58）甚至无胡的戈（图3-59）。

戈在步兵作战中也存在一些不足，例如打击方向较为固定，敌人很容易作出防御回避，进攻效率较低，导致贻误战机。相对来说，矛在使用时进攻方向更易于把握，可以进行灵活的调整，敌人难以逃脱。

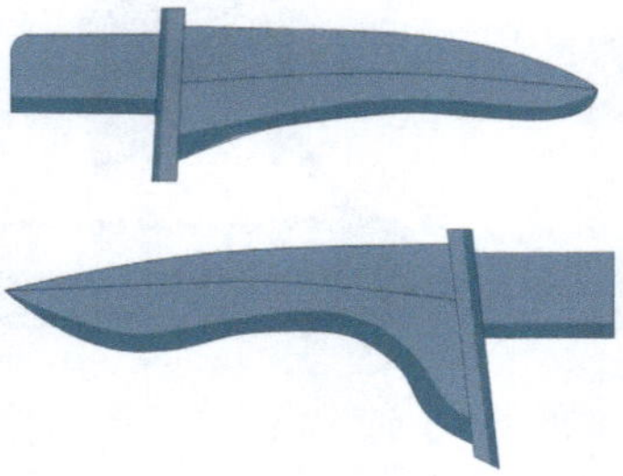

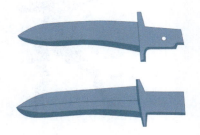

图3-58　短胡戈

图3-59　无胡戈

（二）刀

商代的青铜长刀有两种制式：绳缚在柄上和以銎装柄。河南南阳曾出土过一把銎装柄的大刀，刀背脊部设有三銎，以此增加刀头与柄的贴合度。两种刀的头部都稍微向后弯曲，抵住刀柄，以防止滑落。青铜刀在这一时期虽然被频繁使用，但还不是主要兵器。

（三）弓

商代主要的远射兵器是弓。弓主要由富有弹性的弓臂和柔韧的弓弦构成，在拉弦张弓的过程中，将力量集中于弓弦之中，突然释放，力量于瞬间爆发，可将扣在弓弦的箭或弹丸射向距离较远的目标。

（四）箭

商代虽然大量使用骨、角、蚌和石制的箭镞，但是青铜镞的形制在当时已经盛行。在构造方面，基本形状是双翼带铤，中间有凸起的脊，两侧有扁平的双翼；双翼边缘磨薄成刃，两翼向前汇聚成锐利的尖峰，向后成逆刺；脊下有细铤，可插在箭杆上。随着技术的不断发展，镞的形态也发生了变化，主要是两翼产生的夹角逐渐增大，翼末的倒刺更加尖利，两侧刃已有明显的血槽（图3-60）。这种箭镞能够增强穿透力，使敌人中箭后受创面积增大，又不易拔出，从而提高了杀伤力。

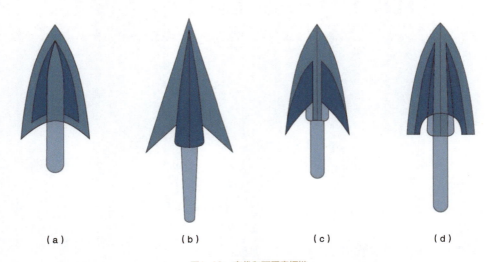

图3-60　商代和西周青铜镞
（a）（b）商代青铜镞；（c）（d）西周青铜镞

（五）弩

弩是在弓的基础上，加上弩臂与弩机组合而成的一种兵器，具有延时发射的功能。它的基本特点是能把张弦安箭和释弦射箭分解为两个单独动作，既方便了射手，又提高了命中精度和增加了射程。[①] 东周时期，人们将青铜制的弩机安置在弩上，优化了弩的性能，在军队作战中成为强有力的远距离射击兵器。

---

① 成东，钟少异. 中国古代兵器图集[M]. 北京：解放军出版社，1990：90.

第五节　青铜时代的冷兵器造物思想

一、《周易》设计思想与古代造物

《周易》是中国传统造物和工艺理论研究的起点，是中国古代造物设计思想的集中体现。《周易》对先民观察、认识和把握世界的方法进行了经验性的总结和描述，在设计思想上的体现可以具体化为各类器具的制造。《周易》对设计的目的以及所包含的元素，大到各种门类，小到图形纹饰，都进行了总结性概括："包牺氏没，神农氏作，斫木为耜，揉木为耒，耒耜之利，以教天下，盖取诸益。"《周易》中有大量生产工具的设计记载："垂衣裳而天下治"谈到了服装设计；"刳木为舟，剡木为楫，舟楫之利，以济不通，致远以利天下"中提到的船只等交通工具类的制造；"上古穴居而野处，后世圣人易之以宫室，上栋下宇，以待风雨"体现了建筑设计的演变发展，等等。在《周易》里，"人造物"这一观点贯穿通篇，而且从趣味性、物质性、创造性思维和设计的角度对远古时代的造物活动进行了经验性的阐释。

"形而上者谓之道，形而下者谓之器"是《周易》对于"道"的最为本源的界定。可见对道器关系的探讨是围绕中国传统造物与设计的主题。在人类造物早期阶段是没有"道""器"之分的，对于以生存为第一要旨的原始人来说，制作人工制品或工具只是为了满足他们最基本的生理和生存需求。在这个时候，造物最重要的追求是建立在制造实用的"形而下"工具的基础上。对于造物的意义、精神的体现、艺术的追求以及"形而上"层面的"道"的探索还没有开始。当人们的意识觉醒时，开始有意识地关注造物设计的技巧和规律，关注设计观念的表达，关注对艺术和美学的追求。因此，"形而下"的器具制造与超乎物质范围的"形而上"的"道"建立了内在的联系。

在中国传统思想中，"道"具有抽象的意义，对人类的创造具有最高指导意义；而"器"则是直观的、形象的，是对人类的创造行为和工具的具体把握，关系到人们的日常生活。"器"的生产制造受"道"的规范和制约，与之相对"道"是通过"器"来传达和表现的，"器"是"道"的载体和物质表现。因此，"器以载道"自此形成了中国传统造物与设计思想的主题。

《考工记》侧重于描述具体的造物规范、分工、材料和技术标准；而《周易》注重对造物活动和设计的指导，强调了"道"与"智慧"作为指导思想的重要性。这种侧重为传统的造物和设计作出了初始的规定：设计必须体现"道"、顺应"道"，有智慧地参与，而不是强迫性地不顺应道法自然的造物活动。因此，自然性成为中国传统造物和设计的最大特征，这一点在一开始就表现得极为明显。因为中国的"道"是"天道"与"自然之道"，强调人与自然的和谐，人要顺应自然，听从"道"的指示。因此，无论是石器时代粗劣简单的设计，或是青铜时代材质工艺的更新进步，抑或是铁器时代器物的精巧丰富，自然都是人类需要遵循的最大最基本的法则，器物只是人存在和体悟道的通道。[1]

二、《周易》思想对兵器创制的设计指导

（一）《易传》中师法自然的哲学思想

兵器制造是自然规律和工艺技能相结合的结果。老子在《道德经》第二十五章指出："人法地，地法天，天法道，道法自然。"古人发明武器的第一件事就是以自然为师，运用自然法则。《易传》的重要内容之一就是利用自然提供的资源和自然规律创造人们需要的各种工具器物。器具是人类造物的产物，最初并不存在于自然界中。《易传》将这个创

---

[1] 邹凤波.《周易》设计思想初探[J]. 船山学刊, 2010（3）: 65.

造发明的过程总结为"尚象制器"的过程。《易传》认为，人工制品的发明创造活动源于人类对天地的观察，没有自然物的启示，任何人工制品的创造活动都无法实现。《易传》中所提到的启示物是一种通过把观察得到的形象、规律、性质抽象化后概括为八卦和六十四卦模型的符号化的卦象，它是随时变化的，也象征着宇宙中各种事物的变化发展。因此，《易传》认为抛弃真实自然物体的具体特征，抽象概括为一般的形象、结构和功能，可以使人们开始思考事物的起源，产生与自然不同的人工制品。可见任何发明创造的启发都不是简单地模仿自然物体的直觉，而是根据从自然物体中总结出来的一般抽象关系、结构、性能和原理进行设计的，整个过程都是在真实的自然物体的启发下进行的。

人类是在对宇宙与自然的观察中发明与实现创作的，这被称为一般特征模式，《易传》强调了这一模式的作用，这种模式在兵器设计和制造中的应用具有重要意义。

（1）这种模式的出现使得兵器的发明和创造形成一定的规则和方法，可以由后人继承和发展。兵器技术是一种特殊的器具技术形式，其发生和发展受到自然规律的制约。以变易（指世界上的万事万物每时每刻都在变化发展着，没有一样东西是不变的，如果离开这种变化，宇宙万物就难以形成）、简易（指世界上复杂深奥的事物都可以转换成人们容易理解和处理的问题）和不易（指在宇宙间万物皆变的前提下，还有唯一不变的东西存在，或者说万物皆变的规律是不变的）等观点，观察和研究事物的本质和规律以及它们与人类之间的关系。人类发明和制造兵器同样是通过探索自然规律并科学利用自然法则来实现的。

（2）这种模式是对自然的认识，既有对自然物象的概括描述，又有利用自然实现进步演化的层面。兵器研制者根据战争特点来认识和利用自然，在顺应自然规律的前提下，发现创新和制造过程中应该解决的问题，如形制、功能、技术要求等，通过自然物象体现的一般结构与功能所揭示的自然性质来构思设计，从而研发新型兵器。兵器创新是人们将科学知识应用于自然的一种主观能动行为，也就是说自然被"克制和利用"，以便在战斗中创造更方便和更有效的兵器。这是一个不断改进和更新的过程。

（3）这种模式还提出了判断器物好坏的标准，即"备物致用"。符合标准的是优良器物，违背标准的器物则是"奇技淫巧"。这种观点受到关心科学技术的士大夫和兵器制造者的推崇，也在促进兵器技术创新方面发挥着重要作用。兵器制造的主要目的是实用功能，价值判断的标准在于它是否是为军队建设和国家长治久安服务。

在自然规律的帮助下，人们应该观察和研究事物的正常状态和异常变化，根据自然的实时状态来调整造物策略，以获得新的发明和创造。中国古代的兵器思想蕴有先民与时俱进、因时创新的先进思想，充分体现了古代人民对兵器创新的主动性，不断适应自然变化，从而推动兵器技术的重大进步。

（二）《易经》中"度数之学"的科学方法

"度数之学"的应用是将兵器创新研究发展为精确设计的重要科学方法之一。兵器技术与"度数之学"密切相关，主要通过推理和计算来确定用于制造精确武器的技术数据。《周易》中所谓"取象运数"的方法，就是运用数学方法去研究各种客观现象。李冶的《测圆法镜序》认为，在变化无穷的数量关系中，存在着"自然之数"和"自然之理"。人们可以通过自己的思维，由"推自然之理"达到"明自然之数"。"理"是寄寓在数量与图形中的规则、公式、定理等，精确的数据需要进行深入的逻辑思考并通过进一步推理才能得出，这说明了探索并把握"推理明数"对于促进兵器发展具有十分重要的意义。

中国古代冷兵器的发展过程中有着悠久的数理应用传统和丰富的数理成就。从材料的选择、组件的大小、设计的比例、各部分变化的关系等，都体现出了兵器设计制造与"度数之学"的紧密结合。以远射类兵器为例，就是应用数学知识促进了不同类型弓、弩的设计和发明，并在射程范围和杀伤力等方面实现多元化发展。箭头的长度和大小、铤的长度、铁管的长度和羽毛的设置都在技术上以不同的比例加以规定，这都是由于研究了飞行物体的形状与重心、重力和空气阻力之间的定量关系，以及对箭头飞行路径的测算。再以《墨子·备高临》载"备高临以连弩之车"的防御类兵器为例，早在2000多年前，《墨经》就对数学和科学思想进行了深入而具体的研究和分析。"连弩之车"各部件的大小，前后弩臂的比例，弩机和弩床的重量，甚至对车的长度和车壁的厚度、弩臂的高度和箭头的大小均有详细说明。显然，这一成果是反复思考和实践经验的总结，充分体现了兵器设计中"度数之学"理论的应用，标志着早期人类数理思想发展迈入了新的阶段。至三国时期，该连弩车仍然被诸葛亮作为最先进的守城武器。英国科学史专家李约瑟充分肯定了该连弩车的先进性，称其为当时世界之最。由此可见，正是由于对数理作用的强调，中国古代的兵器研制者才能在实际制造中根据时序、地理条件和物质条件对兵器进行发展创新，不断推动兵器技术的进步。①

---

① 徐新照.中国兵器创制中的文化思想[J].国防科技，2007（10）.

第四章
革新时代的冷兵器设计

第一节　时代变革对冷兵器设计的影响

"强国众，合强攻弱以图霸；强国少，合小攻大以图王。"《管子·霸言》中的这段话实能道出东周与西周的形势差异与时代变革。东周之前，华夏为天子之国，强国少，众国屈服于一强，即可号令当时称霸天下。东周以后，强国多，并纷纷独自称雄，仅能维持相互制衡而不能使其他为之臣服。王夫之在其著作《读通鉴论》中称之为"古今一大变革之会"，从此废除了自古以来贵族用于统治的礼制，开始了走向秦汉以后大一统的历史进程。[①]相应的农工商业、社会经济、政治制度、宗教学术等都产生了相应的时代变革，这些变革都会对冷兵器设计产生不同程度的影响。

一、农工商业变革对冷兵器设计的影响

商和西周时代，中国已经具备了较高的青铜铸造技术，如运用鼓风技术的炼铜炉可以铸造后母戊鼎等形制较大的青铜器。从现今出土的文物看，春秋时代以戈、矛、戟、剑和弓矢为主的武器均为青铜制造。战国时代，随着金属冶炼技术的不断进步，武器的刃部变得越来越锋利。形态上，戈的刃部逐渐优化成弧形，在凿击的同时可以勾击，矛和戈组合而成的戟也流行起来（图4-1）。随着鼓风炉技术的成熟，春秋后期冶铁鼓风炉技术取得了重大进步。公元前513年，

---

① 杨宽. 战国史[M]. 上海：上海人民出版社，2016.

晋国将颁布的刑法以铸造的方式记录在铁鼎上。铁冶炼技术的成熟对冷兵器设计制造产生了直接影响，铁兵器相比青铜兵器硬度高、锋利且耐用，但质地较脆，使用方式也由刺穿转为劈砍为主。

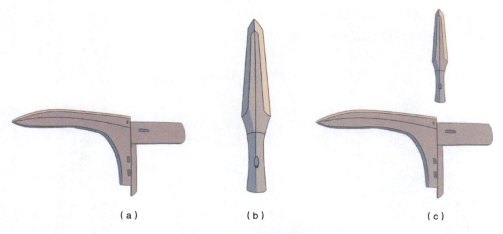

图4-1 戈、矛和戟
（a）戈；（b）矛；（c）戈矛组合成戟

《荀子》中描述楚国"宛钜、铁釶，惨如蜂虿"，意为楚国宛地生产制造的铁矛如同蜂刺一样的锋利。《史记·范雎列传》中记载"吾闻楚之铁剑利"，说明春秋晚期的楚国已经能成熟地运用渗碳技术制造钢铁剑器。1976年4月长沙杨家山的长杨65号墓出土了一把春秋晚期钢剑（图4-2），从剑端取样，经中南矿冶学院炼钢教研组金相检验，断定原件是碳含量为0.5%的碳素钢，并且经过了高温回火处理。①

图4-2 杨家山钢剑

铁器的发展除了对冷兵器设计产生直接影响，还使铁制农具得到广泛普及。各国铁器的利用水平不同，导致水利灌溉、牛耕、施肥等技术及粮食产量与军事力量发展不均衡，这也从侧面对当时的冷兵器设计产生一定影响。

春秋战国时期手工业开始加快发展，根据出土文物判断，作战用的弩最早可能出现于春秋后期的楚文化区。《孙子兵法》中对"劲弩"有极高的评价："发于肩膺之间，杀人百步之外。"弩的各个部件在古代有非常形象的名称（图

---

① 长沙铁路车站建设工程文物发掘队.长沙新发现春秋晚期的钢剑和铁器[J].文物，1978（10）：44.

4-3），勾住弩弦的钩子称为"牙"，瞄准器称为"望山"，触发机关称为"悬刀"。"望山"瞄准后，拨动"悬刀"，"牙"缩下释放弩弦，将箭矢发射出去。弩的设计成熟，大大增加了作战距离，射程600余步的弩箭，使阵列整齐的战车部队根本无法抵御。弩的广泛运用使传统车战被迫淘汰，转而采用步兵战，相应的步兵兵器设计又有了质的进步。

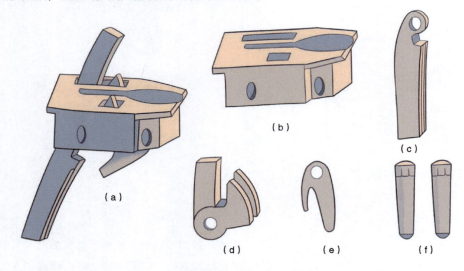

图4-3　弩机结构
（a）弩机；（b）郭；（c）悬刀；（d）牙；（e）牛(钩心)；（f）键（枢）

二、社会经济和政治制度变革对冷兵器设计的影响

西周到春秋时期，天子和诸侯遵循乡遂制度，形成"国"和"野"两方的对立格局。"国"指都城以及都城周边的区域，由各级贵族和贵族下层的若干乡民组成，统称"国人"。"国人"耕种的土地由平均分配而来，享有一定的政治经济权利，缴纳军赋或参加军队，是国家政治和军事的支柱。"野"指广大从事农业生产的农民，称为"野人"或"庶民"。现今有据可考的兵器文物多为"国人"的遗存，"庶民"的兵器多无据可考或以农具代替。由于"国人"掌握着绝大多数社会资源和金属制造工艺，所以春秋战国时期出土的兵器多为工艺精良的制品。

政治制度的变革会带来相应阶级意识形态的变化，不同的阶级划分使兵器设计形成对应的等级，从而呈现出多样性。在先秦、春秋战国时期多政权未统一的大环境下，政治制度的不同也会从侧面对兵器设计产生一定的影响。当时除了王畿由天子直接管理外，大部分土地、人口的管理统治权掌握在诸侯手中。诸侯的权利又进一步细分，最终形成了周天子—诸侯—卿大夫—士的分封等级秩序。贵族通过世袭制度世代享有所属土地和人口的统治权。春秋战国期间，经历了前后100多年的变法和一系列改革之后，世卿、世禄等贵族特权被完全剥夺，中央集权制度逐步形成，相应的军队编制体系和官僚体系也逐渐完善。军队中士兵的组成，也从贵族及其所属转变为以农民为主，这一变化使各国军队的士兵数量大幅增加。据《战国策》记载：战国时，秦国有带甲百万，车千乘，骑万匹；魏国有武力20万，苍头20万，奋击20万，厮徒10万，车600乘，骑5 000匹；赵国有带甲数十万，车千乘，骑万匹；韩国见卒不过20万；齐国有带甲数十万；楚国有持戟百万，车千乘，骑万匹；燕国有带甲数十万，车700乘，骑6 000匹。

由于政权的分裂，多国之间战争频发，不同国领地适用的战争形式和作战方式也会对兵器设计产生相应的影响。郑国和晋国经常与中原地区长期居住于山林中的戎狄发生战争，郑、晋两国为了与之作战大力发展步兵作战兵器。随着战争规模的扩大，各国作战方式也从传统的陆路作战向水陆双栖作战转变。河南汲县山彪镇出土的战国时期水陆攻战纹铜鉴上清晰记录了水陆作战的场景（图4-4），图中士兵使用弓弩、剑、戈、戟同时作战，还配备了盾牌、云梯、弹石

图4-4　纹铜鉴上描绘的"水陆攻占图"

等辅助作战工具。

韩、楚地区因盛产铁矿石而以铁质兵器闻名，直到汉代《淮南子》一书中还以"墨阳、莫邪"来代指上乘铁剑。

三、文化学术对冷兵器设计的影响

春秋战国时期，学术上出现了"百家争鸣"的空前盛况。原本教育只存在于贵族之中，并且只局限于"六艺"——礼、乐、射、御、书、数。随着社会的进步与经济的发展，民间开始出现自发的聚众讲学和学术名家周游列国，儒、法、道、墨等各个学派逐步形成和完善，其中以墨子为代表的墨家学说对当时的战争模式和相应的兵器设计影响最大。

墨子出身贫困，曾自称"贱人"，他主张"非乐""非命""非儒"和"非攻"。"非乐"和"非命"即极度节俭，强烈反对杀人殉葬、厚葬和享乐甚至摒弃艺术。其中"非攻"的思想对兵器和战斗工事设施的设计产生了很大影响。墨子认为发动战争会使大量人民被杀害，无数的建筑、财产被损毁，从而极大地丧失生产劳动力，破坏生产。他还特别提出大国强国对小国的吞并战争是"天下之厚害矣"。因为其"兼爱、非攻"的政治主张，墨子对防御工事、防守兵器和守城战术的发展作出了极大贡献。《墨子·备高临篇》中记载的"连弩之车"，仅铜制机郭就重约34千克，箭矢长度为2.3米，射出箭矢后滑轮可以快速收回，达到连射的效果。墨家著作《墨子》中有"备城门""备蛾傅""备高临""备梯""备水""备突"等篇章，对防御设施、兵器和战术等做了详细记录和解释。

另外，《考工记》以图文并茂的形式记载了一些科学原理和较为复杂的机械结构，也大大促进了兵器的设计与制造。《考工记》中的"矢人篇"完整记载了箭矢制造的全过程，并涉及利用浮力检测木质密度的力学原理："叁分其长，而杀其一；五分其长，而羽其一。以其笴厚，为之羽深。水之以辨其阴阳，夹其阴阳以设其比，夹其比以设其羽。叁分其羽，以设其刃，则虽有疾风，亦弗之能惮矣。"意思是：先将箭杆平分3段，将其中前1/3用来装箭头，再平分为5份，将后1/5用来装箭羽；箭羽的深浅由箭杆密度决定，需要将箭杆投入水中来辨别密度；装好箭羽后再根据箭羽1/3长度的比例安装箭头，这样的箭即使遇到疾风也能保证其稳定性。

第二节　战争形式与冷兵器利用

春秋战国时期，各国交战频繁，此时正值冷兵器的蓬勃发展阶段。青铜兵器发展于商代，成熟于西周到春秋时期，战国时开始衰落，战国时铁质兵器大量地出现并被用于战争。春秋战国时期的战争形式、社会特点与技术变革共同促使这一时期冷兵器由发展走向成熟阶段。

古代战争形式及主要作战策略、兵器的变化是受多方面因素影响的，战争形式不仅与当时社会制度相关联，也受到当时社会生产力的影响和约束。不同的作战方法对军队的组成、训练和所使用的兵器都有不同的要求。而兵器本身的变化和发展，也影响着作战方法的变化。[①] 即战争形式与冷兵器的设计是互相影响制约和共同发展的。

中国古代战争可分为4个主要阶段：[②] 远古时期的战争萌芽阶段；上古时期的车战盛行阶段；中古前期的城垣攻防决定战争胜负阶段；中古后期的火器改变战争面貌阶段。春秋战国时期大致处于远古时期与上古时期之间的变革与发展阶段，战争以青铜兵器为主，已经出现铁质兵器。从战国时期开始，在冶炼技术的推动下，铁质兵器开始占据战争的主导地位，强弓劲弩被大量应用于战场；同时，战国时期车战十分盛行，冷兵器的使用和操作有了新的变化。

[①] 杨泓. 考古学与中国古代兵器史研究[J]. 文物，1985(8)：16.

[②] 陆敬严，沈斌，虞红根. 有关中国古代战争与兵器的几个问题[J]. 机械技术史，2000(6)：51.

一、战车作战与冷兵器的利用

国家和阶级的形成促进了生产的发展和科学技术的进步,铜金属的广泛应用、铁的出现和冶炼技术的发展也直接推动着冷兵器的发展。最早期的战车约在夏代开始出现,孔子所编的《尚书》即出现过车战的记载。春秋战国时期,战车的发展十分迅速,各诸侯国都将拥有战车的数量作为评估军事力量的重要标准。这一时期的战争,战车是胜负较量的关键因素,所以当时的冷兵器是以战车的需求为基础发展的。图4-5为山东胶县西庵出土的西周战车形制图。

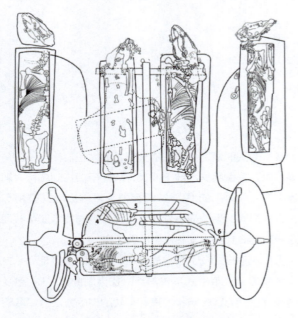

图4-5 山东胶县西庵出土的西周战车形制图

夏至战国的作战方式主要是车战,称为"车之五兵",即一辆战车一般配备5种兵器和一定数量的士兵,组成一个基本的作战单位,其中车兵是战斗中的主要力量(图4-6)。

在车战的作战系统中,不同功能兵器的搭配是使整个系统发挥作用的关键。远射类兵器为弓箭;长杆格斗兵器包括戈、矛、斧、刀等;手持护身兵器为刀和剑;防护兵器为甲、盾等。以上兵器的配备与设计可以有效配合当时作战方式的需求:当双方军队远距离作战时,士兵用远射类兵器进行远距离射杀;当战车接近和交错时,车兵则采用长杆格斗兵器进行交战。长杆兵器的长度是由当时战车之间的距离决定的，由于车身高大导致战车间距相对较长，所以其长度约为人体高度的3倍。短柄的卫体武器在近战时才使用。这种远射、长兵和短兵的综合运用方式，完全符合当时车战的战斗方式和格斗作战的现实要求（图4-7）。

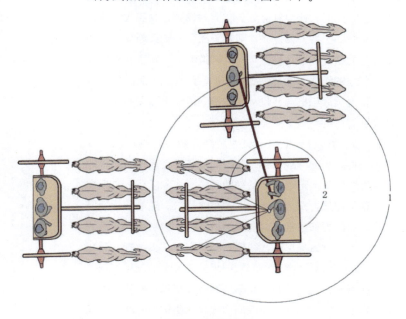

图4-6　车战示意图
1—长兵杀伤距离；2—短兵杀伤距离

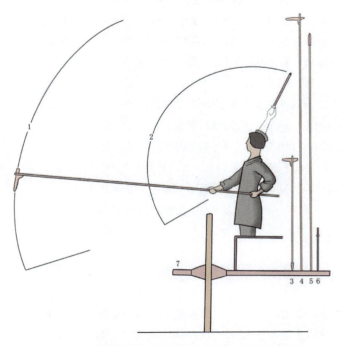

图4-7　在战车上使用格斗武器和卫体武器所及范围示意图
1—长兵杀伤距离；2—短兵杀伤距离；3—中长戈；4—长柄戈；5—长柄矛；6—剑

二、步骑兵作战与冷兵器的利用

战国时期,铁的冶炼技术不断进步,越来越多的铁制兵器应用于战争中,强弓劲弩的大量使用改变了以车战为主的战斗方式。同时,社会制度逐步转向封建制,农民代替奴隶成为军队中的主要力量,原本附属于战车的徒兵渐渐成为独立的步兵力量。在这几种变革的共同推动下,新生的步兵兵种作为独立的作战力量开始受到重视,使战国以后的作战方式变得更为灵活和机动,机动性的增强进一步引发骑兵的出现和发展。

骑兵因为其机动性强、更为灵活高效,从春秋以后开始成为一种新兴的作战兵种,此时的战车已经丧失了主导地位,成为主要承担运输任务的辅助装备。战国以后,步兵与骑兵组合的作战方式逐步替代了"车阵战"。随着战争规模的扩大,军队更加重视迅速高效的机动性,铁制组合兵器的形式——"步之五兵"随之得到广泛运用。"步之五兵"与之前的"车之五兵"类似,即根据步兵的基本编制单位——"伍"配备五件不同功能的兵器,形成一个基本作战单位,此时兵器的功能是与步兵作战的形式与策略相匹配的。步兵作战时,士兵之间的相对距离较小,这时长杆兵器的长度比士兵的身高长一点,便于操作和使用。这种"步之五兵"的兵器配备形式,使得一个"伍"的士兵可以在作战中相互配合,使用多种兵器协同作战,更好地发挥冷兵器的威力。骑兵兵器虽没有"骑之五兵"的称谓,但综合使用兵器的原则与"步之五兵"大同小异。①

远射、长兵和短兵3类不同杀伤方式和杀伤距离的组合,是步骑兵作战时期的典型兵器运用形式。中国古代军事家强调的 "兵惟杂""兵不杂则不利,长兵以卫,短兵以守"(《司马法·天子之义》),"凡五兵五当,长以卫短,短以救长,迭战则久,皆战则强"(《司马法·定爵》)等兵器配备原则,都是从实战中归纳总结出的最有效作战方式。

三、舟师作战与冷兵器的利用

春秋战国时期,吴、越、楚等国领地分布在水网密集的地区,所以水战也是当时常见的一种战争形式,各国纷纷发展造船技术,组建舟师。中国古代的战船有大、中、小三

---

① 王兆春. 冷兵器的起源、发展和使用[J]. 军事历史,1988(5):56.

类。大型战船是战斗主力,"楼船"高达十余丈;"舰"是在两侧和前后装板用来抵御矢石。中型战船主要起追击敌船的作用,小型战船主要用于巡逻和侦察。这三类战船的结构也根据作战需要和航行特点不断发展演进。

春秋战国时期的战船结构分为大翼、小翼、突冒、楼船、桥船。一艘船上的装备也是多种兵器的组合,包括长钩矛、弓弩、戈、戟等格斗兵器以及甲、兜鍪等防护装备。根据作战需求,士兵先以弓弩进行远距离射杀,近战时则使用长柄兵器接舷格斗(图4-8)。

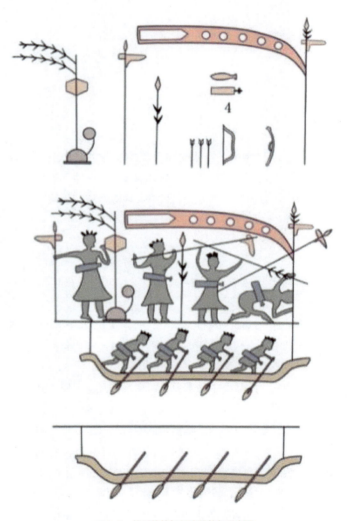

图4-8 战国的战船和武器装备示意图

第三节 春秋战国时期典型的冷兵器种类

夏、商、西周、春秋时期,我国战争主要使用青铜兵器,战国以后,主要使用的是铁质兵器。[①] 这两个时期的冷兵器大致可分为格斗类兵器、远射类兵器和防护装具。

一、格斗类兵器

格斗类兵器以杀伤距离来区分,可分为长兵器和短兵器。

格斗类长兵器主要有戈、矛、戟、殳、铍、刀、斧、钺等,它们的基本构造是在一根长柄上安装不同形状的锋刃,使其具有不同的杀伤效果。

中国古代冷兵器中最常见、最实用的是矛。早在商代,矛就被大量应用于战争,在车战、步战乃至骑战中矛都是重要的兵器。春秋早期的矛延续矛体变窄的趋势,形体窄长、锋利尖锐,符合当时中原地区实战的需要。至春秋晚期,矛体上增加了血槽,如湖北江陵出土的吴王夫差铜矛(图4-9),精美绝伦,矛脊上铸有血槽。战国后期,矛的形制特征有变短变宽的趋势(图4-10),该时期开始出现采用块炼渗碳钢工艺制作的兵器。和青铜相比,铁的综合性能更好,价格也低廉。后至汉武帝时期,铁矛基本取代了铜矛。

格斗类短兵器主要有剑、匕首、短刀、金钩,它们是作

图4-9 吴王夫差铜矛

---

① 段清波. 刀枪剑戟十八般——中国古代兵器[M].成都:四川教育出版社,1998.

第四章 革新时代的冷兵器设计

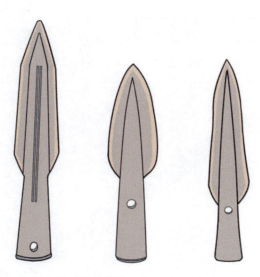

图4-10 湖北随州曾侯乙墓出土的战国青铜矛

战双方在近距离搏斗中使用的辅助性攻击武器。

春秋战国时期盛行战车和近距离作战，故在格斗类兵器中，剑的应用和发展最具代表性。当时剑作为近距离交战的主要武器，其形制特点是剑身较商周时期有显著增长，锋刃利，剑从宽，剑格厚，剑脊直，剑跟厚，截面呈菱形。据考古发掘，春秋早期的青铜剑多为脊柱剑，它们的形体较短，一般长为28～40厘米（图4-11）。[1] 随着冶金技术的进步和作战需求的变化，战国时期剑的长度逐渐加长，达到70～100厘米（图4-12）。因南方吴越地区以步兵为主要

图4-12 战国铜长剑

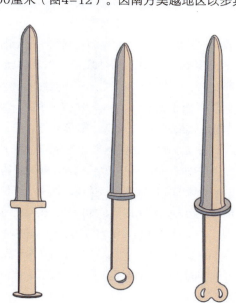

图4-11 春秋铜短剑

---

[1] 杨泓. 中国古代兵器论丛[M]. 北京：文物出版社，1980.

117

兵力，锋利轻便的剑可以有效提升近战的战斗力，故该地区的铸剑水平远高于中原地区。吴越地区的青铜剑华美精致，以越王勾践剑（图4-13）为代表，体现了当时吴越工匠最高的铸剑技术。

图4-13　越王勾践剑

二、远射类兵器

早期的远射类兵器是弓，弩是由弓逐渐演化而来的。弩装有延时机构，利用机械动力发射箭支，可以在远距离射杀敌军，属于冷兵器阶段威力较大的远射类兵器之一。

战国以后，弩被大量地应用在战场上，发生在齐、魏两国之间著名的马陵伏击战，是弩在战场上作为主要兵器发挥威力，并且最终决定战争胜利的典型范例。

弩机最早的应用可以追溯到新石器时代，但当时的木弩威力较弱。至春秋时期，通过在弩臂上安装青铜机括，大大提高了弩的性能，开始成为军队中的主要远射武器。据《吴越春秋》记载，楚国琴氏将原始木弩进行了改进，加装了青铜机括、木臂，达到了"飞鸟不及，兽不暇走，弩之所向，无不死也"的威力，弩由此得到广泛的应用。在《孙子兵法》中，孙武也将弩列为与甲胄戟盾同等重要的武器。

战国时期，弩的使用范围已从吴越地区进一步扩大，经过各地改良后杀伤力也显著提升。如用脚踏张弓的蹶张弩；魏国强弩为"十二石之弩"，拉力可达到今天的360千克；韩国的劲弩能射"600步之外"。由于强弓劲弩装备步兵，使步兵在野战中的地位日趋重要，进而导致战车盛行的状况开始改变。

战国弩机如图4-14所示。

第四章　革新时代的冷兵器设计

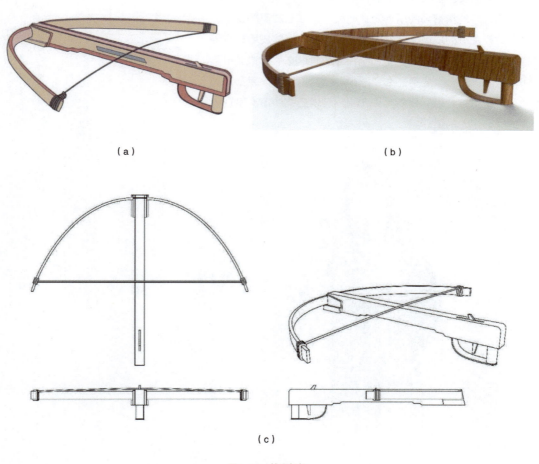

图4-14　战国弩机
（a）结构示意图；（b）实物图；（c）工程结构图

三、防护装具

防护装具包括甲、胄、盾。护身用的是甲，有皮甲、铜甲之分，铜甲即为铠。胄是专为保护头颅的，也就是盔。盾是手中所持的护体武器。在防护兵器中甲胄是最重要的种类之一，不仅能够有效防护将士们的身体，更可以增强军队的士气、鼓舞士兵的信念。甲胄的使用贯穿冷兵器时代始终，并且在演变中不断更新材质和制作工艺，提高其在战场上的防御能力。

春秋时期，人们已经熟练掌握连缀皮革片制作甲衣的技术。从皮革的选用、处理到制作工艺都已相当成熟，在《考工记·函人为甲》中有详细记载。这一时期质量好、防

119

御能力强的皮甲多为几层皮革合在一起缝纫，称为合甲。春秋五霸之一的秦穆公使用的为"七札"，即七层厚的皮甲，是当时最高级的皮甲。湖北随州曾侯乙墓发现的皮甲是难得的珍品（图4-15）。根据产地不同，这些皮甲有"吴甲"和"楚甲"之分。皮甲还有"彤甲""素甲""漆甲""画甲"等十余种名目。另外，湖北随州曾侯乙墓中首次发现了保护战马用的马甲。

图4-15　曾侯乙墓皮甲复原图

第四节　春秋战国时期冷兵器设计分析

一、外观与结构

春秋战国时期，由于战争形势和作战思想的变化，兵器也由使用长兵器为主转变为长兵器与短兵器并存。

这个时期的主要长兵器有戈、矛和戟等。

戈由头、柲和镈组成（图4-16）。戈头部位于顶端，为攻击部位，又包括援、内、胡。援上下皆开刃，尖端为锋，是戈的主要杀伤部位；援呈弧状向下延伸的部位为胡，胡上有刃与援的下刃相连；内位于援的后尾，主要用于安装柄，内上有孔，称为穿，可穿绳缚柄。援和内之阑设有突起的阑，可防止戈在勾啄时戈头脱落。内有不同的制式，如方

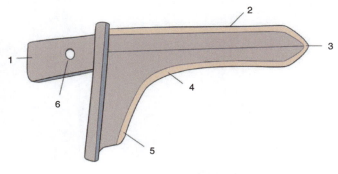

图4-16　戈的结构
1—内；2—援；3—锋；4—刃；5—胡；6—穿

内、曲内等。戈柲即柄，根据车战所用或步兵所用而有不同的长短。柲的下方是铜质的镈，以套筒状套在柲上。

春秋战国时期的戈形式较多，如短援内阔戈、狭援长胡戈等。王公贵族所使用的戈多有铭文。战国时期，已出现带有血槽的戈。

矛由矛头和矛柄组成，矛头又分为身和骹。矛身顶部为锋，中部为脊，脊左右两边展开成带刃的矛叶，向前聚集连接锋（图4-17）。矛头两端或下方铸有纽，用于穿绳，将矛头绑缚在矛柄上；骹是用来连接脊的直筒，下粗上细便于装柄；矛柄也称为柲。与戈相同，矛的下方也由青铜镈套在柄上，以便将矛立于地上时更为平稳。

这一时期士大夫所使用的矛多有较为精美的花纹或铭文。春秋晚期出现了形制成熟的窄体矛，窄体，直刃，骹部有孔或双纽。春秋晚期的矛部分已有血槽，至战国中晚期，矛身上普遍设有血槽。

戟是融合戈和矛功能为一体的兵器，即在戈的头部再装矛。戟主要由头、柲、镈组成，其中戟头又由锋、援、刺、胡、内五个部位组成（图4-18）。

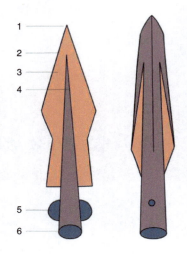

图4-17 矛的结构
1—锋；2—刃；3—叶；4—脊；
5—纽；6—骹

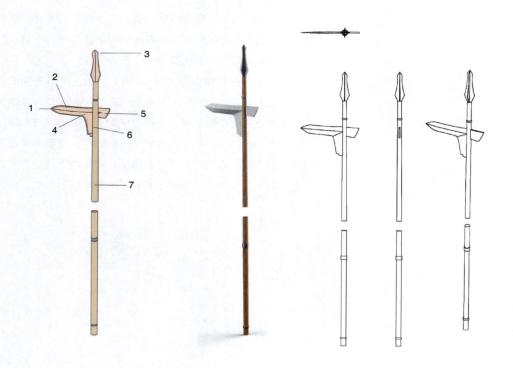

图4-18 戟的结构
1—锋；2—援；3—刺；4—胡；5—内；6—柲（柄）；7—镈

第四章 革新时代的冷兵器设计

春秋时期至战国早中期，戟的矛头和戈头分别铸制，然后再连装在秘上。这一时期，还出现了有多重戟援的多戈戟。多戈戟是在一根秘上装多个戟援，在湖北随州曾侯乙墓出土的长柄三戈戟、河南叶县出土的春秋时期六戈戟，皆是此种制式。

战国晚期，冶铁技术不断发展，铁戟出现。铁戟通体合铸，戟的援由宽钝变为窄尖；内取消，只造较长的胡来缚秘。由此，戟由十字形进化为卜字形，故称"卜字铁戟"。[①]

春秋战国时期的戟时有花纹或铭文，也出现了一些造型奇特、优美的类型，如战国时期的剑形铜戟。

剑和匕首是春秋战国时期主要的短兵器。

剑由身和茎两部分构成。剑身中间凸起称为脊，尖端称为锋；剑茎即剑把。春秋时期至战国早期，剑多为青铜质地，长度较长，一般为28～40厘米，更有甚者长至50～60厘米。战国中晚期，铁剑开始使用，因作战方式的变化，剑身变短。

春秋战国时期铸剑技艺发达，出现了很多形制优美的名剑，如吴王夫差剑、越王勾践剑、宽"燕王职"剑等，这些名剑比例协调、铸工精巧，剑身多有花纹并刻有铭文。与此同时，北方的游牧民族偏爱使用短剑，其造型简约，无花纹，如北京延庆玉皇庙出土的柱脊短剑（图4-19）。

图4-19 柱脊短剑

匕首形制与剑相似，长度多为20～30厘米，短小锋利且便于藏匿。《史记·刺客列传》中记载燕太子丹派荆轲刺杀秦王便是使用匕首。

这段时期的甲、胄、盾多为青铜或铁制。盾由盾背和手把两部分组成，盾的正面多有鬼怪或神兽的花纹，以在面对敌人时起到恐吓作用。甲与胄配套使用，春秋战国时期已经出现包耳式、护颈式、护鼻式、罩面式、全包式等多种制式的胄，有些胄顶留有插戴翎缨的孔。

---

① 于孟晨，刘磊.中国古代兵器图鉴[M].西安：西安出版社，2017.

二、制造与工艺

春秋战国时期是继西周以后中国青铜器铸造的另一个巅峰期，许多新型工艺技法出现并被广泛应用，兵器表面处理技术显著提高（图4-20）。

图4-20 三门峡虢国玉柄铁剑（河南博物院藏）

这一时期，青铜兵器的表面大多带有纹饰，这些纹饰根据各地气候地理条件和技术状况有着不同的制作方法，主要包括铸纹、锡斑和手描纹等。铸纹是在铸造时直接将纹饰铸入兵器表面；锡斑是指锡热后涂在兵器表面，从而形成纹饰；手描纹是指剑铸好后，使用毛笔蘸取特殊液体在兵器的表面进行绘制。

不同的装饰技法形成的装饰效果多种多样，如菱形纹、错金银纹、阴纹、阳纹等。菱形纹一般是在兵器表面铸菱形纹阴槽后焊入锡料而成，多见于剑身和一些长兵器，如越王勾践剑和吴王夫差矛，都是通身铸饰菱格形暗纹，也有菱形纹是使用手描纹而成的。错金银是一项精细工艺，兴盛于春秋中晚期，是在器物表面添加金银图案的装饰方法，有镶嵌金银和涂画金银等不同手法。春秋战国时期主要使用涂画金银的方法，即在青铜器上用金银涂饰花纹图案。阴纹和阳纹是指器物表面凹陷或凸起的文字或图案。

钢铁的冶炼技术在春秋战国时期不断发展，早期主要使用块炼铁技术，河南三门峡上村岭出土的铜柄铁剑便是用这种方法炼制而成。块炼铁是指铁矿石在较低温度（1 000℃左右）的固体状态下用木炭还原而得到的含有较多夹杂物的铁，经加热锻打，挤出夹杂物，改善力学性能而制成的铁器。在反复加热过程中，块炼铁同炭火接触，渗入碳元素提高了硬度，则成为块炼铁渗碳钢。块炼铁渗碳钢技术兴盛于春秋中后期，湖南长沙杨家山出土的杨家山铁剑就是采用块炼铁渗碳钢技术制成，剑体含0.5%的碳，属中碳钢，是中国最早的钢制品。同时期还出现了冶制白口铸铁技术、韧性铸铁技术等，但所制器物多以农具为主，用于兵器制造的较少。

另外，春秋战国时期已有金属防锈技术。如越王勾践

第四章 革新时代的冷兵器设计

剑，因剑身镀有一层含铬的金属而千年不锈。

三、操作与交互

春秋战国时期的冷兵器主要包括格斗类、远射类和防护类兵器。格斗类兵器一般需要手持器械进行近距离击斩，分为长兵器和短兵器。以戈、矛、戟为代表的长兵器，是以刺击、钩杀为主要攻击方式，器身一般等于或长于执器者身长，因此在战车上，长兵器的操作者皆选择"勇力之士"，[①]乘战车挥舞兵器，对前方的敌军进行攻击。而短兵器（如剑）的攻击方式则通常有截、削和刺；远射类兵器弓弩等是可进行远距离射杀的兵器；防护类器具则是甲胄、盾，需穿戴或手持以抵御袭击。

春秋战国时期，战车是军队的主要作战装备。每辆战车配备两匹或四匹马，四匹马拉的车为一乘。战车每车载3名甲士，"兵车，则车左者执弓矢，御者居中，车右者执戟以卫。"这是说，战车左面的甲士持弓，主射；右方的甲士执戟等长兵器，主击刺，并有为战车排除障碍之责；驾驭战车的甲士居中。除3名甲士随身佩戴或手持的武器外，战车上还放置若干其他格斗兵器，以长兵器为主（图4-21）。

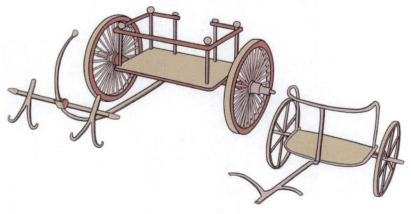

图4-21 春秋战车形制

四、性能与威力

随着社会生产力不断发展，制造水平大幅提升，加之铁器在战争中的使用，冷兵器的性能与威力较先前有了很大的提升，杀伤力大大增强。

战国初期，戈的援部由原来的平直形状变成了弧曲状，

[①] 刘宇峰，方金娴. 略论技击的构成要素——以冷兵器时代军事需求为背景[J]. 体育科技文献通报，2011，19(1)：127-129.

下刃和胡有刺，在作战时，以弧状带刺的援对敌人进行钩杀，可以增加伤害。

矛在春秋时期的主要形制是窄体矛，矛体窄，刃直，将矛头刺入人体时的阻力降至最低。至战国中晚期，矛身上增加血槽，便于刺入人体时出血进气，杀伤力极强。

戟可前刺、横击、钩杀，功能较矛和戈更多，威力更大。春秋时期出现的多戈戟在杀敌时可造成多个伤口，极大地提升了杀伤力。

战国后期，短兵器开始盛行，多以单手操作来进行刺杀和砍杀，近战杀伤力增强。

剑，素有"百兵之王"的美誉。春秋至战国早期，青铜剑较前代更长，这是因为在以车战为主的情况下，较长的剑能先一步击杀敌人。而到了战国中晚期，车战式微，步兵与骑兵兴起，加之铁制兵器开始使用，剑的长度有所缩短，剑轻薄而锋利。有言曾曰："剑开双刃身直头尖，横竖可伤人，击刺可透甲。凶险异常，生而为杀。"

弓、弩等远射类兵器主要用于克制骑兵。春秋战国时期，弩普遍用于实战，且种类繁多，如夹弩、瘦弩、唐弩和大弩。夹弩、瘦弩较轻便，发射速度快，多用于攻守城垒；唐弩、大弩是强弩，射程虽远，但发射速度较慢，多用于车战和野战。另外，战国时期已有弩机，使用杠杆原理（图4-22），使发射时所消耗的力道减小，提高了射击的精度和稳定性。

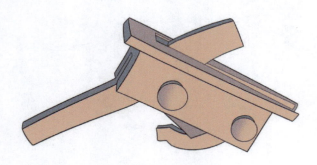

图4-22　战国时期弩机的杠杆原理

五、设计案例分析：镂空兽首有銎戈

本节意在推测镂空兽首有銎戈所属年代并解析其所属文化区，方法是运用文献研究加考古实物研究二重证据法，对其材质、锻造工艺、形制、纹样和文化特征等诸方面予以探

第四章　革新时代的冷兵器设计

究，与不同年代相似同类型文物进行纵向的比较分析，以及对不同地区、不同文化相似同类型文物进行横向的比较分析。

镂空兽首有銎戈是一件盗挖外流文物，现存于中国台北古越阁作为私人藏品，因其为盗墓发掘后被私人购买，现在对这件文物的研究少之又少，甚至其具体的所处年代与所属地区、政权、文化区都无人考据。根据本研究论证，这件推测镂空兽首有銎戈属于东周春秋时期楚文化区。

这件青铜材质镂空兽首有銎戈（图4-23），目前学术界模糊的推测时间估计为春秋战国之际。[①] 它的戈柲已经不复存在（管銎内存有少量的木屑），仅剩保存完好的戈首。长度为197毫米，高度为105毫米。外观上分为六部分（图4-24）：原（又称援，横向尖刺部分），内（横向平钝部分），胡（竖向连接原、内部分），穿（原和内上用于穿绳捆绑固定戈柲的孔），銎（用于安插固定戈柲的管状结构），柲帽（戈顶端用于阻挡戈柲和装饰的帽）。戈首通体无铭文，戈胡较短，且戈胡与戈原角度几近垂直。一般的青铜戈都采用穿固定戈柲或銎固定戈柲，但此戈同时存在两种固柲结构，特殊之处在于戈的顶端附有一个极为精巧的兽首造型装饰——柲帽。

图4-23　镂空兽首有銎戈实物图

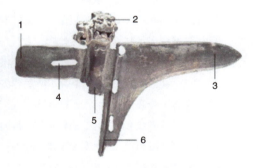

图4-24　镂空兽首有銎戈结构图
1—内；2—柲帽；3—原；4—穿；5—胡；6—銎

（一）材质分析

这件镂空兽首有銎戈外观上看似金属质，通体有绿色锈迹和红色斑点，符合青铜文物"绿锈红斑"红铜锡铅合金的特点。这类器物本身原为金黄色，因入土后氧化形成绿色的铜锈而得名"青铜器"。红色的斑点是在地下埋藏过程中形成的盐基氯化铜斑点。在甘肃东乡马家窑文化遗址中出土的

---
① 李学勤.古越阁所藏青铜兵器选粹[J].文物，1993(4)：18-28.

距今5 000年左右的青铜小刀，就是实物证明。夏末商初，青铜兵器的铸造工艺已达到较高的水平，①青铜兵器处于承接石木兵器和铁制兵器的过渡阶段，以优越的性能取代了石木兵器。而青铜戈的出现横跨整个夏商周和秦汉时期，以商周先秦时期最具有代表性，且出土分布最为广泛。此戈顶端柲帽上的兽首眼睛镶嵌材质为绿松石。绿松石在我国古代得到广泛使用。2002年春，中国社会科学院考古研究所二里头工作队在河南偃师二里头遗址发现了由2 000余块形态各异的绿松石片组合而成的大型绿松石龙形器，②说明4 000年前的二里头文化中绿松石就已经开始作为装饰物。根据现有的考古发现记录，商周时期绿松石出土文物广泛分布于以下地区：河南安阳的殷墟、三门峡的虢国墓、安阳的刘家庄遗址，陕西清涧的李家崖文化遗址，山西临汾的下靳史前墓地，山东滕州的前掌大遗址，湖北黄陂的盘龙城遗址，四川成都的金沙遗址，内蒙古赤峰的夏家店上层文化遗址，辽宁大连的于家村遗址。

（二）制造工艺分析

在制造工艺上镂空兽首有銎戈十分特殊，传统的商周时代青铜戈一般为穿连接或銎连接，采用单一柲连接方式，而镂空兽首有銎戈同时使用这两种连接方式，并有复杂的装饰柲帽，所以它集合了多种金属锻造工艺。通过仔细观察可以发现在戈首的原、内和銎的连接处有部分细小的气孔，据此推测，原、内、銎三部分为分开铸造，然后再焊接在一起。兽首柲帽的纹样十分复杂，有大量的镂空表现形式。青铜器的镂空结构多采用焊接和失蜡法一体铸造两种方法。此兽首柲帽尺寸较小并且没有明显的焊接痕迹，同时柲帽和銎之间也很致密，所以推断兽首柲帽部分和銎部分采用失蜡法一体铸造。

（三）形制及纹饰分析

青铜戈在商周时期使用广泛。根据固定柲的方式，形制大致可分为两类：用銎固定的有銎内戈和通过从内上的穿绑绳的片状内戈两种。但这一件特殊兵器与常见青铜戈不同的是：同时具有穿和内两种结构，这是两种完全不同柲的固定形式。以内和穿安装柲的形式在《考工记》中有所记载，

---

① 庚露茜.从出土兵器看我国古代冷兵器的演变[J].少林与太极，2008(5)：50-52.

② 石振荣、蔡克勤.绿松石玉古文化初探[J].宝石和宝石学杂志，2007(5)：41-42.

是当时最为普遍的形式,十分简单方便,便于大规模批量生产。整个戈首可以一体铸成,利于快速大规模装备军队,但缺点是内穿固定形式不太牢固,戈首在作战啄刺时容易脱落。用銎连接戈柲的形式至今仍广泛使用,用管状结构套住戈柲,十分类似于现今锹的锹头与锹把的连接方式。镂空兽首有銎的戈首还有柲帽,柲帽的作用是防止推砍过程中用力过猛使戈首从戈柲中脱落。

戈作为一种啄击兵器,戈首含有援、内、胡三部分,可定义为成熟戈器。迄今为止,出土发现的成熟戈器又因各国文化、地理位置的不同,戈形可大致分为8类:直内无胡戈、直内有胡戈、曲内无胡戈、曲内有胡戈、短銎无胡戈、短銎有胡戈、管銎无胡戈、管銎有胡戈。[①]根据具体形制细节特征戈形又可分为若干小类。这件镂空兽首有銎戈属于短銎有胡戈。综合现今所有先秦考古发掘的戈类文物,发现短銎有胡戈的地区有夏商时期中原地区(河南安阳殷墟遗址、安阳郭家庄遗址等地),西周时期中原地区(陕西长安张家坡遗址,河南洛阳北窑遗址等地),东周时期中原地区(仅1件,河南辉县山彪镇遗址),东周楚文化区(仅3件,出自湖南资兴旧市战国墓、湖北大冶鄂王城遗址)。除此以外,东周前除中原地区外,齐鲁文化区、秦文化区、燕文化区、北方文化区、吴越文化区、巴蜀文化区、滇文化区均未发现短銎有胡戈。根据以上文物发现推断短銎有胡戈广泛分布于夏商西周时期的中原地区,东周时期楚文化区域也有少量分布。

商周时期青铜戈从其包含戈柲的总长度来划分,大致可分为三类(表4-1)。

表 4-1　戈长度分类表

类别	长度/毫米	使用方法	用途
长戈	3 014~3 030	啄击,砍刺	车战,水战
中长戈	1 270~1 440	双手持,啄击,推砍	步兵战
短戈	600~900	单手持,啄击	近身战

第一类是长度3 014~3 030毫米的长戈,这是春秋时期常见的啄击兵器。影视作品中展示这类戈的使用方法和历史文献记载有很大偏差。影视作品中这类长戈用于步兵,但实战中这种长度的兵器在步兵方阵中几乎无法发挥作用,它更适用于车兵作战。长戈不是单纯的啄击兵器,大多同时配

---

① 井中伟. 先秦时期青铜戈、戟研究[D]. 长春:吉林大学,2006.

有类似矛的尖端可用于砍刺，类似于后来衍生出的戟等长兵器。因为其长柲，长戈也会运用于水战，长沙浏城桥春秋时期楚墓曾有出土。

第二类是长度1 270～1 440毫米的中长戈，这种戈由步兵使用，长度略低于身高，使用时双手操戈进行啄击，同时也可用戈原的上刃进行推击。戈首形式多样，长度适中，《考工记》中记载的戈与现今出土的大部分戈都属于此类。

第三类是长度为600～900毫米的短戈，形状大多短小，刃面很宽，便于近战劈砍，可同时一手持戈一手持盾，作为类似手斧的兵器使用，很多古代图画和族徽中都有单手持短戈啄砍的描绘（图4-25、图4-26）。曾侯乙墓中的东周曾侯乙的寝戈就属于这种短戈，据推断为侍奉曾侯乙寝边贴身侍卫的随身武器。该戈长143毫米，刃宽20毫米，由此可以推断，镂空兽首有銎戈的形制十分类似于东周曾侯乙的寝戈。

图4-25　金文持戈族徽

图4-26　战国水陆攻战铜纹鉴里中的船纹

戈的造型可从不同角度进行分类，从原的形状可分为直原戈、曲原戈、三角形刃戈、上刃微弧下刃凹形戈；从原中间脊可分为有脊戈和无脊戈；从原的长度可分为长原戈和短原戈。从内的形状可分为直内戈、曲内戈、銎内戈。从原与胡的角度可分为原胡垂直和原上翘两种。从戈尖形式可分为直三角形锋、三角形锋和弧线尖锋。镂空兽首有銎戈戈首长度为197毫米,高度为105毫米。原部较短粗,长116毫米,宽350毫米,形状属于直原,但上刃平直,下刃向刃尖聚拢,介于直原戈和三角形刃戈之间。窄锋溜尖的弧线尖锋,并且在原的中间位置没有凸起的脊。内的形状属于有銎直内,且原与内几乎成一条直线。原部微微上翘,原与胡的夹角约为100°。现今在中原地区,尤其是东周时期楚地曾出土大量与之类似形制的青铜戈首。

镂空兽首有銎戈最大的特点是戈首顶端有一个兽首造型的柲帽(图4-27)。青铜戈柲帽可分为分体柲帽和一体柲帽两大类。镂空兽首有銎戈戈首整体与兽首柲帽浑铸在一起,属于一体柲帽。迄今为止,我国考古发现商周时期出土的柲帽共48件:商代仅出土3件(河南安阳梯家口遗址、河南安阳后冈遗址、山西吕梁石楼义碟遗址),且均为商代晚期;西周时期10件(陕西西安长安张家坡西周墓地等);东周时期35件(山西太原金胜村遗址等)。由此可见柲帽这一青铜戈部件最早始于商末,在西周得到发展,东周时已较为普遍使用。除青铜制外,还有少量木制柲帽和一件象牙柲帽出土。相对于这一件戈首的体量,它的柲帽显得很大,做工复杂精巧。而戈首却没有纹饰和铭文。迄今为止这种有复杂铸造工艺装饰性的柲帽大多出土于东周时期的遗址中。

图4-27 镂空兽首有銎戈柲帽

从纹饰角度分析，戈在商周时期除了作为实用的兵器外，也作为礼器出现，现今出土商周时期保存完好的兵器多发现于王侯将相的墓室之中。因兵器是不同于乐器和生活用品的战争消耗装备，作为陪葬的兵器多为没有使用痕迹且纹饰精美的礼器型兵器。很多青铜兵器纹饰都十分复杂巧妙并刻有记录性铭文，历史研究价值很高。

青铜戈装饰有多种，平面纹饰包括铭文和具象的龙、凤、兽、人形纹样，也包括涡形纹、菱形纹、水纹、太阳纹、云纹等。立体纹饰有龙形、凤形、兽形、鸟形、人形甚至虎食人图形。仔细观察这件镂空兽首有柲戈，通体没有任何花纹和铭文，镂空部分为固定柲用的功能性部件，非装饰性纹样。柲的顶端有一个做工精巧的镂空形式的立体三头兽首样式的柲帽。三头兽首朝向三个方向，呈T字形排布，面部仰起；双目朝天镶嵌有绿松石，嘴微微张开，吐出舌头；毛发的表现形式类似云纹；三个兽首的中间镂空，外形类似狗头形。根据其制作的精美程度和器型的规格，推测为虎首。虎形图腾大量出土于商周时期的中原地区。该装饰柲帽的同类型器物出土极少，难以进行同类器物对比。至今暂没有其他失蜡法铸造兵器出土，失蜡法铸造在楚文化地域内的流行，同那里青铜器繁密华丽的风格是分不开的。20世纪90年代河南淅川徐家岭楚墓的发掘，使人们进一步看到春秋战国期间楚地这种艺术风格的兴盛。

（四）小结

根据上文分析，镂空兽首有柲戈的形制和材质十分接近于西周晚期和东周初期中原文化区域的青铜戈，其纹饰和铸造方式又很符合东周春秋时期楚文化区域的青铜礼器和生活用具的典型风格。

楚国的政治经济文化特征也决定了这一类型器物大量汲取了中原文化。楚国发源自丹阳，为汉水流域丹、淅二水入汉处，直到周平王三十一年楚武王继位后才引起广泛注意。根据《史记》记载，楚武王自称："我蛮夷也。今诸侯皆叛，相侵，或相杀，我有敝甲，欲以观中国之政。"由此楚国国君自号为武王，并将都城丹阳的名字改为郢，意为王畿之地，成为第一个未经周天子册封便称王的诸侯，在当时这是一种十分有挑衅性的行为。楚国吞并了周围多个小诸侯国，成为当时的强国之一。由此可以看出，楚国本为一独立于周的新兴势力，自我排除于中国之外，企图趁东周内乱而攫取利益。其后，随着楚国与中原各国的交战和交往，以及齐桓公、晋文公为安定天下所做的尊王攘夷的努力，楚国逐渐被中原各国同化，改变其以前极端的武力兼并主义而渐次要求加入中原各国集团，参加诸侯会盟。刘向的《说苑校证》中记载："成王初即位，布德施惠，结好于诸侯。使人献天子。"[1]楚周关系的缓和，使楚人获得合法地位经营周国南土，郑、蔡、许等华夏诸侯也开始朝楚，为楚人赢得了广阔的发展空间，[2]楚国从而成功融入了中原文明体系。到楚庄王时，楚国战胜陈国、郑国和晋国后，并没有像以前一样暴力吞并，而是"退师与其盟"。这表明在中原先进的农耕文明浸染之下，楚国已经逐渐脱去过去的野蛮习气，接受中原各国的观念和文化，逐步希望进入并被接受为一诸侯国。楚国的发展历程，显现楚文化分封于周，来自中原并异于中原。这足以解释为什么一件大量运用楚国纹饰和工艺的青铜兵器，却在形制上充斥着中原文化的元素。

经过上文分析推测这件青铜兵器属于春秋时期的楚文化区的典型器物。镂空兽首有銎戈现属于私人收藏文物，只接受过民间鉴定，并没有权威系统的检测，故出土地和断代都十分模糊。如果排除这是一件赝品的可能性，这件器物无论从形制、纹饰和铸造工艺上都同时拥有楚文化和中原文化的特点，是楚地向中原地区学习的一个侧面佐证，并且也是迄今出土的唯一一件以失蜡法铸造的青铜兵器，可以说是一件孤品，无论从形制纹饰还是铸造工艺上都是研究中国青铜啄击兵器的重要佐证。

---

[1] 刘向. 说苑校证[M]. 向宗鲁，校. 北京：中华书局，1987.
[2] 王俊杰.春秋时期楚国邦交研究[D]. 武汉：华中师范大学，2011.

第五节　春秋战国时期的冷兵器造物思想

春秋战国时期是中国历史上大分裂的时期，中原各国政治经济条件各不相同，因领土、经济等原因而掀起的战事不断。各国为求强盛，接纳名家名士谏言，进行了一系列改革，纷纷实施变法。这个时期，百家争鸣，人才辈出，出现了许多影响后世的思想流派，其中广为人知的有儒家、道家、墨家和法家。

同时，这一时期也是我国军事思想的发展时期。中国由奴隶社会向封建社会逐渐过渡，生产力大幅提高，社会制度不断变革，军事思想及作战方式也随之发生着相应的变化。诸子百家思想由社会政治、经济、文化中提炼而出，又与各诸侯国的军事思想、造物艺术相互影响，紧密结合，在冷兵器的设计、制作与使用等方面皆有所体现。

一、道与《考工记》

春秋时期，老子（图4-28）总结道家思想的精华，形成了较为完整的思想理论，提出"道生一，一生二，二生三，三生万物""人法地，地法天，天法道，道法自然"等核心观念。明确了"道"就是事物的本质和规律，造物要顺应物的自然本质，顺应自然规律，对当代及后世的造物观产生了深远的影响。

图4-28　老子

第四章 革新时代的冷兵器设计

《考工记》中所表达的造物思想便体现了"道法自然"的理念。《考工记》是春秋战国时期记述官营手工业各工种规范和制造工艺的文献，由齐国人编撰，是我国最早的手工业技术专著。书中提出了器物设计制作史上非常重要的原则："天有时，地有气，材有美，工有巧。合此四者，然后可以为良。"概括为"天时、地气、材美、工巧"（图4-29）。

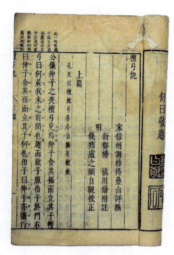

图4-29 《考工记》内页

"天时"和"地气"是自然界中的客观制约因素，如天气、季节、节气的变化，如地理、地质、生态环境的制约。"郑之刀，宋之斤，鲁之削，吴越之剑，迁乎其地而弗能为良也。"郑之刀、宋之斤、鲁之削、吴越之剑皆为春秋战国时期的精良武器，由于地理环境的差异，各地矿藏的质量、微量元素含量、淬火的水质都各不相同，如果这些因素有细微差别，则上述名器也将不复精良。

"材美"和"工巧"则更多强调人为主观能动性的重要性。设计者及匠人对材料材质的认知程度，对材料选择的辨别能力，以及自身工艺水平的高低，皆是影响器物是否精美、是否好用的重要因素。《考工记》认为，"材美"首先要依物选材，其次要注重质感与功能性的统一；"工巧"强调优秀的工匠应懂得尊重自然，顺应自然。

据史料记载，吴越地区铸剑水平很高，素有"宝剑之乡"的称号。当时属越地的绍兴上灶、下灶等地，因得天独厚的天气和地质条件，成为铸剑宝地。越国匠人没有辜负优越的自然条件，铸剑技艺精巧娴熟，获得后世曹丕"越民铸宝剑，出匣吐寒芒"的美赞。前文中所提到的越王勾践剑便是在合此"天时、地气、材美、工巧"四者所制成的名器——优良的青铜质地，剑身与剑鞘紧密吻合，刃薄且锋利，纹饰精致，数千年不腐。

楚国的宛地以产铁闻名，秦昭王曾说"吾闻楚之铁剑利而倡优拙"。考古学者黄展岳在1957年《近年出土的战国两汉铁器》中曾有言："战国兵器仍以铜制为主，只有楚国例外。在长沙、衡阳的64个楚国墓葬中，出土铁器70多件，其中兵器占33件，计有剑、刀、戟、矛、匕首5种，而以剑、刀占多数。"这证明楚国"地气""材美"的优越条件，使楚地铁器的使用先于其他诸侯国，同时也促成了当地"工巧"（即冶铁技术）的发达。

二、以利为本，物以致用，体用观

从造物思想角度出发，墨家与法家的评判标准则是实用性。

墨家的代表人物墨子是春秋战国时期著名的思想家和工匠。墨子提倡以"利"为本，唯"利"是图。"利"指是否利于使用。设计是以满足人的需要为出发点，设计是否能实现功效是墨子对设计的评价标准。从追求实用的角度出发，法家的代表人物韩非子与墨子相似。韩非子秉持造物的功能主义立场，强调"物以致用"的重要性。同时，荀子丰富了儒家的观点，提出"体用观"。"体"指器物的形制，"用"指形制的功用，提倡造物以功用为本。

武器用于战争，实用性必须先于其他一切性能而优先考虑。武器若不能伤人，甲胄若不能防护，则战士性命堪忧，国家政权不保。

武器实用性首先可以体现于进攻装备。春秋战国时期，常有一方踞城不出，攻城成了难题。春秋末期，公输般发明了云梯和钩拒用于攻城，有文载公输般"为楚造云梯之械成，将以攻宋"。除云梯外，投石机、冲车也于战国时期发明，专门用于攻城战。

武器的实用性还体现于防守装备。这一时期，在盾的设计上，车骑兵的盾短而窄，较为轻便，利于车战或骑马使用；而步兵的盾形制较大，可以有效地减少人员伤亡。战国时期，出现了名为"兜鍪"的胄（图4-30），除可以保护头部外，还可有效保护颈部，其内衬为皮革与丝质，增加了佩戴的舒适性。

图4-30 兜鍪的形制

综上所述，春秋战国时期兵器的设计，以满足人的使用、满足战争的需要为出发点，重功能性和实用性。

三、从军礼至权谋的军事思想

在春秋早期至中期，儒家思想继承夏商周时期的传统文化，提出"礼"的主张。"礼"在当时是一种交往原则与行为准则。在战争中，各诸侯国的军队以贵族为主体，作战遵循"军礼"。《春秋·公羊传》有载："结日定地，各居一面，鸣鼓而战，不相诈。"

到了春秋晚期至战国时期，"礼乐崩坏"，加之战争规模扩大、斗争日益激烈，各国在作战指导思想上发生了变化。据《汉书·艺文志》记载："自春秋至于战国,出奇设伏,变诈之兵并作。"春秋末期,孙武(图4-31)著《孙子兵法》,这是世界上最早的军事著作。《孙子兵法》提出"兵者,诡道也""知己知彼,百战不殆"等思想,认为军事斗争必须巧妙地运用权谋。同期还有孙膑的《孙膑兵法》,吴起的《吴子兵法》,总结了多种不同的战略战术。

军事思想和作战方式的转变也使得兵器的设计不断地发生着变化。

春秋早期,车战是主要的作战方式,战车是重要的作战工具。战斗双方以战车列阵,当"车错毂"时,短兵相接,士兵站在战车之上使用戈、矛、戟等长兵器交战,可前刺,可横击,可钩杀,这些兵器非常适合车战的作战方式。作战时,车阵先混乱的一方很难整顿队伍重新排列车阵,通常可以在较短时间内分出胜负。在这个时期,各诸侯国尚"军礼",双方列好阵后,鸣鼓出战,阵乱即告失败。

到了春秋晚期至战国时期,战场由平原深入山地和湖沼地带,战争中开始强调权谋,"避强击弱""设伏截击""先发制人""后发制人"等各种战术战略运用于实际战争中。此时战车已不再是主要的作战工具,步兵成了战争的主力,此时的矛、戈和盾等的设计都发生了相应的变化。如矛和戈上出现了血槽,刺入人体时出血进气,近战的杀伤力更强。辽宁博物馆馆藏的战国晚期"燕王职戈",戈身有血槽,胡刃有弧曲三,阑内三穿,直内一穿,内隅一穿。盾由战国前期的平面盾发展为弧形盾,以便于抵挡刺类兵器。

在这个时期,出于灵活机动的考虑,士兵使用短兵器已多于先前的戈或矛。与此同时,社会步入铁器时代,铁制兵器强度更高、杀伤力强。以铁铸剑,剑刃锋利,剑的长度适合近战击刺,因此铁剑在战场上开始普及。

图4-31 孙武画像

第五章
封建制上升时期的冷兵器设计

第一节　手工业迅速发展对冷兵器设计的促进

秦汉时期是我国古代封建制度的一个上升时期。秦灭六国完成了大一统，在相对稳定的政治环境下，封建制度开始趋于完善，相应的手工业政策也开始日趋健全。秦政府在中央集权的条件下，对手工业的官营和私营进行严格的管控，其中兵器的设计与制造就是官营管控中重要的一项；与此同时，秦商鞅变法后统一管辖区的度量衡与货币，度量衡的统一极大促进了手工业的发展，从而也促进了兵器设计制造。在整个封建制度上升期，秦汉施行"重农抑商"政策，并制定了相应的赋税制度。正是由于度量衡和货币的统一，商业在无形中得到促进，商业和经济的发展又促使手工业和制造技术得到革新，这些发展与革新直接推动了兵器设计与制造的进步。

一、官私政策

秦汉时期，官府手工业作坊的规模庞大，除了秦在咸阳、汉在长安设有工室外，全国各郡、县都设有工室，经营采矿、铸造兵器和农具、铸钱、煮盐、纺织、制漆、制陶等生产项目。秦朝统一以后，沿用了战国时期秦国的律法制度并加以完善，其中从《工律》《司空》《均工》《工程》等律法文书中可以看出，秦朝对手工生产有着严格的管理，手工业的官私分管有着严格的规定,对关乎国家生计的很多产业,如采矿业、金属冶炼业和盐业都施行官营。为了维护中央统治和国家稳定,官营产业中管控最严格的是货币制造和兵器制造,从制造、监督、存储、发放都进行严格的控制,在中央政府直属工厂和各级郡县直属工厂中进行设计制造。同时,秦汉时期对手工业产品的质量、技术、鉴定等方面都有相应的规定,对优秀的工匠实施奖励,对不能按时完成任务和产品不达标的工匠施行惩罚。《均工》中记载"隶臣有巧可以为工者,勿以为人仆养",意为即使是隶臣,如果擅长手工生产就不允许让他们成为奴仆。

汉初,不论是大型的工业,还是小型的作坊手工业,一般都允许私人经营。但同时,一些重要的手工业,如铸币、铸铁、服装纺织,在中央和地方仍有规模极大的手工场。虽然汉初允许民间经营金属铸造业,也仅是允许制造生产一些生活用具和农具,武器的制造还是掌握在中央政府手中。《汉书·地理志》中就有对专门负责监督和制造弓弩箭矢的"发弩官"。《后汉书·百官志》中提到"主作兵器弓弩刀铠之属,成则传执金吾入武库",意为制造出兵器弓弩刀剑铠甲等之后,就要传唤执金吾派遣部队武装押运到武器库,可见汉代对兵器制造管控之严格。除了政治政策上对手工业的管控,汉代还使用骨签对手工业进行档案化管理。

20世纪80年代,在西安汉长安城未央宫官署遗址发现3万多片骨签(骨片)。从内容上看,骨签档案属于西汉国家工官部门(官方手工业管理部门)形成的手工制造业系统的管理档案,涉及兵器、皇帝乘舆之物等,范围很大。骨签中除了对手工业的档案管理外,还大量记载了当时的手工艺制作标准和制作工艺。

秦汉时期,国家对金属铸造业和兵器制造业的严格把控,保证了兵器设计和制造的质量,促进了兵器设计的发展。与此同时,对工匠的奖惩制度和科学的档案化记录,保证了政府拥有高水平的工匠且使得技术工艺可以代代相传。

二、标准化

公元前221年,秦始皇统一了中国,建立了中国历史上第一个统一的多民族中央集权制国家,并作出了很多影响后世的重大决策,其中之一就是统一度量衡和货币。由于春秋战国时期各国割据一方,各种度量衡单位差异很大,"度"

代表长度单位，"量"代表体积单位，"衡"代表重量单位。"度量衡"的参考标准均为国家发布的量器，秦统一之前各国甚至同一国家不同地区的量器都有很大的差异。以长度单位为例：洛阳金村古墓出土的东周铜尺长合今公制23.1厘米，而广东番禺叶氏藏东周牙尺则合23厘米；安徽寿县出土楚铜尺长合22.5厘米，而长沙出土的两件楚国铜尺则分别合22.7厘米和22.3厘米。仅从这几件出土文物，就可知道战国时期各国每尺长短之间相差竟达0.6厘米，每丈相差24厘米（约合1尺多）。不统一的度量单位必然会阻碍手工业的发展，因为不同地区对手工制造业的记载会存在偏差，从而导致手工技艺无法正确流通和传播。度量衡统一后，各国的制造工艺可以无偏差地沟通与交流，相互取长补短，从而能够促进手工制造业的发展，并直接影响到全国范围内的兵器设计与制造。

秦统一度量衡中有一项"车同轨"，即统一了车的轮距，相对应车的各个部件尺寸都有了统一规定。从西安秦兵马俑坑中出土的大量战车可以看出，当年的战车各个零部件有着统一的标准规格，车舆即战车的车厢长1.2米，宽1.5米，车辕即连接拉车牲畜和车体的长木长度都是3.8米（图5-1）。同时兵马俑坑出土的大量青铜兵器中也都刻有记录兵器生产的时间、地点以及工匠和督造人的名字，这些都是标准化批量生产的质量保证手段。

图5-1　战车

以组成部分最多、结构最为复杂的弩为例，弩机一般由"望山""悬刀""牛"和两个"栓"组成，这些部件上的铭文方便不同类型弩机上部件的配套（图5-2）。弩机在发射过程中，各部件的灵活转动尤为重要，否则发射过程将很难完成。为了使弩机灵活运转，各部件的标准化生产就显得极其重要。战车和兵器的统一标准化设计，提高了秦的兵器产量和武装水平，同时也方便了武器、战车零部件损耗后的替换。

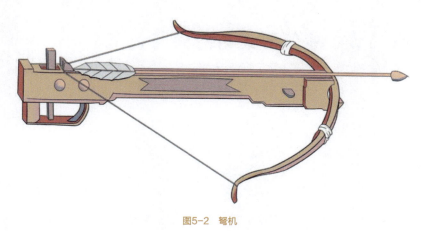

图5-2 弩机

三、赋税制度

不同于春秋战国的四分五裂，秦汉处于相对稳定的政治统一环境，但军费仍是秦汉政权的主要支出之一，其中兵器的生产制造、存储和修缮占很大比重。秦汉时期国家的收入来源是上缴的赋税，《汉书·食货志》中记载："有赋有税。赋供车马、甲兵、士徒之役，充实府库赐予之用；税给郊社、宗庙、百神之祀，天子奉养、百官禄食、庶事之费。"《汉书·百官公卿表》也有 "大司农供军国之用，少府以养天子也"的说法。可见赋税中的"赋"用于维持国家的军费，"税"用于祭祀供养天子和官员的俸禄。负责收缴和管理使用民赋的官员，秦朝叫治粟内史，汉朝叫大司农。收缴民赋的形式主要有算赋、口赋、更赋及田租等。算赋是面向所有成年人的人头税，口赋是面向儿童征收的人头税，更赋是为了替代服兵役而上交的钱。秦汉时期推行重农抑商政策，大量的国民作为农民被禁锢在自己的土地上，保证了国家的民赋收入，同时也就保证了国家的军费和兵器制造支出。度量衡和货币的统一使当时的农业、手工业生产效益大幅提高。军费来源稳定和生产技术的发展，确保了兵器设计、制造的数量与质量。

第二节　战争形式与冷兵器利用

秦汉是封建社会的上升时期，伴随钢铁冶炼技术日趋成熟，先秦时期的青铜兵器逐渐被铁制兵器淘汰，防护装备也转变为铁制为主。同时，以战车为主导的作战方式也发生变化。在秦陵兵马俑中，军队普遍采用战车与骑兵相结合的形式，这也印证了秦代处于战车与步兵、骑兵协同作战的时期。大约至汉代，战车在作战中基本被淘汰。

兵器的制造和发展，反映了同一时期社会生产力的发展水平。钢铁冶炼工艺的发展和成熟经历了从战国到西汉，再由东汉至南北朝的漫长历史过程，这也恰恰与铁制兵器的起步期、发展期相吻合。秦汉时期冷兵器的成熟在很大程度上是由生产技术发展驱动的。

一、步骑兵作战方式的变化与格斗兵器的利用

通过史料研究和考古发现，秦汉时期的格斗类兵器为剑、刀、戟等，在尺寸方面均明显地加大加长。一方面，冶炼技术的日趋成熟提供了技术上的可行性，铁的质地更为坚硬，可塑性更强，实用性的设计空间更大；另一方面，近战格斗日趋激烈，加大格斗武器的长度有助于刺杀敌军，持更长兵器的一方可以在较远的距离对敌军造成伤害，因此，加

长武器是作战方式的需求。另外,秦人体型剽悍,加大兵器尺寸也更符合使用者的人体尺度。

近战格斗发展至汉代,人们在战斗中发现剑的砍杀效率远不如刀,且刀相较于剑更为坚韧,因此,刀逐渐取代了剑在格斗武器中的主导地位。刀的盛行也与当时的骑兵作战有很大的关系。骑兵机动性强,需要更为灵活且易于操作的兵器,刀的砍劈动作在骑兵作战中更为有效。从刀剑铸造的技术层面来看,剑的铸造工艺更为复杂,且剑因两侧有刃,一般比刀更薄,所以坚韧程度不如单面有刃的刀。从大量史料记载中可以发现,汉代后期的骑兵和步兵都开始在战场上使用刀。

戟也是秦汉时期作战中常用的格斗类长兵器。汉代史料中常见关于使用戟的记载:《汉书·田肯贺上之言》中有"持戟百万"[1];《吕布传》中有董卓"拔手戟掷布";《典韦传》说典韦"好持大双戟"。汉代长戟融合了勾啄和击刺两种常用的功能,在作战中使用更为灵活,极大地提高了武器的使用效率及杀伤力。在当时的军队装备中,长戟的配备数量及质量也是国家军事力量的体现。西汉政治家晁错在讨论汉军长戟时把长戟的利用上升到了理论的层面,可见汉代长戟在军事作战中的重要地位。

二、步兵作战的发展与远射兵器的利用

秦汉时期,战争中大量生产和使用弩。弓向弩的转化是为了提高战场上远射兵器的命中率,弩的杀伤力与射程也远超弓箭。弩,《释名》曰:"弩,怒也,有势怒也。其柄曰臂,似人臂也。钩弦曰牙,似齿牙也。牙外曰郭,为牙之规郭也。下曰悬刀,其形然也。合名之曰机,言如机之巧也,亦言如门之枢机开合有节也。"

早在春秋末期弩就已经开始出现了,至战国时期,已有不少"弓弩为表,戟盾为里"[2]的作战方式。发展到汉代,与其他铁制兵器一样,铁箭的杀伤力和利用率得到提高,弩也开始被广泛使用。这一时期的文献中关于弩的记载有很多,如"常为大蚊鱼所苦……愿请善射与俱,见则以连弩射之"[3],"弦大木为弓,羽矛为矢,引机(弩机)发之,远者千余步"[4]等。表明人们根据不同的作战需求对弩进行了创新和改进,除了常见的连弩、强弩等,上文所提"弦大木为弓,羽矛为矢"是一种用于远射"千余步"的大型弩。

---

[1] 班固. 汉书[M]. 北京:中华书局,1962.

[2] 孙楷,徐复. 秦会要订补[M]. 北京:中华书局,1959.

[3] 司马迁. 史记[M]. 北京:中华书局,1982.

[4] 范晔. 后汉书卷[M]. 北京:中华书局,2007.

弩作为秦汉时期步兵的主要远射武器，基本已经取代了弓箭的地位。但是骑兵部队的远射武器仍然以弓箭为主，因为弩机虽然杀伤力更强，但大小与重量不适合机动性较大的骑兵部队配备。骑兵主要使用弓箭，步兵主要使用弓弩，这正说明了冷兵器的利用与发展是与实战需求紧密相关的。

三、战争中防护装具的利用

防护装具总是与进攻性兵器的发展相匹配。先秦时期，常见的防护装具一般是皮制的胄、甲，至秦汉时，在钢铁材质进攻武器面前，皮制的防护装具已无法起到有效保护作用，为了适应作战防御的需要，铁制胄、甲、盾应运而生。

在很多秦代考古发现中，若有钢铁制的进攻兵器，往往也会有相匹配的钢铁制防护装具。在河北满城中山靖王刘胜墓、安徽阜阳汝阴侯夏侯氏墓、广州南越王墓都有出土随葬的铁制铠甲，都是西汉时期的防护装具。秦汉时期铁制盾也基本取代了先秦时期的木盾。

第三节　秦汉时期典型的冷兵器种类

秦汉时期的冷兵器设计水平与制造工艺相较于前代都有了一定的提高和发展，但绝大部分的兵器仍然延续春秋战国时期的制式。秦汉时期的冷兵器大致分为格斗类兵器、长距攻击兵器与防护装具。

一、格斗类兵器

格斗类兵器是中国乃至全世界冷兵器时期最重要的兵器种类，同时也是出土文物、绘画和文字记载中出现最多的兵器种类。秦汉时期步兵战、车战、骑兵战和水战都对格斗类兵器有巨大的需求。格斗类兵器往往外观结构和制造工艺比较简单，容易普及。若将格斗类兵器细分，可分为击刺兵器、砍劈兵器和锤击兵器3种。

击刺兵器指的是能够造成刺穿性点状创伤的兵器，戈、剑、枪、矛、戟和匕首都属于击刺兵器。

砍劈兵器指的是通过劈砍而造成线性创伤的兵器，如刀、斧、钺等。

锤击兵器指的是没有尖刺或锋刃，而是通过自身重量击打造成面状创伤的兵器，如锤、棍、鞭、锏等。

秦汉时期格斗类兵器的设计基本延续了先秦时期的制式，区别在于随着金属冶炼工艺的发展，兵器材质由青铜逐渐转为更为坚韧、造价更为低廉的钢铁。秦及西汉初,铜铁器并用;西汉中期以后,铁制兵器逐渐占据主导地位,钢制兵器也逐渐增多;东汉的主要兵器已全部为钢铁制品。[①]

二、长距攻击兵器

长距攻击兵器相比格斗类兵器往往设计更为精巧,运用了更多的力学原理,结构更为复杂,是我国古代先民智慧的结晶。长距攻击兵器可分为远射类兵器和投掷类兵器。

远射类兵器指的是弓、弩、连弩以及箭镞等。弩由弓演化而来,与弓的区别是弩具有待发机制,通过机械结构可以延时发射,同时使箭的射程不再受限于人的臂力,可以在较远的距离射杀敌军人马。在实战威力、技术发展程度上,弩都是冷兵器时期威力较大的兵器。秦始皇兵马俑坑中60%以上的陶质武士俑所执武器为弩,[②] 可见弩在当时的使用之普遍。

投掷类兵器则指的是通过投掷造成击杀的标枪等。

三、防护装具

防护装具包括甲、鞮鍪、盾、钩镶4种。

保护身体躯干部分的是甲。甲有皮甲与金属甲之分,金属制成的甲又叫作铠;鞮鍪也可称为胄或者盔,专门保护头颅。现在我们常说的甲胄或者盔甲,指的就是穿在身上的全套防护装具。目前我国还没有秦甲胄的实物出土,但是秦始皇陵兵马俑陪葬坑的陶俑身上所塑造的甲(简称俑甲),以及秦始皇陵园石甲胄坑的石甲,为我们提供了秦甲胄研究的准实物资料。[③] 相比之下,汉代的甲胄文物出土较多。从秦代俑甲和汉代出土的文物来看,秦汉时期甲胄形制样式和先秦时期大体相同,可以肯定的是秦汉时期甲片和甲衣是有色彩装饰的。

盾和钩镶都是手中所持的护体武器。盾的防护面积很大,除了可以抵御击刺、砍劈和锤击外,也可以抵御长距离攻击兵器,缺点是较为笨重。钩镶是面积很小的盾牌,上下都有金属钩,在防御的同时可以别卡住对方的武器进而攻击,虽然钩镶重量轻、更灵活又有别卡功能,但因其防御面小,几乎不能抵御长距离攻击兵器。

---

① 于从容. 秦汉军事经济问题初探[J]. 五邑大学学报(社会科学版),1998, 12(1): 60.

② 袁仲一. 秦始皇陵兵马俑研究[M]. 北京: 文物出版社, 1990.

③ 张卫星. 先秦至两汉出土甲胄研究[D]. 郑州: 郑州大学, 2005.

四、其他兵器

除了一般意义上的格斗类兵器、长距攻击兵器、防护装具等实战性兵器外，秦朝最出名的陪葬兵马俑的兵器可以理解为作为礼器的兵器。秦始皇时期制造真实比例大小和高度还原细节的士兵陶俑，并配套真实的兵器、战车等埋入地下作为陪葬。这些兵马俑兵器为秦朝的军事与兵器研究提供了最为真实直接的佐证。

第四节　秦汉时期冷兵器设计分析

秦汉时期，中国社会进入了中央集权的大一统时期，军事作战由春秋战国时期各诸侯国之间抢夺资源、土地的战争变为以王朝抵御外族侵略为主的战争；同时，钢铁冶炼技术在这一时期有了较大进步，这些都使得秦汉时期的冷兵器设计较前代出现了变化和发展。

一、外观与结构

春秋战国时期，战场上所流行的长兵器在秦汉时期依旧较为常见，如矛、戈、戟等，但其形制有了一定的变化。

秦代的戈，胡长，多为三穿或四穿，援为曲形，内上翘。秦矛较前代相比，其刃变得更短、更宽，且直。刃上有孔以固定骹，长度为15厘米左右。秦始皇陵兵马俑出土的"寺工"铜矛（图5-3），矛头前锋延伸收为尖叶形，两刃外斜直至叶末，与骹部结合；叶中起棱，延至骹部，矛叶有血槽；骹部较短，与叶部自然相连，骹下方筒口为椭圆口，

图5-3　秦"寺工"铜矛形制

第五章 封建制上升时期的冷兵器设计

筒口至骹叶相连部为均匀过渡的扁喇叭形。骹部刻有铭文"寺工","寺"是秦国青铜兵器的生产机构。由中央所辖兵器机构所设计并制造的青铜器,工艺精湛、实用且形制优美,当时青铜兵器的铸造技术及审美水平之高,皆在此有所体现。

汉时期,戈已基本不再用作实战兵器,矛成为汉代最为流行的长兵器,矛头更大,并有加重、加长的趋势。汉代的戟,外形基本与战国末年的戟一致,胡稍有减低,刺的宽度略增。同时,汉代的戟也增加了许多制式,有的援由平直变为上翘而形成钩刺,有的由戟身横出一直刃而成为卜字戟,还有因其形如雄鸡仰首报晓而得名为"鸡鸣戟"(图5-4)。

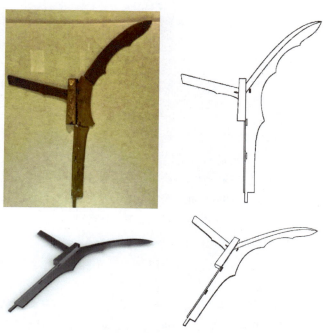

图5-4 西汉鸡鸣戟

除前代常见的长兵器外,汉代也出现了一些独具特色的兵器,如钺戟(图5-5)、铩等。钺戟似钺又似戟,为钺和戟两部分组合而成。钺是由斧演化而来,形状与斧相似,但钺身与柲的组装方式与戈相似。汉代的钺戟,前段与戟相同,为刺;刺身横出一钺,刺茎插入钺内,与钺垂直;钺体扁平,下端连有长柄。铩也是汉代兴起的长兵器,前段为形似剑的尖峰,茎与骹之间为镡,镡两端上翘呈锐尖状,与剑镡一样,具有格架功能。

秦汉时期短兵器与前代相似,也以剑和刀为主。秦代的剑,较春秋战国时期相比,剑身长度增加了近一倍,剑刃

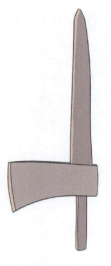

图5-5 汉代钺戟的形制

151

更加锋利。秦代出现了钩,整体似弯刀,钩头齐平无锋,两侧开刃。汉代由钩发展而成钩镶(图5-6),中间设镶,可做盾用,中间突出一只用来推杀的刺,上下各延伸出用来勾阻对方兵器的铁钩。另外,汉代兴起环首刀,由钢铁铸造而成,刃直且长,一侧开刃,另一侧为刀背;刀背非常厚重,刀柄连铸有铁环,用以缠绕绳或布环绕手腕之用。刀有长有短,可适应不同的战场环境。

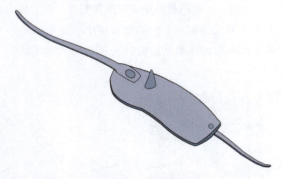

图5-6 汉代钩镶的形制

远射类兵器在秦汉时期也有了一定的发展。秦弩由国家统一督造。弓干扁圆,一般长130~145厘米。汉代弓箭种类增多并出现了各种装饰。汉代完善了战国时期的弩机,弩由臂、弓和机三部分组成,弩机机匣称为"铜廓",内含有望山、悬刀、钩心等机件,制作工艺十分高超。

二、操作交互及性能威力

秦汉时期长兵器操作上较前代也有一定的变化。秦代的矛,长度较春秋战国时期更长。究其原因,长矛乃秦代步兵所使用,而非春秋战国时期在战车上使用。步兵使用矛前刺,比车兵更为便利,因此加强长度,不仅利于向前刺击,也可以起到更好的保护效果。矛长的一方可优先一步刺杀敌人,同时留给自己的安全距离也更长。西汉时期,戟援变为上翘的钩形,在向前刺击的同时,戟的钩刺可以对敌人进行二次伤害,杀伤力大大增强。

秦代的剑刃锐利,剑锋逐渐加大。剑的主要操作方式由春秋战国时期的前刺转换为使用剑刃劈砍,这种变化也是由当时的作战方式决定的。秦汉两朝尤其是汉朝,马战逐渐增多,骑兵作为独立兵种被重视。在骑兵作战时,更有利于杀伤敌军的操作方式是劈砍而非前刺,剑锋转为

第五章　封建制上升时期的冷兵器设计

图5-7　汉代钩镶壁画

两侧剑刃锋利、中间凸起的结构，更加适应骑兵作战的需要，提升了马上作战的杀伤力。但是，由于剑两面为刃的制式在实战时较易折断，因此至西汉时期出现了环首刀。环首刀一侧锋利开刃，可劈可砍，一侧刀脊厚实，不易折断，这种制式使骑兵的战斗力大幅提升。环首刀的刀柄末端铸有铁环，骑兵按照自己的习惯，使用绳或布，一端系与铁环上，另一端缠在自己手腕处。在骑兵作战时，马的奔跑速度使兵器在劈砍时会产生很大的反作用力，极易将士兵手中的武器震落；另外，汉朝尚无马镫，骑马作战时重心不稳，武器也常易脱手，而用绳或布将环首与手腕相系，可免除因上述原因造成的兵器脱手，在保证士兵安全的同时，也保证了己方的战力留存。此外，在汉代出现的钩镶，一般与环首刀搭配使用，士兵一手持刀进行砍杀，一手持钩镶进行格挡，这种兵器的组合可以有效地克制戟等长兵器的进攻（图5-7）。

汉代的弓，制作技艺提升，采用兽角、筋、竹或木材、漆、胶等复合材料制弓，使弓更为强韧，穿透力、杀伤力和有效射击距离都有所提升。

西汉时，弩的望山增加了刻度，可以更容易地瞄准敌军和计算弹道。弩机由木弩廓逐渐发展为铜弩廓，提升了弩身对拉力的承受力，使得这一时期的弩机在作战时更为稳定。《孙膑兵法》中载："矢轻重得，前（后）适，而弩张正，其送矢壹，发者非也，犹不中招也。"[①]意指若只有好弩，却没有好的射手，也不能射中目标。弓弩的操作绝非易事，因此汉代非常注重对士兵使用弓弩技能的训练，并设有相应的考核机制。

甲胄的设计和制作技艺在秦汉时期也有所发展，秦始皇兵马俑博物馆中出土的兵俑身上所披铠甲已经有较为完整的结构和固定的穿着方式，后代的铠甲大部分是在秦铠甲的基础上发展而来的。汉代由于钢铁冶炼技术的进步，铁制甲胄已经占据了主要地位，并且有了各种不同制式，并发展出护臂、护腰等，使得铠甲的防护能力得到提升。

三、制造与工艺

秦汉时期，冷兵器的设计方法与制造技艺相较前代都有了一定的发展，主要体现在以下几个方面。

---

① 张震泽. 孙膑兵法校理[M]. 北京：中华书局，2014.

153

（一）青铜工艺几乎达到顶峰

秦时期的长兵器如矛、戟等仍多为青铜质地，铸造工艺先进。秦始皇兵马俑博物馆中出土的青铜箭镞有8 000余枚，主要为三棱镞，其三个棱呈微凸的弧线，且横截面呈等边三角形，这些箭镞都经过极其精细的砺磨，有些表面还经铬化物处理，使其增强抗锈能力（图5-8）。河北保定满城汉墓（又名中山靖王墓）也出土有含锡的铜镞，因含锡比例较高，所以箭镞硬度较大，与秦始皇兵马俑博物馆出土的铜镞一样，箭镞表面也经铬化物处理，防腐抗锈。不仅如此，满城汉墓铜镞的侧棱面有一很小的三角形沟槽，考古人员推测是为敷毒药而为之。

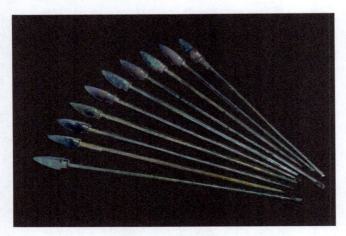

图5-8　秦始皇陵铜箭镞（藏于秦始皇帝陵博物院）

（二）钢铁冶炼技术大为进步

铁制兵器在战国时期开始出现，至秦汉尤其是汉代以来，出于军事的迫切需要，国家集中人力冶铁打造武器，促进了冶铁锻钢技术的发展。汉代的块炼铁和块炼渗碳钢技术已经非常完善，[①]并在渗碳钢的基础上发展出百炼钢技术，钢铁兵器已经占据了主要地位。西汉时期，钢铁制戟取代青铜戟成为当时部队的重要装备，河北保定满城汉墓出土的两张戟，是采用块炼渗碳钢技术，经多次加热渗碳反复锻打，后经淬火处理而制成的，质量较高；同是满城汉墓所出土的箭镞，则是采用了铸铁脱碳钢技术，利用生铁为原料制钢。东汉时期，百炼钢技术继续发展，山东临沂苍山城子遗址出土的东汉安帝年间的卅湅钢刀与日本奈良出土的东汉钢刀，

---

① 张昕瑞. 汉阳陵出土铁器制作工艺与保存现状研究[D]. 西安：西北大学，2018.

皆是使用百炼钢技术所锻造，两把刀的刀身皆有错金铭文，铭文中有"卅炼""百炼"等字样，也可证明其是由百炼钢技术所制。与此同时，汉代盔甲的甲片也开始使用铁质甲片，防护力较先前的皮甲等更高。

（三）弓弩制造技艺提升

汉代的弓箭已经开始使用兽角、筋、竹木材、丝、漆、胶等材料复合而制。汉弩较前朝更有了极大的改进：首先，汉弩在青铜扳机外面加装了铜铸的机匣，称为铜廓，铜廓可使机括所承受的张力更大，从而增强弩的杀伤力并使射程更远；其次，汉代的望山高度增加，由弧面变为直面，并增加了刻度，这使得弩在操作时可以更加精准地瞄准并计算弩箭的飞行轨迹，减小弩箭飞行时因地心引力、空气阻力等影响而造成的偏差，提高了命中率。

四、设计案例分析——南越王墓铁剑

南越国是西汉初位于南方的政权，共存93年，历经五主，其与汉帝国的关系长时间为学界关注的焦点。南越王墓以及南越王宫署的发掘给予了学界对于传世文献的补充。即便南越国创始于秦郡尉赵佗，但根据墓葬、遗址等出土资料却可发现南越的中原属性似乎并没有史书记载得明确，其墓葬葬制、出土器物反而与距离较近的楚文化关系更为紧密。以南越王墓主棺室出土的铁剑为参照物，说明南越文化既承袭秦国的关中地区文化，也承袭南方的楚文化。

直至汉初，南越依然受楚文化的影响，政权朝夕可变，文化百载难改。对于南越考古出土器物的研究有着重大意义，可以概括为两个方面：一方面，器物特质体现了两种文化融合而来的复合型文化如何在边疆地域进行整合；另一方面，器型文化特质融合的背后，实则铭刻了早期典型亚文化系在开疆地缘政治中的民族审美记忆。这种特质由物及人，由物及美。秦楚美学之交融，开疆文化在南越时代进行的独特性与整合性弥足珍贵。

（一）南越王与南越王墓概述

广东一隅，史称岭南，[①] 属越人活动地区。战国时期，

---

① 张蓉芳，黄淼章. 南越国史[M]. 广州：广东人民出版社，2008.

开始出现"百越"一称,包括扬越、东越、闽越、南越等。《史记·南越列传》正式使用"南越"一词,分布于今广东和广西的越人即属于南越,由于地处五岭以南,又称岭南地区。

秦对岭南越地7年的经营促进了岭南的经济发展,促进了汉越民族的融合。公元前204年,趁刘项逐鹿中原,赵眜(即《史记》《汉书》所载赵胡)亦自称"南越武王",建立南越国。南越文化在秦末汉初发展较为迅速,并于汉武帝继位以后归入汉文化大一统中。观其发展历程,南越文化的形成和发展受到秦文化和楚文化的双重影响。历史考古学者普遍认为,南越文化受楚文化影响颇深,如果从美学和艺术学角度入手,可以探讨南越王墓主墓室出土铁剑的秦楚美学渊源。

南越国共传五世,其中两次称帝,与汉帝国关系时好时坏,至元鼎六年(前111)为汉武帝所灭。关于南越王墓地年代问题,根据墓中"文帝行玺"龙钮金印,"泰子"龟钮金印两枚,以及西耳室的"眜"字封泥,比照《史记》《汉书》"佗孙胡为南越王"记载,可推测赵眜就是史汉中的二代王赵胡,《史记》错记为"胡",而"泰子"印可能为赵眜之父(赵佗之子)的遗物。当然这种推测存在一定争议,南越王墓地墓主问题实际上在学界仍然争论不休,不过考古报告与主流意见认为是南越二代王赵眜,今从之。南越王墓于1983年6月于广州市区北面的象岗山上被发现,并进行抢救性发掘,为现今所发现的南越墓中级别最高者。墓葬位于象岗山顶峰之下,大致与山岗走向平行。墓葬分为甬道和墓室,墓室又分前后两部分,共7室,属汉代典型的诸侯级别多室墓,其中南越二代王赵眜葬于主棺室。

墓主赵眜的棺椁位于主棺室正中,四周分置随葬器物。东墙置一漆木屏风,很可能是墓葬中体现墓主灵魂的"位"之所在;棺椁西边靠西墙处放置兵器,其中铁剑4件,铁矛7件,铁戟1对,铜戈1件,未知兵器1件,以及铜弩机15件和许多箭镞、铅弹丸等小型物件。主棺室其他地方也有铁剑出土,不过由于南越王墓曾两次淹水,原本的器物位置散乱,只能模糊判断大体是在棺椁西面,有的甚至散落到头箱部位。因为在丧葬空间中,距离墓主人较近的随葬器物所具备的勤用功能更为明显,所以本节以主棺室中的铁剑作为研究对象。

第五章　封建制上升时期的冷兵器设计

（二）南越王墓主棺室出土剑的结构与功能

我国古代典型的剑由剑身和剑柄两部分组成：剑身前端的尖部称锋，中突的棱线称脊，剑脊两侧呈坡状的面称从，两侧的刃称锷，脊与从合称腊；剑柄手握的部位称茎，剑身与剑柄交接处的护手称格，剑柄周身凸起的棱称箍，柄后段护手物称首（图5-9）。

剑的功能包括实用功能与礼仪功能。实用功能较易理解，即格斗作战。所谓"剑"，即以刺击为主的手握短柄格斗兵器，属于"直兵"，利于近距离格斗。商周之际的青铜短剑其长度一般不超过30厘米，有效杀伤的锋刃不过17~18厘米长，它并没有构成军队装备的基本兵器，只是一种防范非常状态下的自卫武器。此阶段的战事以车战为主，两军对阵首先用弓矢相互射杀对方。到了东周，步战逐渐取代车战，战争形式的改变使大量的短兵相接成为必要，剑的使用也日趋频繁。

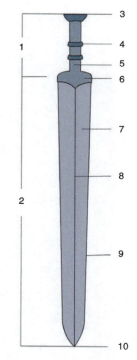

图5-9　剑的形制
1—剑柄；2—剑身；3—首；4—箍；
5—茎；6—格；7—从；8—脊；9—刃；
10—锋

剑还存在着礼仪功能，即用于表示身份地位。东周之际便盛行佩剑，促使青铜剑异常华美珍贵，往往配有玉、象牙之类的镶嵌装饰，不少剑身上雕刻出细密的几何花纹，有的还采用了鎏金、错金银、镶嵌等技术装饰铜剑，使之更加美观。另外，也有学者曾提到汉代官吏从上到下不分文武皆佩刀剑，以佩戴刀剑作为身份象征。《晋书·舆服志》载："汉制自天子至于百官，无不佩剑。"《论衡·谢短》称："佩刀于右，带剑于左。"《春秋繁露·服制象》更曾为佩刀佩剑附绘上一层神秘的意义："剑之在左，青龙之象也；刀之在右，白虎之象也。"[①]

南越王墓主棺室出土铁剑可分为三型五式，其中长剑9具，细长剑1具，短身型剑4具。长剑又分为长身长颈式和长身短颈式，长身长颈式中包含玉具剑四（D70、D90、D141、D143），非玉具剑一（D145）；长身短颈式包含玉具剑一（D89），非玉具剑三（D120、D146、D147）；细长剑仅一件，为非玉具剑（D91）。短身剑分二式，不过形制上差异不大。

南越王墓主棺室出土铁剑的礼仪功能颇为重要。西汉的剑形主要延续先秦铜剑。诸侯级墓葬中，齐王墓随葬坑、汝阴侯墓、楚王陵、南越王墓和中山王墓中都出土铜剑和铁剑。汉代用于作战的兵器已大多为铁制，青铜剑或为实用器，或为礼器。为了探讨美学应用于现实生活，我们选择南

---

① 孙机. 中国圣火[M]. 沈阳：辽宁教育出版社，1996.

越王墓中出土铁剑为研究对象。

南越王墓主棺室出土铁剑共三型，其中Ⅲ型——短身型接近于张家坡墓出土铜剑形制。以D171为例，该剑剑身短而宽，茎呈扁条型，较短，粗看之下形制与早期陕西长安张家坡出土的铜剑基本相同。然而，D171近鞘处套以铜饰、鎏金，一面出一桥型鼻钮，考古报告推测为系璎珞用，可见至南越国所处之西汉前期，兵器已在实用功能上增加了装饰效果（图5-10）。

（三）南越王墓主棺室铁剑风格溯源

中原地区的造剑技术在春秋时期开始发展，以圆柱体替代扁条型茎，此形制剑也称为"脊柱剑"。从西周晚期到春秋早期流行一种脊柱剑，这种剑的特点是脊系一根连茎的圆柱，茎与身分界清楚，茎柱直向前延伸形成剑身的凸脊，有的剑出现了剑首，这种柱脊剑更便于把持（图5-11）。从春秋晚期直到秦帝国诞生，青铜剑在柱脊形铜剑的基础上发展成了丰富多姿的东周式铜剑，并广泛地流行于华北、中原和江淮地区。

至春秋中晚期，南方地区的铸剑技术后来居上，这与南方水网纵横利于步战有关。战国时期步兵作战逐渐取代车战，因此剑的重要性也随之提升。楚国继承了吴越优良的铸剑技术，其铸剑也产生了独特的地域特色。楚剑大多侧刃不平直，全剑最宽处约在距剑格2/3处，侧刃整体呈现剑格到剑锋的内收趋势，这样可以增加直刺攻击时的杀伤力。湖北江陵望山1号墓出土的越王勾践剑（图5-12）为最好的范例，正如《越绝书》中所对其的记载："扬其华，捽如芙蓉始出，观其抓，灿如列星之行。"[①]

图5-10　南越王墓主棺室出土Ⅲ型1式铁剑（D171）

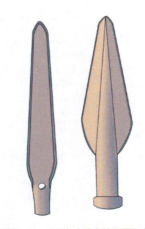

图5-11　陕西长安张家坡西周洞室墓出土的铜剑

图5-12　湖北江陵望山1号墓出土的越王勾践剑（现藏湖北省博物馆）

---

① 袁康，吴平. 越绝书[M]. 上海：上海古籍出版社，1985.

南越王墓主棺室出土玉具剑颇多，此种剑在汉代为数亦多。玉具剑滥觞于周代，至汉代而弥盛。关于汉代玉具剑的记载，如谢承《后汉书》曰："建武二年，上赐冯异与七尺玉具剑。"《史记·田叔列传》曰："将军取舍人中富给者，令具鞌马绛衣玉具剑，欲入奏之。"《汉书·匈奴传》曰："单于正月朝天子于甘泉宫，汉宠以殊礼，位在诸侯王上……赐以冠带衣裳，黄金玺盭绶，玉具剑，佩刀……"由此可知汉代铸剑美学的三个要点：其一，汉代剑材重玉，远胜周代；其二，装饰上由刃质而偏重饰品，位置由柄首而侧及鞘篋；① 其三，玉具剑在汉代作为一种上级对下级表示肯定的赏赐品，其礼仪作用颇为厚重。由此可见，汉代普遍的装饰美学被南越王应用于墓葬，二代王赵眜多用玉具剑随葬。

秦代兵器制造注重实用性，装饰性相对较少，秦剑窄长且常常素面通体无纹。南越王墓主棺室出土的铁剑，在形制上最似秦剑的Ⅱ型剑（D91），该剑剑身细长，出土于墓主腰部左侧。位于接近墓主身体重要部位的位置，说明其在墓葬空间中承担了重要的礼仪性功能，也许该剑为墓主人生前所佩戴的心仪之物。可惜该剑在纹饰上无法探索其美学渊源，因剑鞘为木胎，已与剑体锈蚀在一起，从剑鞘现存的菱形铜箍等装饰可推测剑体也当有类似的纹饰呼应。

（四）总结

（1）器物层面的溯源是分析南越王墓铁剑设计美学思想的物质基础。

南越王墓主棺室出土铁剑的美学风格渊源探讨，首先需要从物质层面分析南越的铜铁矿产量以及金属铸造技术。传世文献《史记》《汉书》皆提到吕后"别异蛮夷"政策，即"禁南越关市铁器"，可知南越金属冶炼业的不发达。金属铸造大多为军备生产，南越国铁剑很可能多数是中原直接输入，当然我们也可从吕后"限制贸易"政策中推测从前贸易的繁盛。从《天下郡国利病书》中言"南海惟设尉以掌兵，监以察事而无守"可知岭南实行郡县制。不设郡守是为防止越人反抗，只设郡尉掌军政大权（此方面在学界尚存争议），赵佗即是以此官建立南越，可见南越国十分注重军事，因此南越兵器为自造之猜测似乎也是可以接受的。传世文献另有秦"略定杨越，置桂林、南海、象郡，以谪徙民，

---

① 韩欣. 中国兵器收藏与鉴赏全书[M]. 天津：天津古籍出版社，2008.

与越杂处十三岁"的记载,可推测秦文化对南越影响之大。楚越距离较近,楚灭越后越文化应受楚文化影响更大,从南越王墓主棺室铁剑极重装饰美学的风格这一点可证明,因为楚文化向来便有华美奢侈、富丽精工的特点。

(2)秦、楚文化是南越王墓铁剑的设计美学思想的两个源头。

春秋时期,南越与吴越,特别是与楚国的关系越来越密切,《左传·襄公十三年》载:"赫赫楚国,而君临之,抚有蛮夷,奄奄南海。"《国语·楚语上》亦有"抚征南海"的记载,《后汉书·南蛮列传》曰:"吴起相悼王,南并蛮越,遂有洞庭、苍悟。"总之,这一时期楚国南平百越及其势力南伸,客观上进一步密切了岭南与长江以至黄河流域地区的政治经济文化关系。① 而南越国的建立,是岭南地区开始第一次主动地、系统地接受中原文化,皇帝制、三公九卿制、郡县制等被称之为2000年中国传统文化基石的"秦法"被南越国全面继承。中原统治者历来错误地把东、西、南、北边疆少数民族视为"夷""戎""蛮""狄",认为这些地区落后和野蛮,"不与受正朔,非强弗能服,威弗能制也,以为不居之地,不牧之民,不足以烦中国(中原)也。"然而,中原文明的发展也有周围少数民族的贡献,只是中原最先进入文明时代,对周围少数民族影响更大些。随着和中原越来越深入、广泛地交流,少数民族逐渐融合到华夏族中,组成了中华民族大家庭,这就是伟大的中华民族文化形成的根本原因,也是中华民族文化绚丽多彩的主要原因。古代南越和中原的关系,是上述观点最好的证明。②

(3)其他研究方向。

单凭传世文献,世人往往会忽略南越文化中的南方性,即楚文化元素;根据考古发现,人们又时常忽视其中的秦文化元素。探讨南越美学的秦楚渊源是一颇为复杂的工作,本研究只是以兵器这种实用器为例,从其具备的礼仪功能出发,略述其美学渊源,更为细腻复杂的方面并非本书短短数页可以解决,但本研究旨在说明从考古发掘实用器角度比对传世文献,亦有美学的探讨空间,其背后更为深厚的文化交流、文化同化问题,存在着极大的研究可能性。

---

① 凌峰. 外来文化对南越的影响[J]. 广东社会科学,1991(4):103-106.

② 廖国一. 论古代南越与中原的关系[J]. 广西师范大学学报(哲学社会科学版),2000(4):99-103.

第五节　秦汉时期的冷兵器造物思想

秦汉时期是中国历史上的大一统时期，也是思想文化的整合期。在这一时期，人们对先秦文化进行了整合与继承，为后世的思想文化发展奠定了基础。这些丰富灿烂的思想文化也在兵器的设计和制造上有突出体现。

一、统一标准、兼容并蓄

公元前221年，嬴政统一六国，建立了中国历史上第一个大一统王朝——秦朝。秦朝设立三公九卿制，废分封，行郡县，实行书同文、车同轨，并且统一度量衡，自此建立专制的中央集权制度。在这种政治制度下的冷兵器设计与制造显现了这一时期所独有的特色。

（1）标准化设计和制造。中央集权的政治制度反映在造物上是它的统一性。[1] 考古工作者在对秦始皇兵马俑的研究中发现，兵马俑坑中的上万件兵器，其造型和尺寸几乎完全一致，皆是按照相同的技术标准所制（图5-13）。当时的秦国，中央集权，国力雄厚，由国家设置军工厂，推行严格的军工管理制度，使得秦国的兵器能够按照统一的设计标准进行大批量、高质量的生产。在兵马俑中出土的青铜剑，剑长超过91厘米，为使其不易折断，秦人通过铜锡配比将青铜剑的硬度和韧性达到平衡。青铜剑制作精细，剑上有三条

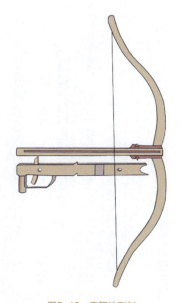

图5-13　秦弩的形制

---

[1] 敬晓庆，于孟晨，师爽. 中国兵器文化概要[M]. 西安：西安出版社，2017.

长90厘米的棱线将细长的剑身分成八个面。① 这样的金属配比与制作技巧，成了秦朝青铜剑的设计标准，贯彻于军工厂青铜剑制作的过程中，从而生产出了大量同样质量与制式的青铜剑。

（2）兼容并蓄、善于吸收。秦国统一六国建立秦朝，秦文化也不断得到扩充和发展。在兵器的设计和制造上，秦国积极吸纳各家所长。铁制兵器在战国时期已经开始在战争中使用，而彼时的秦国，不断的战争造成局势动荡，加之所处地理位置偏僻而造成的资源匮乏，使得秦国不仅铁制兵器数量较少，冶铁技术也较为落后。秦国在统一六国的过程中，得到丰富的铁矿资源，并不断吸收他国移民，服务于秦国的生产。因此，中原地区的冶铁技术传入关东地区，秦朝的铁制兵器数量、种类和质量都较之前有了很大的增加和提高。

二、文质观

"文"与"质"是古人审美范畴的重要观念。② 体现在造物上，"质"指器物的功能性，"文"指器物的外观、装饰、修饰等。早在先秦时期，诸子百家学说就对"文"与"质"的关系进行了诸多探讨。时至汉代，当时的思想家对前秦诸子百家的思想进行了深入总结，承袭与整合其中的思想精髓并有所升华。汉代的文质观可概括为：以质为本，文质兼备。

汉代在文质观的理解上，重"质"的倾向较为突出。汉代的董仲舒、刘向、扬雄、王符皆就重"质"表达了自己的观点。思想家、政治家王符认为"百工者，以致用为本，以巧饰为末"，意为工匠们制器应以实用性为本，不应追求巧妙的装饰。文学家刘向也在《说苑·反质》中说"质有余者，不受饰也"，意指最高级的美应该是本色的美，不经雕琢自然的美，以此来主张重视器物的实用功能。

我们可以从环首刀的设计形制验证汉时对于"质"的追求（图5-14）。环首刀诞生于汉代，在与匈奴骑兵作战中大放异彩，成为当时极为先进的近战兵器。首先，环首刀规避了剑双面开刃、不易挥砍、易折断等不利于马上作战的弱点，单面开刃、脊厚，可承受敌军挥砍的力，且不易折断，非常利于砍杀。其次，环首缠绳或布可系于腕部，防止在作战过程中武器劈砍对手肘腕和虎口产生反作用力时造成脱手

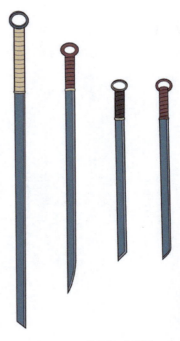

图5-14 汉代环首刀的形制

---

① 金铁木，纪宇. 秦军兵器制作之谜[J]. 出版参考，2005(8)：22.

② 吴蔷薇. 汉代造物艺术的文质观[J]. 山东青年政治学院学报，2008(5)：142-144.

第五章　封建制上升时期的冷兵器设计

的情况。若刀不慎脱手，缠于腕部的绳或布仍与刀相连，使士兵免于失去武器。这些出于实用性考虑的设计，使军队在杀伤力大幅提高的同时可以有效减少伤亡。

在重"质"的同时，汉代造物也同样注重"文"，追求达到"文质兼备"的境界。汉代哲学家、经学家、思想家范仲淹曾在《春秋繁露·玉杯》中有言："文著于质，质不居文，文安施质，质文两备，然后其礼成。"虽然在"文"与"质"中，董仲舒更强调"质"，但他也主张"质文两备"才是更美的享受。文学家扬雄也认为应"文质相副"[①]。汉代冷兵器，在发展实用性、改进制作工艺的同时，兵器也更为美观。河北保定满城汉墓出土的铜玉具剑（图5-15），附玉璏、玉璏各一方，均为白玉，玉质晶莹，洁白细腻，华贵典雅；而汉代的弓箭，适用于不同的作战方式，种类增多，制作工艺有了大幅提升，在此基础上，还增加了铜箍、玉角等装饰物，使得弓箭整体更为美观。

图5-15　汉代铜玉具剑（藏于河北省博物馆）

三、孝悌观、厚葬观

先秦时期，儒家思想重孝道、重丧葬礼，这种思想在许多典籍中有所体现。如《论语·为政》中有："生，事之以礼；死，葬之以礼，祭之以礼。"[②]《中庸》也提出"事死如事生，事亡如事存，孝之至也"。秦汉时期的家庭伦理观和丧葬观深受儒家思想所影响。秦统一六国前，便在商鞅变法中将家庭伦理以法律的形式推广全国，秦朝建立后更完善了丧葬制度。汉代以孝治天下，同时继承并发展了春秋战国时期和秦朝的丧葬制度。因此，秦汉时期孝道深入人心，厚葬观念更为人所重。

[①] 束景南，郝永. 论扬雄文学思想之"文质相副"说[J]. 文艺理论研究，2007(4)：83–87.

[②] 杨伯峻. 论语译注[M]. 北京：中华书局，2006.

这一时期的冷兵器设计制造与当时的孝悌观、厚葬观联系紧密。秦始皇兵马俑博物馆的三个坑中，发现木制战车100余辆；青铜兵器多达数万件，表面经过铬处理，至今依旧锋利（图5-16、图5-17）；武士俑平均身高1.8米，多身穿甲胄，且从甲胄及其他服饰等可以看出其身份地位。

图5-16　秦代青铜戈
（藏于秦始皇兵马俑博物馆）

不仅如此，秦始皇兵马俑博物馆排兵布阵的阵法皆有当时的兵法古书可循。汉朝厚葬之风更加盛行，天子王侯等皆对修建陵墓极为看重，例如河北满城的中山靖王刘胜及其妻窦绾墓，主室存放有大量兵器，且专门设有车马房。由此可看出，秦汉时期设计制造的冷兵器，不仅为士兵上阵杀敌或贵族随身佩带，也因"事死如事生"的观念，为陵墓丧葬而服务。

图5-17　秦代青铜戟
（藏于秦始皇兵马俑博物馆）

四、天人合一

董仲舒是西汉时期的哲学家、经学家、思想家，他将儒家政治思想与先秦阴阳五行学说相结合，创建了一个新的思想体系，对汉代的哲学思想产生了深刻的影响。在这个思想体系中，"天人合一"的思想占有非常重要的位置。董仲舒提倡人与天和睦相处，体现中国早期顺应自然、爱护自然的环保思想。在这种思想的影响下，汉代的造物，无论是纹饰还是造型，皆能发现许多以动植物或日月、风火等自然界中的形象为原型的器物（图5-18、图5-19），体现了汉代对"天人合一"思想的推崇。

图5-18　西汉带鎏金鸟饰镦铜戈

图5-19　西汉嵌金片花纹铁匕首

第六章
多元与融合的冷兵器设计

第一节　从乱世到强盛时代的冷兵器设计

魏晋南北朝时期（220—589）经历了长达三个多世纪的战争动乱，是中国历史上最频繁的政治变迁时期。长时间爆发的战乱和斗争，增加了国家分裂的程度和时间，加深了社会的动荡，但也很自然地加快了武器发展的步伐。南北朝时期，杀伤力更大的马矟取代了马戟登上了历史舞台。骑兵的发展，促进了保护性更强的新式铠甲、马具及重型装甲骑兵的涌现，[①]在武器的制造和改进上也体现了民族交融的特点。到了隋朝（581—618），不仅结束了长时间的分裂割据局面，而且出现了大一统的繁荣景象。隋朝既是承上启下的发展时期，也是经济文化的休整时期。隋朝为唐代的兵器发展奠定了坚实的基础。作为封建时期最繁荣鼎盛的时代，唐朝（618—907）无论是在政治上还是经济上抑或是军事方面都处于世界领先地位，并积极地同世界进行交流，所以唐朝的武器对相邻国家甚至对世界都有着十分重要的影响。正因为如此，隋唐时期的武器也较之前朝得到了充足发展和创新。五代十国又是中国历史上分裂时期，五代十国分裂的局面源于唐朝后期的藩镇割据。中央集权和藩镇割据的矛盾是这一时期斗争的主要内容。由于各政权交替林立，这一时期出现了地方私造兵器。

---

① 王兆春. 中国的兵器[M]. 北京：中国国际广播出版社，2010：18.

一、魏晋南北朝时期

魏晋南北朝，也称为三国两晋南北朝。"魏"指的是三国时期（220—280）的北方政权曹魏。220年，曹丕废汉称帝，中国进入三国时期。这一时期主要有曹魏、蜀汉及孙吴三个政权。"晋"指的是司马氏建立的晋朝（265—420），分为西晋（265—317）和东晋（317—420），而此时的北方是五胡十六国时代。"南北朝"指的是420年，在晋朝灭亡后，南北方对峙形成的南朝（420—589）和北朝（386—581）。南朝先后经历了宋、齐、梁、陈四朝，北朝则先后历经北魏、东魏、西魏、北齐、北周五个朝代。直到589年，隋灭南陈，统一中国南北方后，南北朝才正式灭亡。[①]

（一）三国时期

三国时期是中国历史上的一段分裂时期，被曹魏、蜀汉和孙吴三个独立的军事政权所割据。东汉末年，三个政权之间战争不断，使得当时的中国人口数量大幅下降，经济发展受到严重的破坏。基于这个现实因素，魏、蜀、吴三国纷纷重视本国的经济发展，各项技术都取得了进步。武器制造业在此期间得到了快速发展，钢铁锻造和铸造技术进一步提升；淬火技术、退火技术和铸铁脱碳钢技术也得到了广泛的推广；[②] 钢铁武器的制造技术和质量也得到了提高。[③] 新技术锻造的铁兵器被用于军队的日常训练，钢铁武器几乎取代了以前的青铜武器。

三国时期的冷兵器延续了东汉时期的辉煌，在生产过程和制造工艺上有了新的发展。不管是在武器的数量上，还是武器的可用性上都大大超越了东汉。如百炼钢技术的运用，[④] 通常是用反复锻打的最后层数表示炼数，炼数越多说明锻打的次数越多；晶粒和夹杂细化的程度越高，说明钢的质量越精良。[⑤] 这一时期还出现了众多对武器事业发展作出了突出贡献的人物，如蜀国的丞相诸葛亮、工匠蒲元，魏国的发明家马钧等。

（二）两晋南北朝时期

两晋南北朝时期，处在中国古代历史上最为混乱与复杂

---

① 中国社会科学院历史研究所，中国历史年表课题组. 中国历史年表[M]. 北京：中华书局，2019：29-41.

② 唐电，邱玉朗. 中国古代金属热处理——试论退火、淬火、正火与回火[J]. 金属热处理学报，2001（2）：51-55.

③ 房玄龄. 晋书 第四册（四十二卷）[M]. 北京：中华书局，2019：1209.

④ 庚晋，白杉. 中国古代灌钢法冶炼技术[J]. 铸造技术，2003，24（4）：349-350.

⑤ 韩汝玢，柯俊. 中国古代的百炼钢[J]. 自然科学史研究，1984（4）：316-320.

的时期，也是中国历史上民族融合的时期。总体来说，这个时期北方军队的实力强于南方军队。我国北方的政权大多数是由进入中原的游牧民族所建立的，游牧民族一般都擅长骑射，所以骑兵自然而然地就成为军队的主力兵种。

两晋南北朝时期，各个政权势力之间频繁的战斗造成了中国经济发展的滞后，但更多更实用的兵器被迫切需要。在这一时期，随着炼钢技术和铸钢技术的创造和发展，钢材本身的质量变得更加优良。使用性能更好、更优质的钢材制造武器后，铁兵器的发展更上一层楼，[①] 达到了相对稳定的阶段，为兵器标准化生产提供了充足的条件。这时，防护力表现更佳的铁制铠甲逐步取代了铜制铠甲，骑兵防护装备也不断发展和完善（图6-1）。马镫的创制和逐步的推广（图6-2），也使古代战马的马具制造进入了稳定发展的时期，骑兵的配套武器的制造达到了更高的水平。钢铁兵器被大量制造并用于战斗中，无数的能工巧匠把各个民族的先进制造技术结合创新，为军队提供了质量更优的兵器，延续了汉代冷兵器的辉煌。

图6-1　三燕甲骑具装（辽宁省博物馆复原展品）

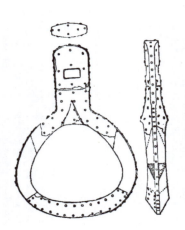

图6-2　北燕铜鎏金马镫示意图[②]

二、隋唐时期

隋朝结束了南北朝割据的局面。隋朝进行了政治和经济改革，有效地处理了民族矛盾，巩固了其统治。隋文帝设少府监分开治理太府的事务，并且由监和少监统领左尚、内尚、司织、司染等部门，统管包含兵器制造与设计有关的"百工之务"。隋炀帝又分别增设了铠甲和弓弩制造部门，

[①] 周纬. 中国兵器史[M]. 北京：中国友谊出版公司，2017.

[②] 李振石. 辽宁省北票县北燕冯素弗墓出土文物[J]. 社会科学辑刊，1981（4）：81-163.

专门用来制造铠甲和弓弩。[1]

隋朝末年各地诸侯群起，李渊在晋阳（今山西省太原市晋源区）起兵，一年后在长安立帝，唐朝由此建立。唐朝在政治、经济、文化和外交方面取得了很高的成就，也是中国冷武器迅速发展和成熟的王朝。就当时整个军队使用的武器而言，近战武器、远程武器和防护武器体现了唐朝兵器全方位和多样性的特点，这些武器结合了轻型武器和重型武器的优点，既具有攻击性又具有防御性。外交的高度发展也使得许多新型的武器流传进入中国。这个时候虽然是冷兵器制造的顶峰，但同时冷兵器的作用和地位也开始慢慢下降。原因就是威力更强的火器逐渐进入了兵器的历史舞台。唐朝的兵器越来越精美豪华，实用性渐渐消失。例如唐朝前期的铠甲还基本保持着六朝的特点，但到了盛唐时期大部分脱离了实用的范围，变成了一种装饰性的服饰，直到"安史之乱"后才重新恢复实用功能。

三、五代十国时期

五代十国时期是唐宋变革的重要过渡时期，时间短暂。这一时期社会发生了巨大的变化，在政治、经济、文化各方面承上启下，五代十国的发展奠定了宋代经济与文化的繁荣。在兵器制造方面，五代十国初期的作院、都作院作为中央兵器制造机构开始生产兵器。另外在诸道州府也设有作院，朝廷对诸道州府作院有严格的规定，每月有制造任务，制造好的兵器需要向中央进纳。[2] 后晋时期地方仍然拥有兵器制造权。后周时期兵器制造权收归中央，地方制造兵器的工匠一并召集到中央，由中央统一制造。南方十国中央制造兵器和地方私造兵器共存。五代十国由于政权林立，各政权的强弱影响到政权对私造兵器的控制，有宽严不同的程度，是这一时期兵器制造的特点。五代十国制造的兵器仍然是以铁制兵器为主。

---

[1] 王兆春. 中国的兵器[M]. 北京：中国国际广播出版社，2010：18.

[2] 薛居正. 旧五代史[M]. 薄小莹，标点. 长春：吉林人民出版社，1995.

第二节　战争形式与军事制度

魏晋南北朝时期以使用冷兵器为标志，战争的主要形式是采用冷兵器作战，战争的最大特点是骑战的流行。魏晋南北朝时期的军事制度在继承前代的基础上，形成了独特的时代特征。如东魏、北齐的夷、汉分兵制度与西魏、北周的府兵制度。[①] 府兵制度在经过改造之后，被后来的隋唐采用。[②] 五代的牙兵成为兼并战争的重要力量。

一、战争的特点和主要形态

魏晋南北朝时期的军事特征是由这一时期复杂的社会背景决定的。这个时期既是中国南北分裂的时期，也是民族融合的时期。战争种类的多样性发展，尤其是民族间的战争，使得各民族的兵种和兵器得到了发展与交流。与北方重骑兵团进行对抗的南朝步兵团，实际上是由步兵、骑兵、战船、战车合成的兵团，充分说明了兵种与武器的不断融合。魏晋南北朝的统一战争一般在淮河、长江一带，如西晋统一中国针对吴军的水军优势专门针对性地组建了一只强大的水军。魏晋南北朝时期的统一战争一般在南北战略轴线上发生，并且大多是由北向南的进攻方向。[③]

魏晋南北朝时期的作战特点受到进攻性武器和防护性武器不断发展的影响，两种对立的兵器呈你追我赶式发展，相

---

① 崔明德. 高欢民族关系思想初探[J]. 中国边疆史地研究, 2019, 29（03）：24–40.
② 谷霁光. 五论西魏北周和隋唐的府兵——府兵制的确立与兵户部曲的趋于消失[J]. 江西师院学报, 1983（4）：4–11.
③ 黄朴民. 魏晋南北朝军事斗争新气象（一）[J]. 文史天地, 2019（7）：4–7.

互制约又相互促进，不断地提升自身的性能，也迫使对方改变。铁制武器的兴起，防护类兵器进一步发展，军队的防护能力大大提升。为适应作战的需要，长于劈砍的刀替代了剑广泛用于战斗，又迫使防护性能更佳的重装骑兵的装备不断完善。这个时期骑兵的盔甲重量已经到达了极限，这种机动性能的丧失使重装骑兵与步兵作战时毫无优势。所以，重型骑兵开始转向轻骑兵，依靠机动性来避免与进攻性武器的接触。

魏晋南北朝时期由于战争频繁，动荡分裂，各地区军事发展不平衡。南方以水战思想为主，辅以城战理论；而北方则崇尚武功，以骑战思想见长。这种南北思想的差异使战争形式受到了影响，也得到了发展。[①] 在平坦的草原上居住生活的北方游牧民族天生推崇武艺，善于骑射。这些擅长于骑马作战的民族取得统治地位后，骑射是必然被提倡的，因此主要的作战模式是以骑兵为主体的步兵和骑兵联合的新型战阵。这种新的战争形式要求士兵更多地了解和使用各类武器，比如槊、矛、戟、盾等。由于匈奴和鲜卑都是游牧民族，他们大都善于骑马和张弓射箭，他们进入中原后这种擅长马上作战的特点被保留了下来，步兵射击和骑兵马上射击这种作战方式得到了空前的发展，同时军事武术也得到了充分的重视。这一时期北方的军事发展比南方更快，形成了北方和南方军事发展不平衡的局面。

二、军事制度

三国时期的军事制度是汉代的继承和发展。由于各个国家的立国条件不一，每个国家所在的自然地理位置不同，导致了各国的军队制度也各具特点。曹魏的士家制度[②]、孙吴的世袭领兵制度[③]和西蜀的兵制虽有差异，但差异中也有共性。[④] 两晋时期，皇权遭到了士族和重臣的威胁，皇帝的许多权力被极大削弱，所以两晋时期的军事领导体制同样是复杂多样的。西晋世兵制下的兵户身份特征同三国时期基本一致，而西晋又出现了以民户补兵户，以募兵、奴隶、僮客、罪犯补兵户来扩大兵户来源，东晋时还出现了兵士家随营居住制。[⑤]

十六国时期的军事领导体制则表现出纷乱的局面，既有对魏晋军制的继承，又保留有民族的旧制。诸胡政权在稳固政权的前期采用了胡汉分治政策，即一个国家内建立两套

[①] 黄朴民. 魏晋南北朝军事斗争新气象(三)[J]. 文史天地, 2019（9）: 13-16.
[②] 高敏. 曹魏士家制度的形成与演变[J]. 历史研究, 1989（5）: 61-75.
[③] 赵昆生. 孙吴世袭领兵制研究[J]. 重庆师范大学学报(哲学社会科学版), 2003（4）: 18-22.
[④] 高敏. 三国兵志杂考[J]. 河南大学学报(哲学社会科学版), 1990（1）: 21-32.
[⑤] 高敏. 两晋时期兵户制考略[J]. 历史研究, 1992（6）: 20-38.

行政机构,每套行政机构都有自己的班子。两个机构各自执政,不过都受命于皇帝。① 在十六国时期,许多国家的军事制度按照魏晋的军制,在州一级的地方,将驻守在各个军事重地的军事将领任命为所在州的刺史,实行军政长官互兼的制度。从体制上来说,这些军事将领所统帅的部队是受命于皇帝的,是归属于朝廷的外军编制,受命于朝廷和皇帝的制约与指挥。但是这些在州一级政权担任军职的人不是浴血奋战打下江山的开国元勋,就是有权有势的皇族子弟,还有一部分是投靠的少数民族的军事首领,拥有自己的部队。这些人都把军队看作自己的私人财产,当成自己的武装力量,无视皇帝的命令和调遣。②

南朝虽然仍然实行以兵户制为表现形式的世兵制,但因种种情况,导致了兵户制的逐步瓦解与募兵制的逐渐兴起。北朝与南朝一样都实行的是世兵制,北朝不同于南朝的是,北朝的兵户制除了和南朝一样继承了魏晋兵户制之外,还加入了十六国时期部落兵制的因素,混入一些十六国时期军镇制度的特征。南北朝的世兵制发展趋向基本一致,都在走向解体。南北两方都出现了以募兵为基础的补充兵户的做法。③

隋代为了加强中央集权,统治者对府兵制进行了改革。将赐姓的府兵将领全部改回其原本姓氏,并且军人也不再随从军队长官的姓氏。改革还将私家部队划到了国家军队的编制中,重新整顿乡兵,扩大了府兵的范围。④

唐代的府兵制与均田制结合成为兵农合一的制度,府兵制以均田制为经济基础。府兵平时进行生产活动,有战斗的时候就要随军出征,在战斗中所用的物资要自己准备。在乡为农民种地生产,在军队中为士兵上战场战斗。唐朝的兵役制度以"安史之乱"为界限。"安史之乱"爆发前,采用的是征募合一的制度,征兵制主要是由府兵制和兵募制组成。天宝八年(749年)府兵制度停止。⑤ "安史之乱"之后的兵役制度是官健与团结兵。由官府出资招募的职业兵就是官健,⑥ 亦农亦兵的地方兵是团结兵。⑦

五代继承了唐代的藩镇兵制,藩镇普遍拥有一支强悍的牙兵队伍。牙兵不仅用来自卫,还成了藩镇进行兼并战争的工具。⑧

① 马欣,张习武.十六国军制初探[J].天津师大学报(社会科学版),1990(1):39-44.
② 信自力.历代军事与兵器阵法[M].北京:现代出版社,2018:66-67.
③ 高敏.魏晋南北朝兵制研究[M].郑州:大象出版社,1998:274-341.
④ 谷霁光.府兵制度考释[M].上海:上海人民出版社,1962:98-101.
⑤ 谷霁光.府兵制度考释[M].上海:上海人民出版社,1962:232.
⑥ 张国刚.唐代兵制的演变与中古社会变迁[J].中国社会科学,2006(4):178-189.
⑦ 张国刚.唐代团结兵问题辨析[J].历史研究,1996(4):37-49.
⑧ 齐勇锋.五代藩镇兵制和五代宋初的削藩措施[J].河北学刊,1993(4):75-81.

第三节 典型的冷兵器种类

魏晋南北朝及隋唐时期的冷兵器以格斗类兵器、远射类兵器和防护类兵器为主，其中还包含了少数民族的特色兵器。从乱世到强盛时期的冷兵器充分体现了多元与融合的兵器思想。

三国时期进入钢铁兵器占据主要战斗武器的时代，但仍然还有少部分的铜制兵器存在。两晋、南北朝的兵器种类，除了承袭和发展了前代的刀、矛、弓弩之外，还增加了少数民族的兵器。少数民族进入中原与北方汉人南下加速了武器的更新，一些新兵种的出现也促进了武器的发展。

隋继六朝，三十余年，兵器无所变更，更无进化可言。[1]唐朝前期基本保留着前朝的武器样式，铠甲也依然保留了前朝的形制特点。盛唐时期作战用的武器从实用第一逐渐转向注重武器装饰，武器外表变得精美。如在刀的形制中具有强烈装饰意味的外观造型，从现藏日本正仓院的金银钿装唐大刀的外观装饰可以看到当时兵器装饰十分华美，[2]表达出唐朝人追求的是一种精致而美丽华贵的风格。这种趋势一直到爆发"安史之乱"时才得到了转变，兵器的实用性又得到了重视。

---
[1] 周纬.中国兵器史[M].北京：中国友谊出版公司，2017：135.

[2] 李云河.正仓院藏金银钿装唐大刀来源小考[J].西部考古，2013（1）：298-311.

一、格斗类兵器

伴随着钢铁的锻造技术以及对钢铁材料运用程度的提高,铁兵器被锻造出来以后,快速全面地代替了青铜兵器,并且获得了长足的发展,产生了一些新的格斗兵器。魏晋南北朝期间主要的格斗类武器包括戟、矛、刀等。

(一)戟

三国时期,戟有矛的作用,也具有戈的特点。随着战争方式的变化,戟的使用比较普遍。三国时期,戟的种类有长戟、手戟等。长戟柄长体重,杀伤力大。手戟柄短体轻,可刺可抛掷,是很好的防身自卫兵器(图6-3)。

戟类武器不擅长对付铠甲日益坚硬的重装骑兵,而且戟的制作工艺复杂费工,所以,晋朝以后戟(图6-4)的作战效用降低,杀伤力减弱,慢慢退出了主战武器战场。

唐时期的戟一般只用作装饰品(图6-5),是供仪仗队守卫在贵族门前所用的仪式道具,已经基本从实际的作战武器中消失。

图6-3 东吴铁戟
(安徽南陵县麻桥墓出土)[①]

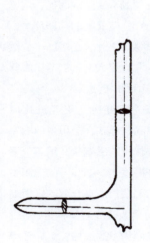

图6-4 西晋铁戟示意图
(江西瑞昌朱湖墓出土)[②]

图6-5 唐《列戟图》
(来源于懿德太子李重润墓,
陕西历史博物馆藏)[③]

① 李德文. 安徽南陵县麻桥东吴墓[J]. 考古, 1984(11):974–978.
② 刘礼纯. 江西瑞昌朱湖古墓群发掘简报[J]. 南方文物, 2003(3):32–40.
③ 张桢. 棨戟遥临——陕西历史博物馆藏《列戟图》的前世今生[J]. 文物天地, 2019(10):40–44.

（二）矛

魏晋南北朝时期，随着骑战的日益发展，重装骑兵是军队的主力。矛成为骑兵的主要长柄战斗兵器（图6-6、图6-7），材质以钢铁为主，与铜矛相比较，铁矛的形制更大，矛头加重加长。唐代中期以后，槊与长矛（图6-8）逐渐被枪所取代。

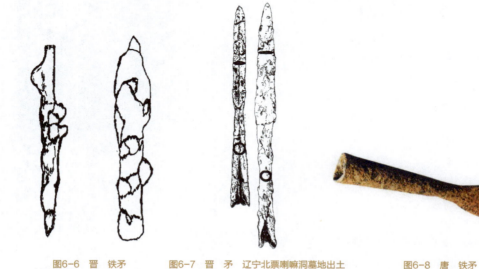

图6-6 晋 铁矛
（浙江余姚市湖山乡墓出土）①

图6-7 晋 矛 辽宁北票喇嘛洞墓地出土
（辽宁省文物考古研究所藏）②

图6-8 唐 铁矛
（黑龙江宁安虹鳟鱼场渤海墓地出土）③

（三）槊

魏晋南北朝时期，槊取代戟成为骑兵主要的格斗武器。槊主要分为马槊和步槊。槊锋刃比较长，远远长于普通的枪、矛类武器。槊与枪、矛的区别之处是槊的整体长度更长，槊刃更加扁平。普通的铠甲，用槊一击即破。隋唐时期，槊仍然是重要的长柄格斗兵器。历史上唐初的名将尉迟敬德，勇武善战，善用马槊。

（四）剑

魏晋南北朝时期，剑的形制基本定型。晋朝之后，剑这类武器基本消失在实战兵器的队伍中。长剑一般长度超过70厘米，短剑长度通常为30厘米（图6-9）。隋唐五代剑的功能已成为服饰系统中佩戴的装饰品，以礼器、法器的性质发

---

① 鲁怒放. 余姚市湖山乡汉—南朝墓葬群发掘报告[J]. 东南文化，2000（7）：41-51.
② 万欣. 辽宁北票喇嘛洞墓地1998年发掘报告[J]. 考古学报，2004（2）：209-242.
③ 于孟晨，刘磊. 中国古代兵器图鉴[M]. 西安：西安出版社，2017.

展，具有华美的外形（图6-10）。

图6-9 晋剑
（辽宁北票喇嘛洞墓地出土，辽宁省文物考古研究所藏）①

图6-10 南唐剑
（李昇陵中室北壁西侧持剑武士像）②

（五）刀

三国时期军队大量装备铁制的环首刀。魏晋时期环首刀的形制继承了汉代环首刀的特点（图6-11）。

图6-11 晋 环首刀（辽宁北票喇嘛洞墓地出土，辽宁省文物考古研究所藏）③

唐时期的陌刀是从早期专门用于斩砍的短型刀剑发展而来的一种新型刀。④陌刀是长柄的刀，可以有效地帮助步兵砍杀身穿重型装具的装甲骑兵。陌刀在唐代禁止陪葬，所以现存的陌刀数量很少。除了陌刀之外，还有横刀。横刀是短柄的刀，也称佩刀，方便士兵携带。这一时期还有礼仪使用的仪刀和"盖用鄣身以御敌"的鄣刀。《唐六典》卷十六中卫尉宗正寺的武库令记："刀之制有四：一曰仪刀，二曰鄣刀，三曰横刀，四曰陌刀。"⑤

唐水晶坠金字铁刀如图6-12所示。

---

① 万欣. 辽宁北票喇嘛洞墓地1998年发掘报告[J]. 考古学报，2004（2）：209-242.
② 南京博物馆. 南唐二陵发掘报告[M]. 北京：文物出版社，1957.
③ 万欣. 辽宁北票喇嘛洞墓地1998年发掘报告[J]. 考古学报，2004（2）：209-242.
④ 李德辉. 唐陌刀源流与历史作用[J]. 宁夏社会科学，2002（2）：92-95.
⑤ （唐）李林甫. 唐六典[M]. 陈仲夫，点校. 北京：中华书局，2019：461.

第六章　多元与融合的冷兵器设计

图6-12　唐 水晶坠金字铁刀（长安县南里王村窦皦墓出土）①

（六）枪

枪从传统的矛演变而来。晋代，枪开始逐步流行使用，枪与矛相比其形制短而尖；到了唐中叶，长枪取代了长矛。②唐代根据用途的差异又制造出了不同类型的枪。根据《唐六典》描述唐朝有4种枪：①漆枪，漆枪短，多配置在骑兵部队；②为步兵装备的木枪；③白干枪，皇帝禁卫军用；④朴头枪，金吾卫使用。③《太白阴经》记载唐朝时期枪不仅用于打仗，还能绑成木筏过河用。④所以枪的用途非常广泛，唐代的士兵基本都配备了枪。

（七）斧

魏晋之后，斧的刃部变宽，斧柄减短，砍杀能力有所提高，具有非常好的杀伤力，所以斧在隋唐时也非常流行。天宝十五年（756年），李嗣业与安禄山之间发生战争，李嗣业仅以3 000名手持长柯斧和陌刀的士兵就击败了安禄山的骑兵。⑤五代十国斧的刃部呈半圆形，斧后部呈月牙形下弯，斧身狭长，斧柄较短（图6-13）。

图6-13　前蜀 斧（前蜀王建墓出土）⑥

二、远射类兵器

（一）弩

三国时期，军队仍然大量使用弩（图6-14）。三国时期已有床弩，处于单弓阶段。在魏晋之后，重装骑兵的出现迫使弩向着威力更为强大的方向发展，更强大的重型弩随之出现。南北朝时期对床弩非常重视，床弩应为多弓床弩。唐

---

① 吴镇烽.陕西省考古研究所.陕西新出土文物选粹[M].重庆：重庆出版社，1998：108.
② 于孟晨，刘磊.中国古代兵器图鉴[M].西安：西安出版社，2017：36.
③ 李林甫.唐六典[M].陈仲夫，点校.北京：中华书局，2019：461.
④ 张文才.太白阴经解说：中国古代著名兵书研究[M].北京：线装书局，2017：312.
⑤ 杨泓，于炳文，李力.中国古代兵器与兵书[M].北京：新华出版社，1992：38.
⑥ 冯汉骥.前蜀王建墓发掘报告[M].北京：文物出版社，2002：75.

177

代称床弩为绞车弩，①主要用于攻城。

图6-14　三国正始二年 铜弩机（安徽皖西博物馆藏）②

（二）箭镞

根据《晋书》记载："刘曜雄武过人，铁厚一寸，射而洞之，于时号为神射。"③由于战争的需要，这时期的箭镞要求具有较高的穿甲性，基本是由钢铁制成的（图6-15）。魏晋到隋唐，箭镞分类比较简单，但箭头刃部更坚硬。

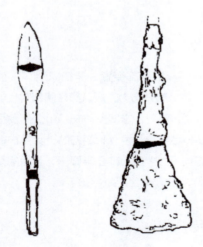

图6-15　晋　箭镞
（辽宁北票喇嘛洞墓地出土，辽宁省文物考古研究所藏）④

根据使用目的的不同，唐代的箭可分为4种类型：竹箭、木箭、兵箭和弩箭。木箭与竹箭是用于农户进行狩猎活动或贵族进行游玩时的一般用箭，威力较小，而兵箭和弩箭则是为了战斗制造的。兵箭是装备有钢镞的长箭，兵箭的穿

---

① 孙机. 床弩考略[J]. 文物，1985（5）：67-70.
② 皖西博物馆. 皖西博物馆文物撷珍[M]. 北京：文物出版社，2013：67.
③ 房玄龄. 晋书[M]. 北京：中华书局，2019：2683.
④ 万欣. 辽宁北票喇嘛洞墓地1998年发掘报告[J]. 考古学报，2004（2）：209-242.

第六章 多元与融合的冷兵器设计

透力很强,可以射甲。兵箭和弩箭威力与竹箭和木箭相比有了本质的提升。

(三)弓

魏晋南北朝的弓箭受北方游牧民族的影响。如魏晋前凉的弓,长132厘米,以木、骨作角,结合处用筋绳绑结,复合制作而成。弦以动物筋腱制成,弦中部缠绕长约10厘米的皮条,以增强耐磨度(图6-16)。①

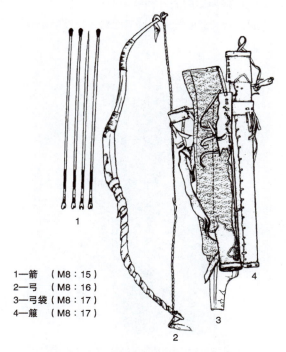

1—箭 (M8:15)
2—弓 (M8:16)
3—弓袋 (M8:17)
4—箙 (M8:17)

图6-16 魏晋前凉 弓箭(新疆民丰县尼雅遗址95MNI号墓地出土)②

唐代的弓箭分为长弓、角弓、稍弓、格弓4种。长弓步兵用;角弓骑兵用;稍弓是短弓,有利于近射;格弓是皇帝禁卫军用。③

三、防护类兵器

(一)铠甲

魏晋南北朝到隋唐时期是古代铠甲发展的重要时期。这段时期铠甲大多是铁制,但是仍然有少部分的皮制铠甲

---

① 于志勇. 新疆民丰县尼雅遗址95MNI号墓地M8发掘简报[J]. 文物,2000(1):4-40.
② 于志勇. 新疆民丰县尼雅遗址95MNI号墓地M8发掘简报[J]. 文物,2000(1):4-40.
③ 李林甫. 唐六典[M]. 陈仲夫,点校. 北京:中华书局,2019:460.

使用。如三国时期的黑光铠、明光铠、裲裆铠、环锁铠、马铠。三国时诸葛亮锻造的钢铠甲推测是经过5次迭锻而成的，直到六朝的时候人们还把精致坚固的铠甲传为诸葛亮制造。① 晋代铠甲的形制主要是筩袖铠，士兵头戴兜鍪，兜鍪两侧有护耳，在前额眉心正中稍向下突出，顶部中心竖有长缨（图6-17）。

南北朝时期，随着重装骑兵对于战争影响的不断扩大，裲裆铠成为军队的主要装备而流行。裲裆铠是由一片胸甲和一片背甲所组成，在肩上用带扣连起来，腰上束带。北魏之后，明光铠甲成为重要的一种铠甲形制（图6-18）。明光铠甲因为胸、背椭圆形金属圆护很像镜子，反射阳光而得名"明光"。

图6-17　晋 铁兜鍪（辽宁北票喇嘛洞墓地出土　辽宁省文物考古研究所藏）

图6-18　北魏 明光铠甲（洛阳元邵墓出土）②

隋朝的铠甲形制基本是继承了南北朝时期的形制，仍旧是人和马都配备有铠甲的甲骑具装。人铠甲是裲裆铠和明光铠，战马是具装铠。唐朝铠甲根据《唐六典》中的描述，主要的铠甲有明光甲、光要甲、细鳞甲、山文甲、乌锤甲、白布甲、皂绢甲、布背甲、步兵甲、皮甲、木甲、锁子甲、马甲13种。③其中，锁子甲、明光甲、光要甲、细鳞甲、乌锤甲、山文甲是由钢铁制成的，保护性较好，但是比较沉重。④ 唐朝的铠甲会根据士兵的身体高矮分大、中、小号制造，区别不同的使用者，按照士兵身体高矮分别发放，有利于战斗。

晚唐到五代十国甲胄形制比较统一。铠甲分胸背两部分，在肩部由宽带扣搭固定，肩覆披膊，腰部用宽带捆束，胸部

---

① 杨泓. 中国古代的甲胄（上篇）（殷商—三国）[J]. 考古学报，1976（1）：19-46.

② 黄明兰. 洛阳北魏元邵墓[J]. 考古，1973（4）：218-224.

③ 李林甫.唐六典[M].陈仲夫，点校.北京：中华书局，2019：462.

④ 杨泓. 中国古代的甲胄（下篇）[J].考古学报,1976（2）：59-96.

用细带捆束（图6-19）。铠甲形制类似锁子甲（图6-20）。①

（二）马具

从十六国时期至南北朝时期，骑兵的地位得到提升，马具的完备是骑兵提高战斗力的必要条件。骑兵的配套装备得到了更加丰富的改良和发展，有着"甲骑具装"美誉的重甲骑兵也组建起来。战马铠甲的构造日益精巧，晋代以后马铠多称为"具装铠"。这种铠甲可以有效地保护战马的主要部位，基本上除了战马的耳、目、口、鼻和四肢以及尾巴无法保护外，战马的其他部位都被覆盖，减少了战马在战斗中的损伤。一套完整的马具装铠甲由六部分构成（图6-21）：用来防护战马头部的"面帘"；保护战马颈部的"鸡颈"；用来防护战马前胸的"当胸"；防护战马主躯干的"马身甲"；以及保护战马臀部和尾巴的"搭后"及"寄生"（图6-22），这六部分护甲材料由钢铁或者皮革制成。

图6-19 南唐 铠甲
（李昪陵出土穿战袍陶俑）②

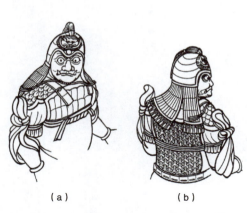

图6-20 前蜀 锁子甲（前蜀王建墓十二神）③
（a）正面；（b）背面

图6-21 马具装各部分名称图④
1—面帘；2—鸡颈；3—当胸；4—马身甲；5—搭后；6—寄生；
7—鞍具；8—缨；9—马尾

图6-22 晋 战马鎏金镂空铜寄生
（辽宁北票喇嘛洞墓地出土，辽宁省文物考古研究所藏）

---

① 冯汉骥.前蜀王建墓发掘报告[M].北京：文物出版社，2002：36.
② 南京博物馆.南唐二陵发掘报告[M].北京：文物出版社，1957：64.
③ 冯汉骥.前蜀王建墓发掘报告[M].北京：文物出版社，2002：38.
④ 杨泓.中国古代的甲胄（下篇）[J].考古学报，1976（2）：59-96.

唐时期的马具装较之前代在重量方面要轻便很多，这时期的骑兵已经绝大多数变为轻骑兵，轻装骑兵仍然装备有完整的马鞍和双马镫（图6-23）。

图6-23　唐神龙二年　轻骑兵俑
（陕西省乾县懿德太子墓出土，中国国家博物馆藏）
图片来源：中国国家博物馆官方网站。

（三）盾

魏晋南北朝时期，步兵配备一种长方形的较大的盾，可以手持或是安装支架支撑在地上，中部纵凸脊棱，并饰有狮子等猛兽图形（图6-24）。

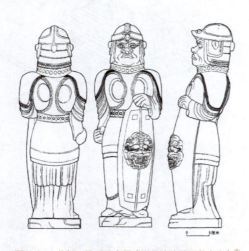

图6-24　北朝　按盾武士俑（磁县湾漳壁画墓出土）[①]

唐朝部队把盾牌多称为彭排。《唐六典》中记载的彭排有6种：膝排、团排、漆排、木排、联木排和皮排。唐朝军队的盾牌分为长方形和圆形。长方形的盾牌步兵用，形制较大；圆形的盾牌骑兵用，形制较小。

---

① 中国社会科学院考古研究所，河北省文物研究所. 磁县湾漳北朝壁画墓[M]. 北京：科学出版社，2003：35.

第四节　冷兵器设计分析

三国、两晋及南北朝三个时期经历了长期的动荡，处在若干政权割据的局面。其间少数民族的统治者挺进中原，各个统治集团之间的割据混战，不仅加剧了战争的频发，同时也加速了冷兵器设计的革新。隋唐时期结束了这一长期大混乱的情况，维持了基本统一的局面，开创了前所未有的繁荣景象。在这样的时代背景下，隋唐时期的冷兵器设计得到了不断发展和创新。可以说，魏晋南北朝和隋唐时期是冷兵器多元与融合的发展阶段。冷兵器的制作与工艺大为提高，性能与威力不断提升，外观与结构更加复杂精细，操作与交互愈发方便灵活，质量上乘的新式兵器不断出现。唐代的冷兵器在这个阶段发展到了一个顶峰，多元与融合的兵器设计思想也得以体现。

一、外观与结构

魏晋南北朝时期的冷兵器在外观与结构方面都有了新的变化。

首先，在兵器的装饰上，这时的纹样明显受到前朝的影响，在传统的云纹装饰外，还出现了许多的动物纹饰，装饰花纹变得更加简洁。

其次，在兵器的形制上，以刀为例，此时刀的形制和汉代基本相同，长体，直身直刃，但也出现了一些新的改变。如江苏镇江东晋墓出土的一件铁刀（图6-25），刀体变宽，刀尖略微翘起并弯曲，形制向装把式刀转变。原来狭直的斜方刀头向前锐后斜的形状过渡，加强了刀的劈斩能力。在刀的柄部设计了便于插装木柄的圆銎，这表明刀从前一时期单纯的短格斗兵器有向长格斗兵器发展的趋势。① 此时的箭镞，除了原有的菱形镞体，还出现了来自北方少数民族的扁平镞体等形制（图6-26）。从出土的持盾武士俑及敦煌壁画来看，这一时期盾的形状以长方形居多，表面装饰有兽头，中间有脊棱，背部安有支架。此外，魏晋南北朝时期的铠甲和马具较之前朝防护力大大加强，出现了多种形制的新型铠甲。

到了隋唐时期，冷兵器也由以前的注重实用向注重豪华装饰、制作精巧转变。初唐的铠甲还保留着前朝的遗风，但发展到盛唐时，明光铠的圆护变小，附加了许多装饰，这时的铠甲在很大程度上脱离了实用功能，已经演变成美丽而富有装饰性的礼仪服饰。唐朝时的刀、剑形制中，出现了装饰性较强的缳和云头状的剑首，能够看出唐人追求精巧、华美之风。

二、制造与工艺

兵器是军队特有的工具，是构成军队战斗力的重要因素，关系到战争的胜负。因此，兵器历代都是国家统制生产，设立专门机构，实现官营，管理兵器的生产。魏晋南北朝时期由少府建制掌管兵器制造，孝文帝改少府为太府，北周设军器监，隋唐时兵器制造由少府监和军器监掌管。

我国古代的炼铁技术萌芽于西周晚期，开始于春秋时期，发展于战国。随着炼铁技术的发展，青铜兵器开始逐步走向衰落。在工匠们的不断努力下，到了汉代，开始进入铁制兵器时代。随着炒钢法、灌钢法、百炼钢法等兵器制作工艺的创造与发展，兵器的制造和完善得到了相应的体现。④

三国两晋南北朝时期，由于战争的需要，兵器制造在不同程度上都有发展。三国时期，诸葛亮改造前人的连弩并制成新式的诸葛连弩，使其具备了简单的自动发射性能。这一时期刀的质量也比前代有所提高，如蒲元要为诸葛亮制造3 000把刀，他认为汉中之水为软水，不能用来淬火，所以派人去取蜀江水。⑤蒲元制刀的记载说明三国时期对水淬技

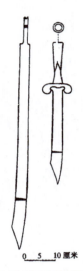

图6-25 东晋 铁刀（江苏镇江东晋墓出土）②

图6-26 四世纪中叶 铁镞（吉林集安县七星山96号高句丽积石墓出土）③

---

① 杨泓. 古代兵器通论[M]. 北京：紫禁城出版社，2005.188.

② 杨泓. 古代兵器通论[M]. 北京：紫禁城出版社，2005：188.

③ 张雪岩. 集安县两座高句丽积石墓的清理[J]. 考古，1979（1）：27-32.

④ 范永贤. 简述中国古代的造兵业[J]. 军事经济研究，1990（12）：74-78.

⑤ 王兆春. 中国科学技术史·军事技术卷[M]. 北京：科学出版社，2016：63.

术的运用和发展状况。采用这样水淬的方式，有利于增加刀的硬度，增强刀的劈砍能力。工匠们掌握了不同水质对淬火功能的影响，淬火工艺日益成熟。

两晋和南北朝时期，兵器的质量有了新的突破，横法钢技术用来制作的兵器锋利无比。南朝时，改进了灌钢技术，发明了杂炼生揉的炼钢法，提高了钢的质量。[①] 此时还出现了用动物的尿、脂肪来淬兵器的不同部位。动物的尿中含有盐分，冷却时间快，淬火后的刃部锋利；动物的脂肪淬火，冷却时间慢，淬火后的脊部柔韧性好。北齐时，将熔化的生铁浇灌到熟铁上，使碳渗入熟铁，增加了熟铁的含碳量，然后分别用动物的尿和脂肪淬火成钢。经过两种淬火剂处理后，造出的"宿铁刀"钢质柔韧，刀刃刚柔兼得。隋唐时期的兵器继承了魏晋南北朝时期的传统，兵器还保留着南北朝晚期的状况，军队所使用的钢铁兵器在前代的基础上进入稳定发展的时期。唐代兵器的柔韧性加强，炼钢技术的发展为钢铁兵器的标准化创造了条件，也使得军队武器装备的攻击性能与防护力不断提高。

三、操作与交互

骑兵是冷兵器在操作与交互上最有利的体现。魏晋南北朝时期的战争具有以骑兵为核心的特点。中原地区受到来自北方少数游牧民族骑兵的侵袭，常处于劣势，对中原地区造成了相当大的压迫和震撼，所以中原诸国不得不接受和发展这种先进的作战方式。骑兵往往在作战中可以起到关键性的作用，不仅可以使军队的阵地稳固，还可以通过速度和冲锋产生的冲击力，对敌人的阵地进行压制性的攻击，鼓舞军队的士气。

魏晋南北朝时期，统治者们更加注重对军队的防护能力的提升。在这个时期，战士需手持冷兵器并身穿铠甲，战马需装备马具并配备铠甲。作为主力军的重装骑兵的主要用途是摧毁敌人的阵型，并发挥骑兵良好的机动性和强大的冲击力。在马具的发展上，马镫的发明和马鞍的完备增强了士兵与马匹的交互，士兵在近距离格斗时能够更容易地控制马匹，战斗力大大提高，骑兵的效能得到了极大发展。此时，北方的军事力量强于南方。北方诸国大多是少数民族政权，刚开始创立的军队均为骑兵，军队得到发展后，步兵逐步增加，但还会有大量的骑兵参与战争。可以说这一时期的骑兵

[①] 肖梦龙. 论吴文化冶铸（下篇）——吴地历代冶金业的发展[J]. 江苏科技大学学报（社会科学版），2006（3）：35—41.

规模空前强大。隋唐时期，骑兵已确立了在军中的地位，骑步并重是这一时代军事上的特点。北方诸国的骑兵规模虽然不像南北朝时期那么大，但骑兵仍然是一支重要的力量，受到了极大的关注。在甲骑作战上，隋唐采用中型骑兵，即战马不配备盔甲，人装备重甲的形式，可见这时并不像南北朝时期那样盛行重甲骑兵。在作战方式上，以骑兵为中心的步骑协同作战的形式逐渐成熟。这些相关要素的优化加强了骑兵对兵器的操作与交互，保障了骑兵时代国家军事水平的提高与发展。

四、性能与威力

三国、两晋及南北朝这三个时期，冷兵器的性能和威力都在不断提升，以满足连续不断的战争需求。一方面，三国时代，经常使用戟作战。然而，在西晋之后，随着擅长用矛战斗的少数民族统治集团进入中原，北方少数民族和中原民族得到了广泛的融合，矛逐渐取代了戟成为当时主要的长柄格斗类兵器。汉代的卜字形戟的主要功能分别是直刺、勾啄。和直刺相比，勾啄的杀伤力较小。如果啄击的对象是身穿重甲的敌人，效果会更差。整个冷兵器时代，大部分的铠甲都无法抵挡直刺兵刃的全力一击。由于汉戟具有勾啄作用的戟枝杀伤力有限，发展到此时，汉戟横出的戟枝向上折翘，转变为一种戟刺平行的双叉形戟。但就实际而言，直刺的兵器没有必要增加锋刃，锻造的过程会耗费更多的人力物力，戟也失去了传统的勾杀性能。再加上这种双叉形戟的穿刺力不如矛类兵器，无法有效穿透铁甲，作战效果也不如矛类兵器，所以逐渐被刺杀强度更大的矛所取代。步兵的戟、盾装备组合逐渐过渡到刀、盾装备的组合。而重装骑兵执马矟。与汉矟相比，新式的马矟刃部增长并制作成两刃，这样的改变增强了马矟扎刺杀敌的效能。

另一方面，军队的防护能力大大加强，重装骑兵及一些新式的防护类器具如铠甲、马具等也纷纷出现。三国时期，为了更好地保护战马的安全，减少战马在战争中的损伤，马甲得到进一步发展，成为能够配套使用的马铠。东晋十六国到南北朝时期，形成了人和马都装备盔甲的重型装甲骑兵——"甲骑具装"，骑兵的作用得到了极大提高。南北朝时期，以铁片、皮革等为原料制作而成的具装铠，使马铠的结构和功能发展到比较完善的阶段。这种具装铠由6个部分组成,能够保护骑兵所骑战马的头部、颈部、胸部、躯干、臀部、尾部,具装铠在隋唐时仍在使用。此外,两晋时期,具装铠的完备以及马镫的出现和发展,使骑兵战斗时,在战马上稳定、省力、舒适,大大提高了骑兵的战斗力。

隋唐时期冷兵器的性能与威力较前一阶段更加突出。例如,这一时期的矛类兵器,增加了矛头的样式,缩小了其大小,并改称矛为枪。枪从矛演变而来,由枪锋和长柄组成。枪的形制逐渐变短,刃部变细,轻便灵活,便于使用,其杀伤作用与矛差不多。到了唐代,枪除了在两军交战时能够起到刺杀敌军的作用,还有其他用途。如安营扎寨时,常竖枪为营;涉渡河川时,也常捆枪为筏。枪发展到此时更加注重实用性,其灵活多变的特点适应了军队在不同环境下的需求。如果说前代的马稍是为骑兵设计的,那么唐代的陌刀就是为步兵设计的长柄兵器,主要在与骑兵对战时使用,威力巨大。陌刀是前期以劈斩为主的短刀发展演变而成的一种新刀形。陌刀身长体重,尤其适合劈斩作战。它虽有剑的形态,但更加锋利,能够斩杀骑兵的战马。通常在进攻敌军时,手持陌刀的士兵排成横队,以紧密的队形列于阵前,整齐向前冲杀,在短时间内能杀伤大量的敌人,起到改变战况的作用。隋唐时期,斧这种兵器再度盛行,它的刃部变宽,柄部变短,对重装骑兵的砍杀效能相当高。这一时期各民族共同发展,相互融合,所以锤、锏、鞭等少数民族的砸击类兵器也非常盛行,杀伤力突出。

五、三国弩与木牛流马

三国时代是中国历史上军阀割据的大混战时期,许多杰出的军事人才应运而生,而诸葛亮的军事思想和成就便代表了这个时代的军事发展水平。诸葛亮作为蜀国的丞相,非常重视武装力量和武器装备。《三国志·诸葛亮传》记载:"亮长于巧思,损益连弩,木牛流马,皆出其意。"[1]诸葛亮在武器的发明上,具有创新意识,又善于汇集前人的智慧,因此他所制造的兵器都甚为精良实用。诸葛亮对连弩的改进以及发明木牛流马,为后人留下了宝贵的军事遗产。

---

[1] 陈寿. 三国志[M]. 北京:中华书局,2012:927.

（一）三国弩

东汉末年战争频繁发生，多种政治力量混战，导致了魏、蜀、吴三国鼎立局面的形成，但三个政权之间的战争仍未结束，更是不断使用杀伤作用大的强弓劲弩。《三国志·诸葛亮传》注："《魏氏春秋》曰：又损益连弩，谓之元戎，以铁为矢，矢长八寸，一弩十矢俱发。"[①] 为强化弩的性能，在诸葛亮的创新之下，连弩技术增减"损益"，名称"元戎弩"，这是诸葛亮在兵器制造上的一大革新。明人茅元仪所著的《武备志》卷一零三中对诸葛弩进行了绘制（图6-27）。

三国时期的弩机制造仍然遵循汉代的传统，外形和结构大致相同。但诸葛亮改变了其性能，在前代一次发射多支弩箭连弩基础上设计并制作了一次能发射10支长8寸的铁镞弩箭的三国弩（图6-28）。后世称这种连发弩为"诸葛弩"。

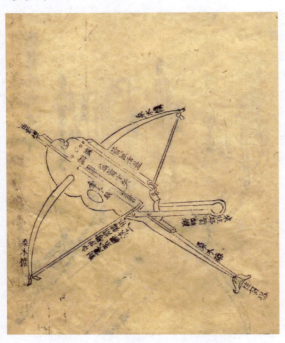

图6-27 诸葛全式弩（《武备志》卷一零三）

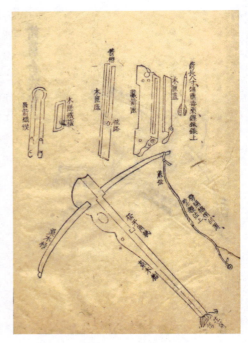

图6-28 诸葛弩（《武备志》卷一零三）

诸葛弩的箭匣内装有10支箭，另外安装有机木，随手扳动就可以上弦。在发射一支箭后，箭槽中又会落下一支箭，再扳动上弦而发，就可实现连续发射。[②] 三国弩能够顺序地把箭匣内的10支箭全部发射出去，操作者也可随意增减箭支

---

① 陈寿.三国志[M].北京：中华书局，2012：928.
② 宋应星.天工开物[M].潘吉星，译注.上海：上海古籍出版社，2019：208.

的数量。这样精妙的设计能够在瞄准敌人之后,等待时机再进行发射,有利于提高击中目标的概率。即便不是10箭齐射,这种单发变成连发、手动变为半自动的方法也极大地提高了发射的速度,增强了连弩的杀伤效能。

诸葛弩的射程依据弓臂力量大小不等而改变。诸葛弩的射程不远,不会对远距离的目标构成威胁,但它对中近距离的敌人具有致命的杀伤力。魏军将领张郃在木门战斗中死于布伏的弓弩乱射。[1] 一般来说,好的地势对军队作战取胜是最好的帮助,准确地把握地势地形特点是战争取得胜利的关键。在高山深谷的战场上,适合用弓箭手作战,因为依山临水、狭涧谷深都不是很远距离,其直线距离最适合于诸葛弩的使用。

三国前的弩体积、重量大,不适合骑兵使用。改善后的诸葛弩,箭矢的长度缩短,因而整个弩机变得轻便灵活,骑兵也可持之战斗。诸葛弩减掉了传统弩的望山,削弱了诸葛弩射击的精度。诸葛弩强调快速击发,它的威力来自快速机动。所以三国时期诸葛弩的发明没有取代传统弩机的使用。蜀汉景耀四年(261年)铜弩机的出土就是证明。[2] 景耀四年的铜弩机虽然是诸葛亮去世27年之后制作的,但是该弩机应看作是诸葛亮改革兵器的制作。这件铜弩机属于古代的强弓劲弩的兵器。当时蜀汉军队在弩的装备上是取长补短,多种弩制共同配合战斗。

弩是春秋时代楚国人发明的,[3] 在战国和秦朝时期发展成熟,之后弩基本按照这一阶段的形制进行制作。三国时期,诸葛弩的出现使弩的制造技术得到进一步的发展。金属铸造技术的不断成熟使弩在三国时期十分盛行,并在战场上占据了重要的地位。诸葛亮非常关注兵器生产的精打细造,他曾对制作劣质刀斧的相关人员进行严惩,并亲自制定了一些规章制度来管理兵器的制造,可见诸葛亮对于武器的重视程度。虽然魏、蜀、吴三国制度各异,但弩制造在这一时期的重要价值不言而喻。三国时期,由于统治政权的不同,刻在弩机上的铭文内容上也不尽相同。蜀国的弩机刻有强度和重量,吴国的弩机则刻有上级指挥官的官职或使用者的姓名,而这两个特点都是魏国的弩机所不具备的。[4] 其中在弩机上刻强度、重量也体现了蜀汉政权对兵器质量的重视。

在三国时期,中原民族以农耕为主,步兵基本是主力,骑兵属于少数。三国时期,蜀汉政权能与曹魏抗衡如此长的时间,除了有个人因素之外,步兵与弩兵的配合作战也起到

---

[1] 陈寿. 三国志[M]. 北京:中华书局, 2012: 527.
[2] 沈仲常. 蜀汉铜弩机[J]. 文物, 1976(4): 76-77.
[3] 周庆基. 关于弩的起源[J]. 考古, 1961(11): 608.
[4] 谢凌. 战国至三国时期的弩机[J]. 四川文物, 2004(3): 52-58.

了一定的作用。当时蜀汉弱，和魏国常规作战肯定处于不利地位，诸葛弩的出现让蜀汉政权战斗力不断提升，在北伐战争中发挥了十分重要的作用。对连弩的改进表明诸葛亮不仅能作为统帅领兵作战，还重视兵器的科技发展，他所留下的军事遗产影响了后来西晋和北魏的兵器演变，甚至影响了后世。

（二）木牛流马

通过整理近几年木牛流马的主要研究文献，发现现今对于木牛流马的讨论主要有3种观点：一种认为木牛、流马是同一种运输工具；一种认为木牛和流马不是同一种运输工具；还有一种观点不明确，只是从某一角度出发分析木牛流马。对以上观点进行研究，作者认为木牛和流马是两种不同的交通工具。

木牛流马是三国时期诸葛亮发明的一种运输军粮的交通工具。高承的《事物纪原》卷八记载："木牛即今小车之有前辕者；流马即今独推者是，而民间谓之江州车子。"① 由此可知，木牛和流马是两种靠人力牵引的适应在山区道路行进的运粮车。所谓木牛流马，简单来讲就是不需要牛马作动力，但木牛可以像牛一样行动，所以行动较慢且笨拙，载重量大；流马能够像马一样运行，所以行动较快且灵活，载重量小。可以说木牛流马是一种非真牛非真马的交通工具。木牛流马目前没有实物出土，也没有可供复制的完整图纸，只能通过历史和文献资料的梳理来分析其艺术特征和文化蕴意。

1. 艺术特征

木牛和流马是汉代独轮车②的两种改进设计，经过改进后，人的负重有所减轻，提高了运粮的效率。木牛的轮子略小，载重量大，需有人在前拉拽，有人在后推动，运行较慢；流马的轮子稍大一些，但载重量小，一人便可推动，运行的速度较快。根据对《诸葛亮集·作木牛流马法》的分析研究，对木牛流马的具体形式可以勾画出一个大致的轮廓。木牛流马的设计特点包括以下几点。

（1）仿生设计。木牛流马采用暴露于外的木质结构，整体设计一目了然，简洁大方，具有朴素的美感。木牛流马同其他运输工具一样，有着诸如车轮、车架等基本的组成构件。但木牛流马有其精妙之处，它不仅在外形上有着似牛似

---

① 高承. 事物纪原[M].李果，修订. 北京：中华书局，1985：284.
② 刘仙洲. 我国独轮车的创始时期应上推到西汉晚年[J]. 文物，1964（6）：1-5.

马的形态,在结构上也仿照了动物的运动状态。一方面,木牛应该是有4个支柱的独轮车,这4个支柱分布在轮子的周围,车子不仅具有动物的形态,更重要的是可以让木牛在道路难行的山路上行走,也能随意停放。另一方面,流马的外观形态不是单纯地用来象形,木牛流马也具有水路运输的功能。[①]这样将运输工具设计成牛、马形状的仿生机械,应当是为了能在特定的战争环境下,起到鼓舞士气、加速运输的作用。

(2)节省劳动力。将木牛流马设计成独轮车,这就决定了其性质和优势便是省力。木牛与流马两者相比,木牛有前辕,流马无前辕,因而流马要比木牛更轻便些,一人就可推动。木牛流马的驱动力主要是人力,可由人力在后面用手推动,也可人拉人推。有了这种交通工具,运输能力比单纯靠人力和畜力运输高好几倍。木牛流马主要的用途是运粮,木牛的载重量为"一岁粮",约400千克。

(3)载重量大。木牛与流马虽然本质上都是运输工具,但仍然存在很大的差异。木牛的特点是体积大、载重多、速度慢,"载多而行少"是对木牛最形象的描述。相比之下,流马的特点却是体形小、载重少、速度快。诸葛亮对于流马的设计,克服了木牛速度慢的缺点,提高了流马的运输效率。但流马每枚方囊可以装载二斛三斗的粮食,也就是说流马一次的运输量是四斛六斗。有学者推算,流马的运载量只相当于木牛的1/4,[②]承载能力相对较小。

(4)灵活方便。首先,木牛流马的应用技术不难,操纵的人一学就会,操作简单。其次,由于蜀汉的路陡曲折,畜力缺乏,只靠人力担挑或者畜力驮载是非常困难的,效率也很低。而木牛流马却可以适应道路复杂的环境,灵活多变,能在蜀路和栈道上通过,提高了运粮的效率。如果遇到较高的坎和较深的沟,可抬起前面将其拉过,也可人力合作抬过,还可取出方囊,拉过再装上。

流马方便灵活的设计还体现在车身两侧安装的方囊上。[③]它最大的优势是具有车身分离的功能,可以灵活方便地搬运方囊。方囊尺寸统一,每个车都能适用,从而可以进行接力分段运输。尤其是在陡峭的道路,可以用人力将方囊运到下一个平坦宽阔路段,然后交换空的方囊,省时便捷而又迅速。此外,木质方囊可有效防止水的浸湿,不会造成军粮受潮和霉变,使军粮的损耗大大减少。

---

① 刘洁. 从褒斜道路况探"流马"功能[J]. 四川文物,2003(4):78–81.
② 李迪,冯立升. 对"木牛流马"的探讨[J]. 机械技术史,2002(10):223–229.
③ 王子今. 诸葛亮"流马""方囊"考议[J]. 四川文物,2015(1):46–52.

2. 文化蕴意

魏、**蜀**、**吴**三国鼎立期间，为了帮助汉室统一中原，诸葛亮对曹魏发动了五次北伐。根据《三国志·诸葛亮传》记载，建兴九年（231年），诸葛亮再次派兵到祁山，用木牛运载粮草。建兴十二年（234年）春天，诸葛亮带领军队从斜谷出发，用流马运送军粮。此后不久，诸葛亮重病死于军中。[①]所以，木牛与流马分别是第四次和第五次北伐战争中运送粮草的交通工具。它们既是应用于战争的成功发明，也是诸葛亮最后的才智贡献。

打仗时前方的将领士兵固然重要，后方的运输补给也是关键。木牛流马是诸葛亮北伐战争军饷粮草运输艰难的产物。由于前线的军队消耗巨大。运粮道路又多山地，艰险难行，常规车马运输不便，这样艰难的战争状态和道路情况推动了木牛流马的产生。为了克服山区粮食运输困难，解决粮食运输难的问题，诸葛亮在北伐战争期间，与工匠蒲元等合作设计和制造了木牛流马。这种粮食运输车根据自身实际需要制造，在当时属于先进的设计。

古代陆运的技术并不发达，运输粮食用时长、损耗大，粮草的运输效率低下，所以在战前三军未动粮草先行。木牛流马的发明无疑是千百年来解决军队粮草运输问题的伟大创意，也是中国古代交通运输方面的一次革新。木牛流马在战争中的实践，使其具有了诸葛亮北伐战争的精神载体和统一天下的文化象征意义。诸葛亮的这项革新，适应了当地的地形条件，也考虑到了特殊的需要，具有诸多优势，从而在北伐战争中发挥了重要的作用。这一创新不仅增加了手推车的种类，而且促进了运输车辆的专业化。木牛流马的设计更是为后世的创造发明提供了优秀的设计思路，对中国文化也产生了深远的影响。

---

① 陈寿. 三国志[M]. 北京：中华书局，2012：925.

第五节　多元与融合的冷兵器设计思想

古代不断创新的兵器设计思想是古人智慧的结晶，同时包含了艺术和实用两个效能。三国到隋唐、五代时期的武器制造，反映出兵器在中华民族多元文化中的地位与贡献，以及在民族历史文明中的悠久与辉煌。三国到隋唐、五代时期的兵器设计思想充分体现了中华民族独特的价值观和审美观，同时也深刻而具体地展示了中华民族深厚的哲学思想和军事理念。

政局动荡，政权更替频繁，战乱不休，是魏晋南北朝时期政治上的显著特点，这种政治状况类似春秋战国时期的政治局面，所以很自然地就产生出类似春秋战国时期多元发展的文化新格局。魏晋南北朝时期，文化的多元与融合体现在民族文化的大融合上。到了隋唐时期，可以说这一时期的中国是当时世界上最先进、最文明、最发达的国家，对世界经济文化的发展作出了巨大贡献，在人类文明史上占据了重要地位。隋唐时期，实行开放的政策，不仅吸收了大量优秀的外国文化，而且将中国繁荣发达的优秀传统文化传播到世界各地。隋唐时期的中国，同亚非地区的许多国家有着广泛而密切的政治、经济和文化联系，不仅扩大了人的视野，也影响了兵器设计思想的发展。

三国至隋唐时期的兵器就是在这种多元与融合的时代背景下发展演变的。魏晋南北朝时期虽然战乱频发，但同时也促进了冷兵器设计的革新。魏晋时期钢铁冶炼技术的进步，使铁制兵器基本上取代了青铜兵器。魏晋时期的兵器造型朴实，做工精巧，以实用为主。由于少数民族统治者挺进中原，民族融合在这一时期的兵器变化中体现明显。隋唐时期政治的稳定、经济的繁荣，极大地促进了手工业的发展。这一时期由于对西域文化的逐步引入，隋唐时期以设计的方式吸收借鉴了大量的西域元素，使得器物具有多元的风格特征。这种包容兼收的设计思想在兵器的制造中也得以体现，这一时期的兵器造型新颖，工艺精巧，材料丰富，充分体现了当时强大的制造能力。

兵器设计发展创新的主要原因是生产力的提高。随着冶炼技术的进一步发展，兵器的材料从原来的青铜转变为钢铁。三国至南北朝时期，较之前代，吸收和利用了更多的少数民族文化。少数民族经常在马背上作战的方式也融合到了这一时期的作战方式中，使得骑兵作战成为主流。而到了隋唐时期，利用轻装骑兵突击的灵活性，掩护并配合步兵作战形成合力是这一时期主要的战术。唐朝出现的陌刀以及基本完善的刀剑形制，传播到日本、朝鲜等国，对日本的长兵器影响很大。五代时期继承了唐代兵器的发展成果，在铠甲的形制上逐渐形成了规范化的式样，影响了北宋的铠甲制度。

战乱与分裂更能促进古代冷兵器的产生、发展和演变，也体现了中国传统文化的包容性和开放性。冷兵器是通过战争实践积累起来的产物，具有广泛的群众基础。三国弩与木牛流马体现了诸葛亮的聪明才智，也展示了中华传统文化的无限魅力。兵器的产生与发展和传统文化密切相关，而伴随战争的洗礼，中国传统文化将不断丰富和升华。三国至隋唐时期的时代背景，深深地影响着兵器设计思想的创新，这一时期的兵器设计必将在中国兵器史上大放异彩。

第七章
火器参与时代的冷兵器设计

第一节　农耕民族和游牧民族融合时代的冷兵器设计

宋辽夏金元时期，宋朝政权代表农耕文明，辽、夏、金、元政权代表游牧文明，农耕文明和游牧文明在此期间出现了剧烈的冲突和深度的融合，在长达数百年的混战冲突中，直接促进了兵器突飞猛进的发展，不仅包含传统冷兵器的发展与更新，还有新型武器——火器的发明与发展，客观上影响了宋辽夏金元时期战争战况的发展。

一、火器发展对冷兵器设计的影响

无论是在我国还是全世界，宋辽夏金元时期都是一个重要的兵器史转折时期。这个时期，军事活动中开始运用了火药及火药武器，中国战场成为率先进入冷热兵器混用的地方。长期以来冷兵器一统天下的格局结束了，火器在战争中的重要性越发凸显出来，冷兵器的唯一权威地位受到动摇，火器和冷兵器出现了地位的相互权衡，并最终形成了混合搭配使用的局面。

中国发明火药之后，在北宋年间开始制造出最早的火器，并参与到宋朝与辽、金的常年征战中。因为实战的需要，无论是南北宋，还是辽、金等少数民族，都在不断探索和尝试使用火药制作火器，并不断迭代更新，让其在战争中发挥更大的效能。元朝更是重视火器的改进和创新，不仅改进了宋人研发的管形火器突火枪,还创新性地研发出世界上第一种金属管形射击火器——火铳。①

源于热兵器研发在宋辽夏金元时期的蓬勃发展,火药武器巨大的威力逐渐显现。但受多种因素影响,冷兵器在中国封建社会晚期,始终未被热兵器彻底取代,中国军队一直沿袭着前朝遗留下来的冷热兵器混合使用的作战方式,直至第一次鸦片战争前后。

二、两宋时期的冷兵器设计背景

宋朝建立之后,分割在各地的政权依次被赵匡胤带兵收复。随后,统治者颁布了一系列加强中央集权的措施,加快了统一的步伐,结束了五代十国分裂混战的局面。然而两宋时期,少数民族发展迅速,辽、西夏、金、蒙古少数民族纷纷建立政权,导致边境环境复杂。多个政权对峙,北方少数民族对宋朝不断进行侵扰,出现了十分尖锐的民族矛盾,各个政权之间的矛盾较之前越来越尖锐,外患严重。宋朝内部也不太平,政权内部矛盾重重。

在这样内忧外患不断的境地之下,战争频繁迫使宋朝的统治者不断扩大军事装备的生产规模,重视发展自己的军事制造业,更加先进的冷兵器制作技术是宋朝军工手工业进步的关键体现。宋朝建有"南北作坊"和"弓弩院",地方也设置专门的军器作坊,作坊内部根据兵器的制作工艺有详细的划分。《宋史·兵志》卷一百五十记载:"器甲之制,其工署则有南北作坊,有弓弩院,诸州皆有作院,皆役工徒而限其常课。南北作坊岁造涂金脊铁甲等凡三万二千,弓弩院岁造角弝弓等凡千六百五十余万,诸州岁造黄桦、黑漆弓弩等凡六百二十余万。又南北作坊及诸州别造兵幕、甲袋、梭衫等什物,以备军行之用。京师所造,十日一进,谓之'旬课'。上亲阅视,置五库以贮之。尝令试床子弩于郊外,矢及七百步,又令别造步弩以试。戎具精致犀利,近代未有。"②可见宋代统治阶级对军事制造业的重视。

三、元朝时期的冷兵器设计背景

元朝是蒙古民族建立的政权。蒙古族原是草原游牧民族,无论是生产力还是生产技术都处于较为低的水平,社会文化更是极不发达,甚至连武器都无法自己直接生产。但是

---

① 军事科学院世界军事研究部.世界军事革命史[M].北京:军事科学出版社,2012:130.
② 脱脱.宋史[M].上海:中华书局,1977:4909.

常年征战、视战争为重要国策的蒙古人，在武器装备上尤其重视。蒙古统治阶级在武器装备上，更是表现了高度的关注和关心，不仅注重自身武器装备的创新革新，还对敌战方的武器装备格外敏感，但凡敌方使用有效的武器装备，一定采取"拿来主义"，为己所用。且在战争中，善于吸收敌战方特别是中原宋人的能工巧匠，施行"唯匠得免"的措施，鼓励武器的发明创造。因此，蒙古军队可以从游牧、散居、武器甚为落后的状态，经过数年的战争磨炼和武器积累，一跃而成为具有丰富战争经验、先进武器装备的强大民族。

即使如此，火器的使用还是有局限性的，火器擅长远距离攻击、攻城，当与敌人近距离交战，冷兵器依然起到了举足轻重的作用。元朝始终贯彻火器与冷兵器并行发展的策略。在冷兵器发展过程中，注重金属冶炼技术的发展，加强冷兵器制造工艺发展，客观上促进了冷兵器的发展与革新。

第二节　战争形式与时代军事代表

一、宋辽夏金元时期的战争形式

宋辽夏金元时期政权交替频繁，南北宋政权常年与北方的辽、夏、金、蒙（元）各少数民族政权之间冲突不断，战事频繁，兵戈不息。

这一时期的战争主要是北宋与辽、夏的对战，南宋与金、元的对战，以及辽、夏、金、元之间的对战。因为北方游牧民族的频繁参战，骑兵作战发挥了更大的作用，灵活机动的骑兵作战在战略战术占主导地位，配以各种进攻、防守的利箭强弩、抛石机、火炮等的使用，特别是新型武器——火器的参与，让这一时期的战争形式更为复杂多变。

首先，骑兵作战成为这一时期的主要特点，改变了传统的步兵作战形式。因为骑兵作战机动性比较强，反应迅速，可以快速打击敌人，还可以产生很大的冲击力，冲乱敌军阵型，再配以弓弩，远近作战皆可。冷兵器的设计也是配合机动、灵活的骑兵作战，弓弩、长柄兵器发展迅速，防护装具也相应地配合。

其次，火器开始出现并慢慢发展，结合传统远射兵器如床弩、抛石机等的结构原理，使其威力大增，逐渐在战争中起到越来越重要的作用，开始影响战局，影响这一时期的战争形式。

二、时代军事代表：蒙古轻骑横扫欧亚

一直以来，重装骑兵都是世界各国的主要军事力量。无论是中世纪的欧洲还是宋辽夏金元时期的中国，那些被铁甲包裹得严严实实的骑兵，给人们留下深刻的历史记忆。隋末唐初，中国重装骑兵开始走向衰弱，当时各地农民起义军改变了以往的作战形式，开始把发展重点放在了轻骑部队上。

宋元明清时期，轻装骑兵开始发展起来，最具代表的当属元朝蒙古军团。蒙古人善于使用骑兵战术，并将其发挥到极致。蒙古轻骑兵采取迂回战术，大纵深、高速度，出奇制胜，不仅横扫亚洲大陆，对习惯于正面作战的欧洲军队来说，也是一场灾难。

成吉思汗发明闪电战这一进攻战术，当时的蒙古人全民皆兵，上马可以作为战士奔赴战场，下马可以放牧生活。蒙古人推行军官世袭制度，他们认为，这样可以增加士兵的作战能力。蒙古人作为战斗民族，在孩子很小的时候就对他们进行专门的骑射训练，之后以大规模的围猎来锻炼他们，组成新的部队。

蒙古军团依靠闪电骑兵采用迂回、纵深的军事战略，征服了前所未有的广大领地，成为世界上当之无愧的强大军队。蒙古军团消灭了东方的金、西夏两个政权，打败了西方的花剌子模（今土库曼斯坦）和西方联军，征服了北方的俄罗斯草原。他们的战争一直席卷到里海之东，使得元朝一度成为中国历史上疆域最广阔的朝代。

蒙古轻骑兵的单兵作战性能并不一定是世界最强，但是灵活多变、迂回包抄的战略战术成为他们制胜的关键。欧洲军队难以适应蒙古军队的打法。除了迂回包抄，当大部队与敌正面遭遇时，蒙古骑兵也有战略战术配合作战。蒙古军团会待续多次且战且退的攻击，而且，他们会则迅速变成包抄队形，近距离砍杀后撤的敌军。蒙古军队很少打消耗战、持久战，除非他们占有绝对优势。如果敌方城堡坚固，他们只会让少数骑兵配合前方工兵攻坚，大部队快速向敌人后方挺进，这种战术常常将敌人打得措手不及。

第三节　宋辽夏金元时期的冷兵器种类

宋辽夏金元时期，中原宋朝与少数民族政权辽、金、西夏、蒙古等战事频繁，因为少数民族多数为游牧民族，擅骑射，受其影响，这一时期的冷兵器主要是近身对战的刀、枪、棒、鞭、短枪等与骑射的弓、弩、箭等搭配使用，且攻击性兵器和防护性兵器组合使用。在格斗类兵器中，又有丰富的长兵器和短兵器，分别应用在不同的战事场景。著名的梨花枪最早就是出现在宋朝，秉承了传统枪法的精髓，将其枪法发展到十分纯熟的程度。在远射类兵器中，弓、弩、箭都有不同程度的革新，创新出各式新花样，以增加杀伤力。

一、格斗类兵器

无论是步兵作战，还是骑兵作战，都会遇到近身格斗的情况，格斗类兵器一直是极其重要的冷兵器种类。这一时期，刀、枪、棒、鞭等格斗类兵器尤其受到重视，既用来武装步兵，又是骑兵不可或缺的武器。

（一）刀

宋辽夏金元时期的刀有了进一步的改良，既有短柄刀，又有长柄刀。《武经总要》中把苇刀、凤嘴刀、眉尖刀、戟刀、偃月刀、屈刀、掉刀和手刀这八种刀总结为"刀八色"（图7-1）。手刀手柄很短似剑，其他都是长柄刀。刀一般为单刃，刀刃前锐后斜阔；少数刀的刀刃尖锐，如眉尖刀；少数刀为双刃，如掉刀，双刃刀的刀刃形状与单刃刀不同。戟刀由戟演化而来，顶部有尖锋，侧面有侧刃，既可刺杀，又可劈砍。

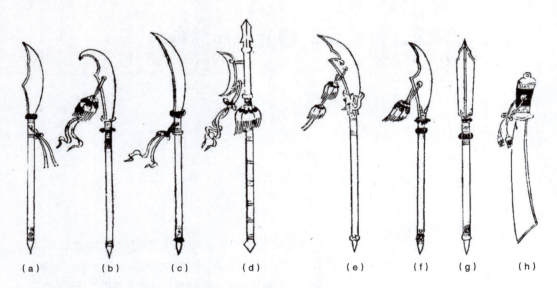

图7-1 《武经总要》中的"刀八色"
（a）笔刀；（b）凤嘴刀；（c）眉尖刀；（d）戟刀；（e）偃月刀；（f）屈刀；（g）掉刀；（h）手刀

宋辽夏金元时期，中原政权多与北方游牧民族政权征战，长柄刀多被用来对抗北方游牧民族的铁甲骑兵，专门劈砍马足。一种刀被称作"斩马刀""马扎刀"，就是专门对付骑兵的长柄刀。《宋史》中提及北宋政和三年（1113年）时，秦凤路经略安抚使何常曾经指出："若遇贼于山林险隘之处，先以牌子扦贼，次以劲弓强弩与神臂弓射贼先锋，则矢不虚发，而皆穿心达臆矣。或遇贼于平原广野之间，则马上用弩攒射，可以一发而尽毙。兼牌子与马上用弩，皆已试之效，不可不讲。前所谓劲马奔冲，强弩掎角，其利两得之，而贼之步跋子与铁鹞子皆不足破也。又步兵之中，必先择其魁健材力之卒，皆用斩马刀，别以一将统之，如唐李嗣业用陌刀法。遇铁鹞子冲突，或掠我阵脚，或践踏我步人，则用斩马刀以进，是取胜之一奇也。"[①]《宋史》中又提及，南宋绍兴十年（1140年），金大将完颜宗弼（金兀术）率众奔袭岳飞，"兀术有劲军，皆重铠，贯以

---

① 脱脱. 宋史[M]. 上海：中华书局，1977：4721.

第七章　火器参与时代的冷兵器设计

韦索，三人为联，号'拐子马'，官军不能当。是役也，以万五千骑来，飞戒步卒以麻札刀入阵，勿仰视，第斫马足。拐子马相连，一马仆，二马不能行，官军奋击，遂大败之。"[①] 从《宋史》这两段记录可以看出长柄刀在对战骑兵中所起的重要作用。

（二）枪

枪属于近身作战武器中较长的一种，主要用于刺杀敌人，便携灵巧，有精微独到的取胜之法。宋代承隋唐之制，擅用长枪，枪是宋代士兵重要的长兵器。宋人所用枪多数为隋唐旧制，少数为宋人自创。宋士兵使用的枪种类繁多，《武经总要》把双钩枪、单钩枪、环子枪、素木枪、鵶项枪、锥枪、梭枪、槌枪、太宁笔枪这九种枪总结为"枪九色"。枪的上端安装枪头，下端安装枪尾，枪杆是木制的，枪头和枪尾是铁制的。骑兵所使用的枪的枪头侧面安装了倒钩，根据钩的数量，命名为双钩、单钩等（见图7-2），或者枪杆安装铁环。步兵主要使用木枪，或者使用鵶项枪，被称为直刃无钩枪。

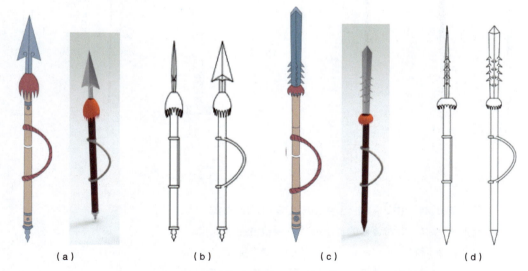

图7-2　双钩枪、单钩枪复原图及侧视图（参考《武经总要》插图复原绘制）
（a）双钩枪复原图；（b）双钩枪侧视图；（c）单钩枪复原图；（d）单钩枪侧视图

① 脱脱.宋史[M].上海：中华书局，1977：11389.
② 苏光.北宋时期军队兵器发展研究[J].武术研究，2011,8(9)：30-32.

在兵器当中，不同的枪都有不同的作用，短刃枪、抓枪、蒺藜枪、拐枪等专用于进击，拐突枪、抓枪、拐刃枪、钩竿等专用于守城（见图7-3）。[②] 拐突枪枪杆长二丈五

203

尺，在枪头两侧施有四棱麦穗铁刃连梃，长达二尺，后有拐。抓枪长二丈四尺，枪头上施铁刃，偏下有四逆鬐连梃，长二尺。拐刃枪枪杆长二丈五尺，刃连梃长二尺，后有拐，长六寸。其中《宋史》记载了北宋皇祐五年（1053年），荆南兵马钤辖王遂，创制了拐突枪。《宋史》载："（皇祐）五年，荆南兵马钤辖王遂上临阵拐枪"，[①]《宋史》的这条明确记载，至少说明拐枪在当时的战事中发挥了积极的作用，才会如此重视，载入史籍。

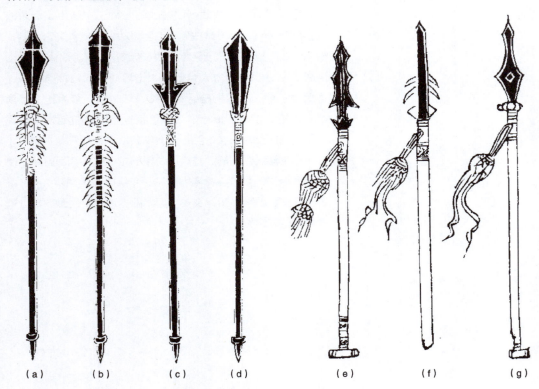

图7-3 《武经总要》中的各式枪
(a) 蒺藜枪；(b) 抓枪；(c) 短锥枪；(d) 短刃枪；(e) 拐刃枪；(f) 双刺枪；(g) 拐突枪

在宋朝无数的将士中，善于使用枪的人很多，在众多以枪术称著的人当中，最为著名的是手持丈八铁枪的岳飞。《宋史·岳飞传》记载，岳飞和金人在太行山交锋，捉拿了金兵将领，又持丈八铁枪，打败了黑风大王，将敌人全部击退。南宋末年李全，也因枪术而著称，根据《宋史》记载，李全被称作"李铁枪"。除此之外，还有武艺高强的赵立，根据《挥尘后录》卷九所记载，两个金兵从背后偷袭赵立时，"二骑袭其背"，赵立使用双枪将两个敌人从马上击落。

① 脱脱.宋史[M].上海：中华书局，1977：1912.

（三）棒

棒是古老的打击兵器，主要使用坚硬的硬木制作，棒头使用钩、刺钉、槌头等打击敌人。棒头不同，其功用也不同。棒因为工艺简单，制作较易，用途多样，在各朝代各时期皆使用广泛，在不同历史时期，会有不同的改良变革。

宋元明清时期，棒的使用亦广泛，虽无弓弩之射远，亦无刀剑之锋利，但贵在简单易造，选各地质硬之木经过削刮磨即可制成。

《武经总要》中记载了各式不同棒，有诃藜棒、钩棒、杆棒、杵棒、狼牙棒、白棒、抓子棒7种（见图7-4）。其中诃藜棒在棒上包裹一层铁皮，钩棒棒头装有双钩，杆棒光素细长，杵棒是棒的首尾皆有施满刺钉的槌头，狼牙棒则是棒头施满刺钉，白棒亦光素细长，抓子棒则在棒头有多抓形钩。

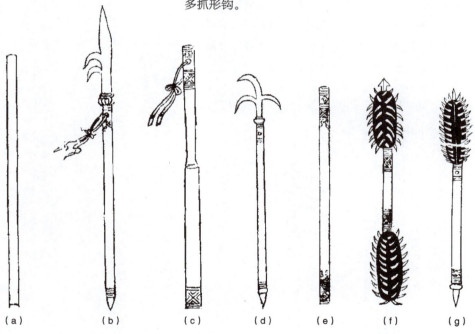

图7-4 《武经总要》中的各式棒
（a）杆棒；（b）钩棒；（c）诃藜棒；（d）抓子棒；（e）白棒；（f）杵棒；（g）狼牙棒

（四）其他格斗兵器

除刀、枪、棒等主要的格斗兵器外，还有斧、钺、锤、骨朵、鞭、锏等多种。这些格斗兵器部分是常见兵器，大多数人可直接上手使用；一些是特定使用者特制的专有兵器，以发挥使用者的优势，避开劣势。

斧在宋辽夏金元时期也多有使用，一般使用长柄斧。斧分为斧头和长柄，斧头脊厚刃阔，重量大，多用于劈砍敌人或马足。《宋史》中记载，南宋绍兴十年（1140年），金将完颜宗弼（金兀术）率兵攻打顺昌，"方大战时，兀术披白袍，乘甲马，以牙兵三千督战，兵皆重铠甲，号'铁浮图'；戴铁兜牟，周匝缀长檐。三人为伍，贯以韦索，每进一步，即用拒马拥之，人进一步，拒马亦进，退不可却。官军以枪标去其兜牟，大斧断其臂，碎其首。"《武经总要》中所绘凤头斧（图7-5），头长八寸，柄长二尺五寸，斧头脊厚刃阔，斧头脊部与长柄连接后成以凤头形状，故名，此凤头既能产生威慑力，又起装饰作用。

锤在宋辽夏金元时期也被称作锏、骨朵、金瓜等。一种为长棒加锤头，一种为铁链系锤头。长棒加锤头有长柄短柄之别，锤头有蒜头、蒺藜等形状，骨朵的名称则根据锤头的形状而来。长棒或为铁制，或为木制。铁链系锤头则靠投掷击敌，也被称为流星锤。骨朵、金瓜不仅用作实用兵器，也用在仪式上。金朝仪卫队里有各式骨朵，如金饰骨朵、执金镀银骨朵、广武骨朵、银朵骨朵等。

《武经总要》中绘有两种锤头的骨朵（图7-6），一种形状似蒺藜，一种形状似蒜头，故名。

图7-5 《武经总要》中的凤头斧

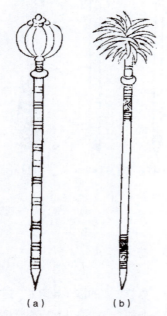

图7-6 《武经总要》中的蒜头骨朵锤和蒺藜锤
（a）蒜头骨朵锤；（b）蒺藜锤

铁鞭呈竹节状,有手柄。手柄有长有短,根据使用者需求来定,步兵骑兵皆可用。铁锏锏身呈四棱形,无节无锋,形似竹简,故名。铁锏源于铁鞭,是一种打击兵器,有单锏和双锏,可以挂于腰间,步兵骑兵都可使用(图7-7)。锏并不是广而流行的兵器,只有少数使用者擅长用锏,北宋名将张玉就擅长用锏,《宋史》记载,北宋康定元年(1040年),张玉与西夏铁骑作战时,"遇夏兵三万,有驰铁骑挑战者,玉单持铁锏出斗,取其首及马,军中因号曰'张铁锏'。"[①]

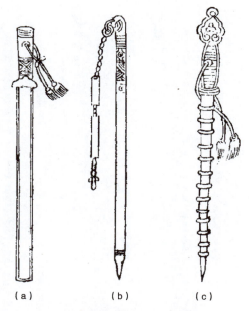

图7-7 《武经总要》中的铁锏与铁鞭
(a)铁锏;(b)连珠双铁鞭;(c)铁鞭

二、远射类兵器

根据文献记载,南宋华岳是最早提出"十八般武艺"这一概念的,宋人华岳所著《翠微北征录》卷七记载:"臣闻军器三十有六,而弓为称首;武艺一十有八,而弓为第一。"[②] 作为十八般武艺第一名的弓在宋辽金元时期的军事地位很高。两宋内忧外患,特别是外患极为棘手,宋朝历代重视兵器的发展,对远射类兵器更是殷求至深,对其重视程度不亚于隋唐。宋朝甚至成立专门的"弓弩院",负责弓箭、弓弩的制作和使用。

宋弓名称甚多,有麻背弓、白桦弓、黑桦弓、黄桦弓等,箭也有鸣髇箭、乌龙铁脊箭、火箭、木扑头箭、铁骨利

---

① 脱脱. 宋史[M]. 上海:中华书局,1977:9721-9722.
② 华岳. 翠微先生北征录[M]. 北京:中华书局,1982.

锥箭、点铜箭等（图7-8）。① 所制弓袋、弓鞬等也异常精美，在满足功能基础之上，开始追求装饰效果。

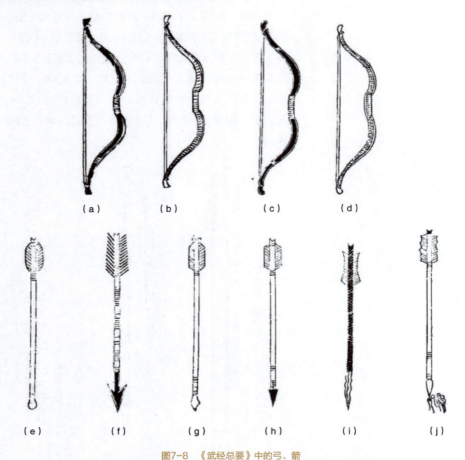

图7-8 《武经总要》中的弓、箭
（a）黑桦弓；（b）黄桦弓；（c）麻背弓；（d）白桦弓；（e）木扑头箭；（f）铁骨利锥箭；（g）点铜箭；（h）鸣髇箭；（i）乌龙铁脊箭；（j）火箭

宋神宗时所研制的神臂弓，做工精美，力度强劲，射程可达300多米。《宋史·器甲之制》中载："熙宁元年，始命入内副都知张若水、西上阁门使李评料简弓弩而增修之。若水进所造神臂弓，实李宏所献，盖弩类也。以檿木为身，檀为梢，铁为蹬子枪头，铜为马面牙发，麻绳扎丝为弦。弓之身三尺有二寸，弦长二尺有五寸，箭木羽长数寸，射三百四十余步，入榆木半笴。帝阅而善之。于是神臂始用，而他器弗及焉。"② 又载："元符元年，诏江、湖、淮、浙六路合造神臂弓三千、箭三十万。二年，臣僚奏乞增造神臂弓，于是军器监所造岁益千余弓。"③ 可见宋朝对神臂弓的重视。

神臂弓一人操作即可，比以前的床子弩更加轻巧、便

① 曾公亮. 武经总要. 中国兵书集成（第5册）[M]. 北京：解放军出版社，1988：658-664.

② 脱脱. 宋史[M]. 上海：中华书局1977：4913.

③ 脱脱. 宋史[M]. 上海：中华书局1977：4917.

携,在宋军中使用的人很多。南宋人改进了神臂弓,被称为"克敌弓",改进后比之前射程更远,穿透力更强。神臂弓的结构是普通弩加上简单的机械装置后的改良弩,这种弩射出的箭穿透力强,射程远,可达300余米。但是这种弩有一个缺点,就是发射频率较低,宋朝军队为了克服这一缺点,每个弩配一名进弩手和一名发弩手,两人协调操作,以提高效率。因此在战争中也有了新的阵型,那就是进弩手、发弩手与其他各类士兵依次排列。这种阵型采取的主要战术是:当军队与敌人距离约为300米时,先用远程兵器(弩发射大箭或铁丸)射杀带队将官;当与敌人的距离逐渐缩近时,弓箭手出击,最后由刀枪手和敌军交锋,这种战术在当时取得了很好效果。

弩在战争中的应用经历了从战国到明清时期由盛到衰的演变,在宋朝达到全盛阶段。宋代弓弩制作极其讲究,为宋军重要的远射兵器之一。宋代弩不断革新,技术不断精进。有的大弩发射需要十多人一起操作,射程在百步开外,甚至达数百步之远,可攻可守,威力强大。但是除却单人使用的小型弩之外,弩大多体型庞大,移动不便,且需要数人协同操作,因此只能在步兵中使用,机动性弱,需要结合战术战略使用才能发挥效力。弩进入元朝便转而进入衰败时期,主要原因是善于骑射的蒙古人对弩不感兴趣,转而重视轻装骑兵的发展。随着热兵器的增多,弩也被火炮等威力更大的远射兵器所替代,逐渐退出了历史舞台。

宋朝作为弩的全盛时期,统治者在朝代初期就非常重视弩的制造与研发,更设立了造箭院和弓弩院,两院所属的工厂都有工匠上千人。弓弩兵在士兵中占六成,可见弩在宋朝军队中的使用最为广泛。这一时期的弩有很多种,有双弓床弩、三弓床弩、大合蝉弩、小合蝉弩、手射合蝉弩、斗子弩等(图7-9)。其中三弓床弩威力最大,称作"八牛弩"。

三弓床弩为数人同发之大弩,其结构是把弓安在木架上,其前置两弓,后置一弓,操作时需要100多人一起合作,通过绳轴转动蓄力。这种弩所用的箭杆是木制的,翎是铁制的,可以理解为是一种带翎的矛,世人称之"一枪三剑箭"。这种结构使得箭的破坏力较强,适合攻城。更关键的是,这种弩的射程在弩类兵器中最远,可达300多步,发射频率也很快,每次可发出数支至数十支。这种弩的命名是因为搁置它所用的木架形状像大床。在火炮出现之前,三弓床弩是攻城威力最大的器具,也是当时的远程重武器。

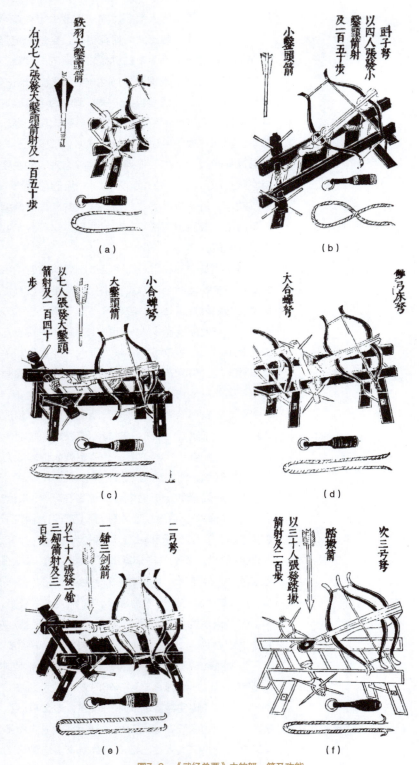

图7-9 《武经总要》中的弩、箭及功能
（a）单弓床弩，铁羽大凿头箭；（b）斗子弩，小凿头箭；（c）小合蝉弩，大凿头箭；（d）双弓床弩，大合蝉弩；
（e）二弓弩，一枪三剑箭；（f）次三弓弩，踏橛箭

宋辽夏金元时期出土的箭镞造型呈现丰富变化（见图7-10），箭镞精心设计，可以使弓箭发挥更大的杀伤力。

元朝时期以轻骑兵取胜，更为重视骑射之技，重视弓箭的使用。蒙古军所用弓箭，多轻巧易携带，弓大箭多，可以远射杀敌，又配以近身厮杀之短枪长枪，成为制胜法宝。

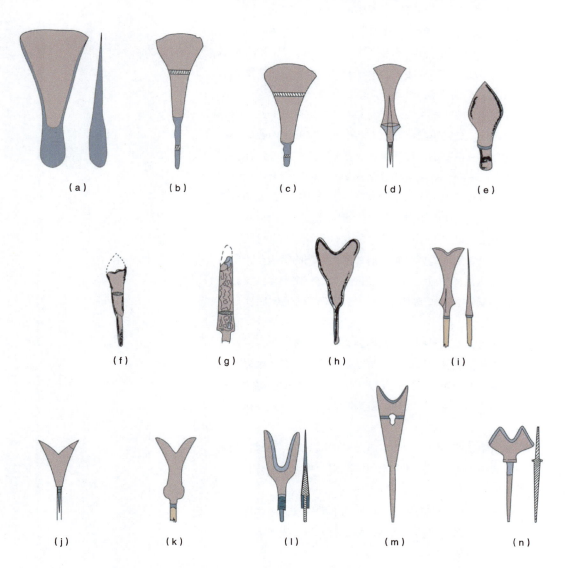

图7-10 宋辽夏金元时期出土的箭镞
（a）内蒙古敖汉旗沙子沟辽墓出土的扁刃镞；（b）辽宁彰朝阳沟2号墓出土的平刃镞；
（c）宁城县小塘土沟1号墓出土的平刃镞；（d）辽宁省阜新县七家子辽墓出土的平刃镞；
（e）上烧锅辽墓群1号墓出土的平刃镞；（f）辽宁建平张家营子辽墓出土的平刃镞；
（g）辽宁彰武差大马辽墓出土的平刃镞；（h）北京顺义安辛庄辽墓出土的平刃镞；
（i）辽宁喀左北岭4号墓出土的平刃镞；（j）辽宁朝阳柳木匠沟辽墓出土的平刃镞；
（k）内蒙古白音罕山2号墓出土的平刃镞；（l）辽宁法库前山辽肖袍鲁墓出土的平刃镞；
（m）河北平泉县（今为平泉市）花营子大东沟辽墓出土的平刃镞；（n）内蒙古敖汉旗沙子沟出土的锋部扁平向外弧呈铲状镞

三、防护类兵器

宋辽夏金元时期的防护类兵器主要指士兵的卫体武器和马具的卫体具装。在以人为主力的战事中，防护类武器和攻击类武器同样重要，在自我保护更好的基础之上，才有更多的机会袭击敌方，才有可能获得战事的胜利。宋人华岳所著《翠微先生北征录》卷七"甲制"条记载有"人甲制""马甲制""马军甲制"和"弩手甲制"的要求。①《宋史·器甲之制》中载："绍兴四年，军器所言：得旨，依御降式造甲。缘甲之式有四等，甲叶千八百二十五，表里磨锃。内披膊叶五百四，每叶重二钱六分；又甲身叶三百三十二，每叶重四钱七分，又腿裙鹘尾叶六百七十九，每叶重四钱五分；又兜鍪帘叶三百一十，每叶重二钱五分。并兜鍪一、杯子、眉子共一斤一两，皮线结头等重五斤十二两五钱有奇。每一甲重四十有九斤十二两。若甲片一一依元领分两，如重轻差殊，即叶不用，虚费工材。乞以新式甲叶分两轻重通融，全装共四十五斤至五十斤止。诏勿过五十斤。"②

宋代卫体武器与攻击类武器并重，由统治阶级负责制造管理，卫体武器有铁、皮、纸三等，即分别以铁、皮、纸三种材料制作，不同等级的军士使用不同的卫体武器（见图7-11）。

士兵的卫体武器和马具的具装有各式名称，或以武器制作材料命名，或以年号命名，或以外观描述命名，或以历史事件命名，不一而足。历史文献中出现的卫体武器名称有祥符钢铁锁子甲、建炎明举甲、绸里明光细网甲、绍兴御赐犀甲等。

南宋中晚期开始，制作甲盾质量持续下降，为减轻甲盾重量，改马甲为皮，铁盾为木，在战事中失去了自我防护的优势。

蒙古骑兵早期游击活动，少有防卫武器，入主中原后，开始采纳宋代以来的防卫武器，并多有创新，造型上颇具元蒙风格，与宋朝有异。

---

① 华岳撰《翠微先生北征录》[M]. 北京：中华书局，1982.

② 脱脱.宋史[M]. 上海：中华书局1977：4922.

第七章 火器参与时代的冷兵器设计

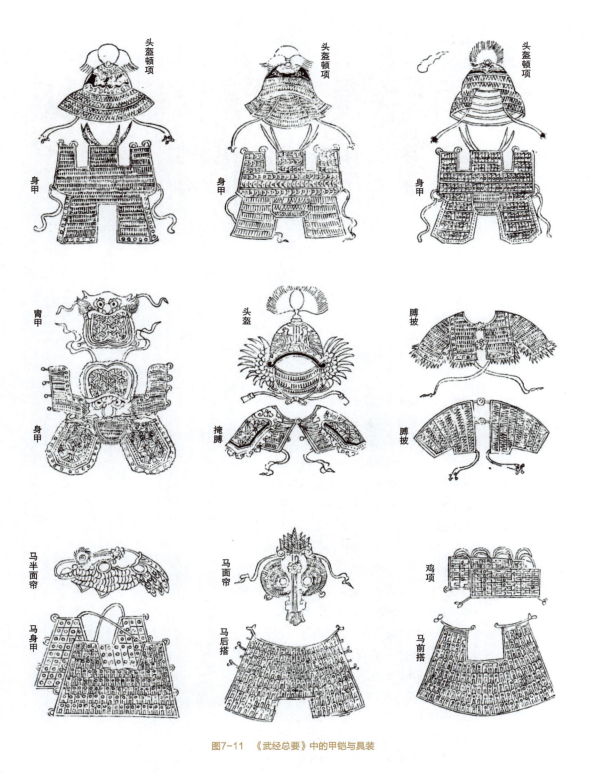

图7-11 《武经总要》中的甲铠与具装

第四节　宋辽夏金元时期冷兵器设计分析

一、外观与结构

宋辽夏金元时期，冷兵器的外观要服务于结构与功能，以实用为主，冷兵器大部分结构裸露于外部，仅进行简单的外观修饰。

在格斗类兵器中，这一时期以传统的刀、枪、棒、鞭等为主。格斗类兵器有长柄和短柄之分，一般有柄身和金属刃两部分。柄身一般木质，光素无饰，用来手持。金属刃则根据战事需要有不同的设计，如长柄刀，刀刃有单面长刃、单面短刃、双面刃、弧形刃，以及带戟的刃等。各式金属刃根据对战需要进行特殊设计，以功能为主，在满足功能基础之上，进行适当的造型修饰，使其更加美观，成弯月形、眉尖形、笔形等。一些兵器的名称也随造型而起，如掩月刀、戟刀、眉尖刀、凤嘴刀等。其他格斗类兵器如凤头斧、蒺藜、蒜头骨朵、狼牙棒、突拐枪等，都是以实用为主，功能为上，造型上展开想象力略做修饰，使其有具象的造型。

在远射类兵器中，弓矢、弩的造型也以功能为主，各式革新创新都是在结构基础上的创新，以实现更大的效能。为了让兵器稳定、坚固，会在实现功能基础上，外观略做修饰。如体型庞大的大型武器床弩，有多种复杂结构，其达到的射程和威力也不尽相同，其结构以实用为主，结构直接裸露其外，也易于操作，外观没有多余的装饰。

在防护类兵器中，根据防护的目标不同，有人甲、马甲、马军甲制、弩手甲制等。护甲一般由铁、皮、藤、纸等材料制作，针对防护需求和成本来选择制作材料，材料不同，护甲的制作工艺就不同，外观也呈现明显的不同。军士防卫器具主要有铁胄、身甲、胸甲、掩膊等。马具防卫器具主要有面帘、半面帘、鸡项、身甲及后搭等。

二、制造与工艺

宋元时期，冶金业得到了足够的重视，迅速兴起和发展起来。北宋伊始，沿袭五代金属冶炼制度，由"三司使"下辖的"铁案"掌金属冶炼，[①]制造精良武器所需的铜、铁等原材料制造加工不断完善。冶金业的发展，促进了冷兵器的发展和革新。

宋初开始在各地设矿冶机构数百个，特别是铁冶机构数量居多，铁场分布全国，产量可观。制造精良武器所需的铜、铁等原材料充足，制造加工工艺不断完善。冶金业的发展，促进了冷兵器的发展和革新。无论是北宋、南宋，还是辽、西夏、金、元，都开始重视冶金业的发展，规模和产量不断增加。

南北朝时期发展起来的灌钢法，到了北宋时期，开始在全国推广。北宋时人沈括在《梦溪笔谈》中"炼钢"一节中对灌钢法进行了论述和研究，认为传统的炼钢之法不够科学："世间锻铁，所谓钢铁者，用柔铁屈盘之，乃以生铁陷其间，泥封炼之，锻令相入，谓之团钢，亦谓之灌钢。此乃伪钢耳，暂假生铁以为坚，二三炼则生铁熟，仍是柔铁。"[②]沈括进一步又提出磁州锻坊的炼钢法更为科学有效："但取精铁锻之百余火，每锻称之，一锻一轻，至累锻而斤两不减，则纯钢也，虽百炼不耗矣。"可见北宋已经完全掌握了改良的灌钢法，来冶炼钢铁，兵器制造的原材料尽出于此。

冷锻法也应用到兵器制造中，针对具体兵器的需求进行锻造。沈括在《梦溪笔谈》中详细记载了"青堂羌善锻甲"的加工方法："凡锻甲之法，其始甚厚，不用火，冷锻之，比元厚三分减二乃成。"[③]此乃冷锻法锻甲之法。此甲坚硬，在五十步开外，用强弩射它，不能射穿。蟠钢剑也是使用冷锻法，通过反复锻打，减少钢铁中杂质而成的利剑。

---

① 脱脱. 宋史[M]. 上海：中华书局 1977：3809.

② 沈括. 梦溪笔谈[M]. 北京：中华书局，2009：55.

③ 沈括. 梦溪笔谈[M]. 北京：中华书局，2009：217-218.

夹钢法是在制造兵器不同部位时，使用不同性能的钢，以实现多重功能。沈括在《梦溪笔谈》中提到的古剑"沈卢"，就是"以剂钢为刃，柔铁为茎干，不尔则多断折。剑之钢者，刃多毁缺，'巨阙'是也，故不可纯用剂钢。"[①] 夹钢法正是了解不同钢的特性，将其锻在兵器不同部位上，才实现了兵器锋利耐久柔韧的多重功能需求。

通过改进革新的金属冶炼工艺，冷兵器的制作加工工艺不断精进，不少高性能的冷兵器发明出来，冷兵器的发展不断向前推进。

三、操作与交互

宋元时期，火器处于初创阶段，在战争中逐渐发挥作用，冷兵器与火器联合作战，成为独出新意的作战方式。但是火器在战争中发挥的作用还未扩大，仍以冷兵器为主，冷兵器在战争中仍然起到主导作用。

这一阶段，步兵和骑兵依然连接紧密，互为臂膀，并行战场。西夏崇宗乾顺时期，吸收宋、辽的军事所长，并进行革新发展，晋王李察哥对步兵和骑兵进行了评价："自古师行步骑并利于国家，用'铁鹞子'可以驰骋平原，用'步跋子'可以逐险山谷。"这是步兵和骑兵的最大优点。但是步兵和骑兵也有缺点："然一是陌刀法，铁骑难施，若值神臂弓，步奚自溃，盖可以常守，不可以御变也。"因此，晋王李察哥提出"今宜选蕃汉壮勇，教以强弩，兼以步牌，平时则带弓而锄，临戒则分番而进。"[②] 将步兵骑兵优势互相结合，增加单兵的灵活应变能力，增加团队的机动配合能力。

四、性能与威力

两宋时期，少数民族发展迅速，成立了多个政权，导致边境环境复杂。相比之下，各个政权之间的矛盾较之前越来越尖锐，外患严重。如前文所说，为了应对越来越严重的内忧和外患，统治者十分重视发展自己的军事制造业，更加先进的冷兵器制作技术是宋朝军工手工业进步的关键体现；另外，随着火器的出现，各类兵器制造数量直线上升。尽管如此，两宋时期攻击力最强的武器还是冷兵器，因为火器在宋朝时仍处于萌芽阶段，还无法超越冷兵器。北宋靖康元年，金军进攻北宋都城开封，就使用了各种冷兵器和攻城器械，

---

① 沈括. 梦溪笔谈[M]. 北京：中华书局，2009：209-210.

② 吴广成. 西夏书事[M]. 影印本. 北平：龙福寺文奎堂，1935.

并利用了火器做辅助。

元朝的军事制造工业从没有到建立，从粗略到精密，经历了一系列变化。南宋使臣徐霆曾认为，继承前人的工艺精髓，不断加强兵器制造工艺，学习北方游牧民族的战术，才能在军事上有所成就。元朝继承了南宋先进的制造工艺，汇当时中西兵器生产之精华，在灭南宋之后形成了巨大的兵器制造系统。

宋元时期有所谓"十八般武艺"之说，其中的"十八"不过是泛称而已，实际上当时兵器的发展远超于18种。根据《武经总要》记载，当时长杆冷兵器就有18种，另外还有各种短兵器有17种，长柄铁刀也有8种。著名的梨花枪最早就是出现在宋朝，秉承了传统枪法的精髓，将其枪法发展到十分纯熟的程度。相比宋朝，元朝的兵器显得更加实用、精细。据茅元仪的《武备志》中的描述，元代的兵器有各种刀7种，各种铁枪6种。

纵览中国兵器发展，大约在宋朝以后，先人虽然将多种武器打造与使用技术学习得更充分了，但对兵器的更新却相比之前减少了。如果对这一问题加以分析的话，我们首先想到的是此时封建生产方式对兵器的制造产生了严重的束缚。其次，没有了鼓励新兵器研发的策略，兵器的创造也就失去了对于匠人的吸引力。最后，武器的研发提高还受火器研制家固执守旧的观点而被压抑，尽管在他们的观点和作品中不断重申研发新品的重要性，但在施行上有较大的局限性。在这一时期，兵家对火器的研究，仍然停留在理论阶段，缺乏实践性。虽说这一时期武器的研发越来越少，但并不代表古代兵器制造的衰落，这也是历史正常发展的结果。更重要的是，创新的减少并不是对兵器技术发展的全盘否定，而是指这个时期某些兵器结构和制造工艺的变化没有根本性的突破而已。

第五节　抛石机设计与襄阳之战、钓鱼城之战

一、抛石机设计概述

抛石机是古代一类颇具威力的抛射武器，可用于攻城，也可用于对外防守，是使用多兵配合操作使用的武器。其利用杠杆原理，通过木制的结构装置将石头、泥制球弹或火球抛射出去，从而摧毁敌军相对较大范围或较大体量的军事目标。据史料记载显示，抛石机最早出现于先秦时期，在近2 000年的发展过程中也曾被称为"礮""砲""投机""发石车""拍车""抛车"等，在我国古代战争史中占有重要地位。抛石机的发展使用在我国大致经历了先秦时期的初步应用阶段，秦汉至隋朝的多样化使用阶段，唐宋辽时期规模化、标准化应用阶段以及金元时期的发展应用成熟阶段。伴随着战争形态和战术应用的发展，技术工艺水平不断精进提高，人们对于抛石机的制造应用理解逐步地演进完善。抛石机的设计建造以远距离大规模杀伤为核心需求，是新型火器出现之前最具大规模杀伤力的武器。

由于抛石机威力巨大、射程较远的突出特点，该类型兵器首先被应用于攻城战术当中，使得固若金汤的城墙不再是夺取城池不可逾越的障碍，深刻地改变了战争的形态。随着古人对抛石机的特点与威力认识不断加深，使用方式的探索逐步拓展，抛石机随后也被用于防守战术中。《武经总

第七章　火器参与时代的冷兵器设计

要·守城》载："凡炮，军中之利器也，攻守师行皆用之。守宜重，行宜轻。"① 道出了抛石机攻守之时不同的使用策略，攻守不同，使用的抛石机种类装备宜不同。对于抛石机的使用需求多样化，主要呈现在灵活移动作战需要，应对敌军新晋对石弹的防御措施而高强度攻击的需要。

（一）抛石机产生与发展阶段的背景与设计

据《史记》注文中记载："飞石重二十斤，为机发，行二百步。"② 东汉许慎《说文解字》中载："䅖，建大木，置石其上，发其机以槌敌。"③ 由此证明该时期抛石机已经应用于战争当中。在这段历史时期中，诸多古代军事家、工程匠人不断根据战争需要，对抛石机设计进行总结改进，形成了深厚的技术积淀，为宋辽金元时期抛石机设计水平达到顶峰打下了基础。

在《墨子》一书中相对详细地记载了一种当时抛石机的设计（图7-12），以杠杆为原理，被称为"籍车"。该装

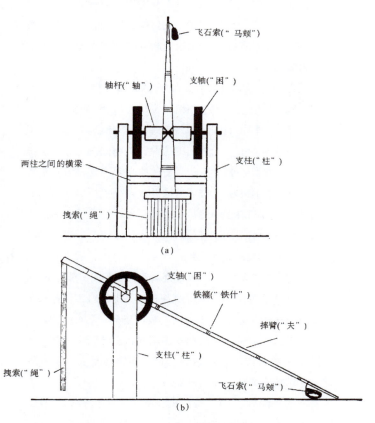

图7-12　墨家抛石机设计原型图

---

① 曾公亮. 武经总要[M]. 北京：商务印书馆，2007.
② 司马迁. 史记[M]. 北京：商务印书馆，2007.
③ 许慎，汤可敬. 说文解字今释[M]. 长沙：岳麓书社，2001.

备被设计为固定于城墙上的定点抛石机，用于歼灭敌军的攻城军队。其由柱（支柱）、困（枢轴）、夫（摔臂）、马颊（飞石索）等组成。柱是深植于城墙地面的竖直木制支撑承重结构，一般由两根长17尺的木柱共同组成，其中埋入地下约4尺。两根木柱通过困连接，形成类似于梁的结构。而夫则是摔臂，其架设在困上形成类似杠杆结构。在未启用状态下，短端上扬，长端落地。夫的长度一般为30～35尺。在夫的长端安装有马颊，即飞石索，其作为石弹的承载装置；短端捆绑若干绳索，用于士兵牵引发射。石弹一般重十钧，相当于现代的73千克。在战备状态，士兵于城墙的抛石机旁"二十步积石"作为石弹储备；作战中，将石弹装载于马颊（飞石索）上，由士兵合力牵拉绳索，夫围绕困转动，石弹被顺势抛出。

秦汉至魏晋时期抛石机得到广泛应用。三国时期，曹操为了实现北方统一，发动了一次著名战役，史称"官渡之战"。在官渡之战中，曹军在战备兵力上均处于劣势。在袁绍军队严密的防守和监视下，为了在战争中随时机动扭转战争僵局，曹操广纳工匠建造一种能够发射石弹的战车。《三国志》中记载："乃为发石车，击绍楼，皆破，绍众号曰霹雳车。"[①] 此发石车在官渡之战应起到了一定作用，帮助曹操转变劣势而胜利。

远程抛射石弹的进攻方式发展也刺激防守一方不断构想防御措施。由于当时的抛石机均为单发，每次抛射一枚石弹后须利用一段较长时间装弹，于是守城军队利用这个时机开始预判可能遭受下一轮攻击的建筑，并将蒙湿的牛皮悬挂在该建筑上方抵挡石弹。由于蒙湿的牛皮具有比较好的韧性和弹性，石弹打在牛皮上被显著缓冲，落下后已经不具有毁灭性的威力。魏国善于制造机械的发明家马钧，他针对湿牛皮防御进攻的战术提出了破局方案——一型带有连发机构的抛石机。据《三国志》中记载："又患发石车，敌人之于楼边悬湿牛皮，中之则堕，石不能连属而至。欲作一轮，悬大石数十，以机鼓轮，为常则以断悬石，飞击敌城，使首尾电至。尝试以车轮悬瓴甓数十，飞之数百步矣。"[②] 意即首先制作一个大型的木轮，在木轮周围用绳索悬挂若干石弹。木轮转动产生离心作用，当达到一定的旋转速度后，切断绳索，石弹相继脱离发射（图7-13）。

南北朝和隋朝时期，抛石机在战争中得到更加广泛的应用。南朝宋大臣殷琰为杜叔宝逼反之时，殷琰率军防守寿

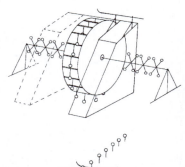

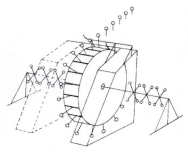

图7-13 马钧连发抛石机机构示意图[③]

---

① 陈寿. 三国志[M]. 北京：中华书局，2005.

② 陈寿. 三国志[M]. 北京：中华书局，2005.

③ 李约瑟. 中国科学技术史. [M]. 北京：科学出版社，1990.

阳,"勋乃作大虾蟆车载土,牛皮蒙之,三百人推以塞堑。琰户曹参军虞挹之造礚车,击之以石,车悉破坏"。① 礚车即一种抛石机,抛出大量石弹击毁城外"虾蟆车",从而取得守城的胜利。这是一次典型的利用抛石机以防守的战例。南朝梁名将王僧辩对战侯景,在巴陵城内驻守,"城上放木掷火爇礌石,杀伤甚多。"② 从城墙之上抛射的火爇和礌石,抛向城下的敌人,杀伤力必定很大。后敌人又用一策,"贼又于舰上竖木桔槔,聚茅置火,以烧水栅,风向不利,自焚而退。"③ 木桔槔本是原始的农用工具,用来汲水,不少简易的抛石机就是利用木桔槔的杠杆原理制作,所以,此处可以认为木桔槔为一种简易的抛石机,这是将抛石机置于船上使用的案例。

水战中发射石弹的舰船在当时被称为"拍舰"。拍舰的产生正是基于我国南方地区水域广泛,诸多战争发生于江河湖泊密布的地理环境之中。《陈书》中对水战多有描述,其中就有使用抛石机参与水战的描写。《陈书·章昭达传》载欧阳纥据有岭南反,上诏昭达讨之,"纥闻昭达奄至,惶扰不知所为,乃出顿洭口,多聚沙石,盛以竹笼,置于水栅之外,用遏粥舰。昭达居其上流,装舰造拍,以临贼栅……"④《陈书·华皎传》载:"淳于量、吴明彻等募军中小舰,多赏金银,令先出当贼大舰,受其拍。贼舰发拍皆尽,然后官军以大舰拍之,贼舰皆碎,没于中流。"⑤ 描写了使用抛石机作为船上的攻击武器对抗敌军舰船的情境。

唐李筌《太白阴经》记载:"楼船船上建楼三层重……置抛车垒石铁什,状如城堡。"⑥

唐代抛石机得到大规模应用。617年,李密率军进攻长安城,《新唐书·李密传》记载:"命护军将军田茂广造云旝三百具,以机发石,为攻城械,号'将军礚'。"⑦ 可见唐代抛石机的应用已经形成相当的规模。《新唐书·窦建德传》中记载窦建德和宇文化及一战:"化及保聊城,乃纵撞车机石,四面乘城,拔之。"⑧ 即是记载在该次战役中,抛石机与另外一种攻城器械——撞车共同使用形成互相配合的攻城战术——由抛石机抛出大量石弹为携带撞车的军队提供火力掩护,减少人员伤亡,再由抵近城下的军队利用撞车打开敌军城门,继而迅速攻入城内。该战术大大提高了攻城效率,降低了己方兵力损失。"安史之乱"时,至德二年,李光弼受到史思明、蔡希德率高秀岩、牛廷玠将兵十万来攻,"(光弼)乃彻民屋为攂石车,车二百人挽之,石所及辄数

---

① 沈约. 宋书[M]. 长春:吉林人民出版社, 1998.
② 姚思廉. 梁书[M]. 北京:中华书局, 1974.
③ 姚思廉. 梁书[M]. 北京:中华书局, 1974.
④ 姚思廉. 陈书[M]. 北京:中华书局, 1974.
⑤ 姚思廉. 陈书[M]. 北京:中华书局, 1974.
⑥ 李筌. 太白阴经[M]. 台北:台湾"商务印书馆", 1982.
⑦ 欧阳修, 宋祁. 新唐书[M]. 北京:中华书局, 1975.
⑧ 欧阳修, 宋祁. 新唐书[M]. 北京:中华书局, 1975.

十人死，贼伤十二。"① 其抛石机名曰"攂石车"，为重型抛石机，规模之大，颇为震撼。

唐李筌《太白阴经》中详细记载了砲车的造型与结构，其载"炮车，以大木为床，下安四轮，上建双陛，陛间横栝，中立独竿，首如桔槔状，其竿高下长短大小，以城为准。竿首以窠盛石，小大多少，随竿力所制，人挽其端而投之，其车推转逐便而用之，亦可埋脚着地而用，其旋风四脚，亦随事用之。"② 根据《太白阴经》的记载描述，唐代抛石机的一般形式由床（基座）、陛（支撑柱）、抛竿三大部分组成。基座由粗大坚固的木材制作，其下方安装有四个轮子。支撑柱为两根，竖直安装在基座上，用木制横栝（横梁）互相连接。抛竿架设在横梁的中间。抛竿的一端安装窠（飞石索），用于承载石弹。

抛石机在作战中发挥出其不意、威慑力巨大的作用，直接左右了战局胜负，为各朝名将所重，潜心研究。战争环境和战术应用的多样化，以及技术进步带来的各种可能性，使得抛石机呈现出各种不同的规模和形制。既须大规模装备，要求对抛石机和石弹进行相对深度的生产加工，也须在生产制造方面遵循一定的规格要求。根据战事需求不同，抛石机出现了各种不同的制式，抛竿的长度与石弹的大小设计为不同的型号，抛石机整体也有轮式和固定式。一般形式的抛石机可以根据需要将底座埋入土中，固定发射。由于战争中对抛石机的普遍应用，形制的进一步分化，抛石机开始按照一定的形制规范进行标准化设计和管理。另时人认识到石弹定点攻击威力有限，攻击范围和攻击效果颇有局限后，开始考虑火器的应用。

至宋抛石机已经发展得颇为成熟，我们从《武经总要》里已经可以看到不同制式图式的抛石机达16种之多，且每种都可以根据需要进行灵活变化。而宋代新式武器——火器的出现改变了冷兵器发展的局面，火器与抛石机一旦配合使用，就为传统的冷兵器抛石机注入了更大的威力，也注定了杠杆抛石机即将退出历史舞台。因为火炮的威力明显大于仅靠杠杆作用发挥效能的抛石机，到了明代，管形火炮的大规模应用，直接导致了杠杆类的抛石机被淘汰。

（二）抛石机顶峰阶段的应用背景

隋唐后，我国疆土划分再次陷入动荡，政权更迭频繁，

---

① 欧阳修，宋祁. 新唐书[M]. 北京：中华书局，1975：4585.

② 李筌. 太白阴经[M]. 台北：台湾"商务印书馆"，1982.

战事纷起。抛石机作为战争中举足轻重的重型武器被广泛使用，由此直接将这类兵器的设计推向了历史顶峰，后被火炮的发明和应用所终结。

宋辽金元时期抛石机技术和应用战术进一步发展，无论是种类、应用规模以及应用方式都达到了空前的高度。史料记载了多次作战应用抛石机的案例。《宋史·魏胜传》中载："胜尝自创如意战车数百两，砲车数十两，车上为兽面木牌……砲车载阵中，施火石砲，亦二百步。"[1]魏胜设计的其实是一个战队，可以协同作战，有如意战车、砲车以及车上的装备。车上装有兽面木牌，数十支大枪，挂着毡幕。每辆车由两个人推行，里面可容50多人。行军时装载辎重盔甲武器，驻军时则连接起来作为营寨，犹如城垒，人马不能近；遇敌又可以抵挡箭镞。列阵时，战车在外，抛石车居中，阵门两边安排弩车，上置弓弩，射程数百步远。抛石车发射火炮，射程有200步。两军对峙时，远距离攻击使用弓弩箭和抛石机，近距离攻击则用刀斧枪戟。作战中，出骑兵两相掩击，得势则乘胜追击，不利则避入阵中。这不仅体现着对抛石机本身的改进，更标志着抛石机作战战术的高度立体化完善化——将抛石机作为一个军队立体打击防御体系中的重要部分，并紧密配合其他兵器使用。北宋曾公亮所著《武经总要》更是以很大的篇幅来描述、图绘抛石机，数量达16种之多。

《金史》中记载了多次使用抛石机参与战事，可见女真族也学会了抛石机的制作与使用。《金史·赤盏晖传》中载："晖督其裨校先登，而城中积刍荛乘风纵火发机石，晖率将士冲冒而下，力战败之。"[2]《金史·赤盏合喜传》中更是记载了一场空前砲战，即蒙古攻打开封的战役："龙德宫造砲石，取宋太湖、灵璧假山为之，小大各有斤重，其圆如灯球之状，有不如度者杖其工人。大兵用砲则不然，破大碣或碌磏为二三，皆用之。攒竹砲有至十三稍者，余砲称是。攒竹砲有至十三稍者，余砲称是。每城一角置砲百余枝，更递下上，昼夜不息，不数日，石几与里城平。而城上楼橹皆故宫及芳华、玉溪所拆大木为之，合抱之木，随击而碎，以马粪麦秸布其上，纲索旗褥固护之。其悬风板之外皆以牛皮为障，遂谓不可近。大兵以火砲击之，随即延蓺不可扑救。父老所传周世宗筑京城，取虎牢土为之，坚密如铁，受袍所击唯凹而已。"[3]从该描述中可见蒙古军队大量利用抛石机攻打内城，几乎把城池填平。此虽有夸张之嫌，但仍反映出当

---

[1] 脱脱. 宋史[M]. 北京：中华书局，1985：11460-11461.

[2] 脱脱. 金史[M]. 北京：中华书局，1975.

[3] 脱脱. 金史[M]. 北京：中华书局，1975.

时军队攻城对抛石机作用的重视。

（三）抛石机顶峰阶段的设计

发展至宋辽金元时期，抛石机设计高度完善。《武经总要》中详细记载了16种抛石机设计。砲车（图7-14）为抛石机的基本型，以大块木头为床，下安四轮，为方便随时移动。上安独竿，竿顶部安罗匡，木上置砲梢。在发射原理方面，抛石机由拽索式衍生出配重式，但总体上仍然以拽索式为主；在移动性方面，发展为固定式、轮式、拖拽式；在发砲数量上发展为单抛竿和多抛竿；根据发射石弹重量的不同发展为单梢砲、双梢砲、五梢砲等。

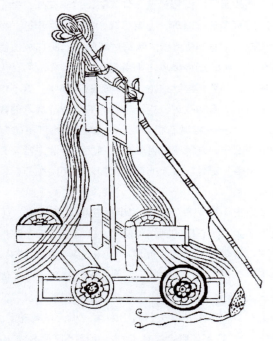

图7-14 《武经总要》中的砲车

《武经总要》中根据抛石机上摔臂竿捆束的木竿或竹竿的数量，分为单梢砲、双梢砲、五梢砲、七梢砲（图7-15）。梢数量越多，所需拖拽的人数越多，抛射石头的重量越大。如七梢砲，需要250人拽，两人定放，可以抛射至50步以外，抛射石头重达90~100斤，可以想象抛射石块所产生的威力。旋风砲（图7-16）是较为古老的抛石机类型，根据配置不同又分为旋风砲、独脚旋风砲、旋风车砲、旋风五砲等，是根据底座和座上摔臂竿的数量来命名的。

第七章　火器参与时代的冷兵器设计

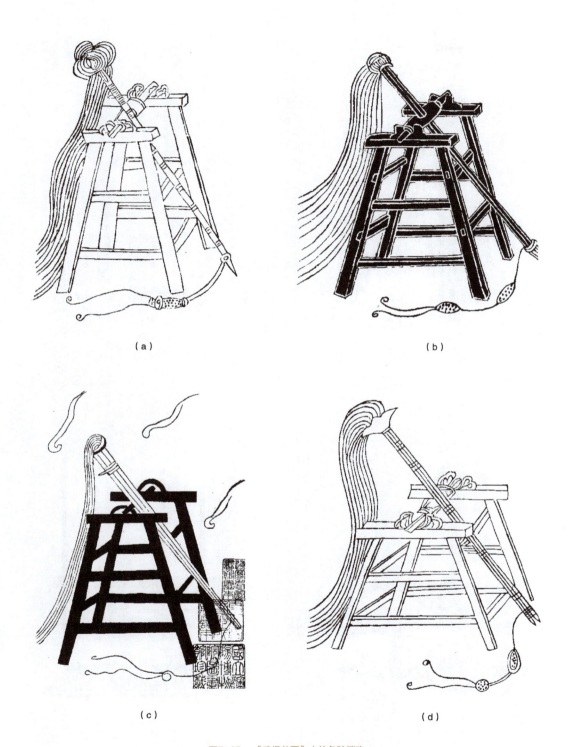

图7-15 《武经总要》中的各种梢砲
(a)单梢砲；(b)双梢砲；(c)五梢砲；(d)七梢砲

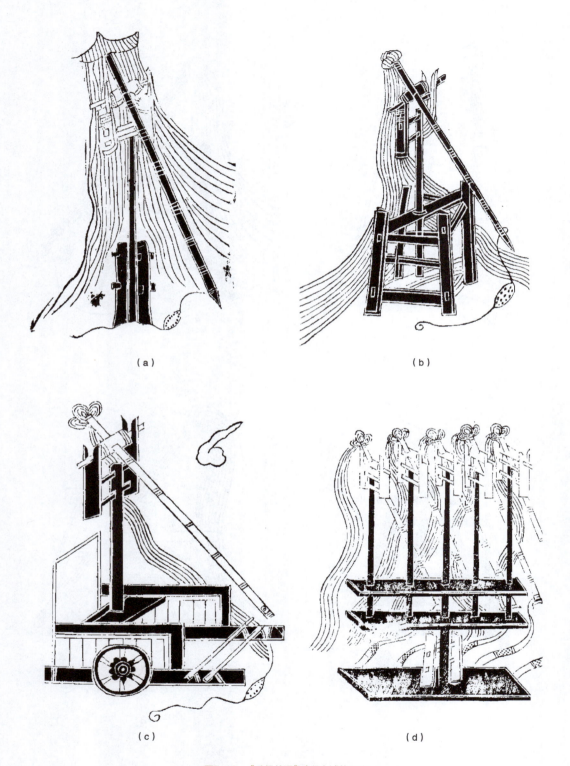

图7-16 《武经总要》中的各式旋风炮
(a) 旋风炮;(b) 独脚旋风炮;(c) 旋风车炮;(d) 旋风五炮

抛石机的一般设计由底座、轴、抛竿、皮窝、拽索及一些其他材料构成（图7–17），配以不同功能、不同规格的砲弹。砲弹一般为加工过的球形石块、火球、火鸡、火枪、撒星石等。其大小规格在生产加工过程中均有严格管理。宋代后，开始尝试使用火药砲弹。

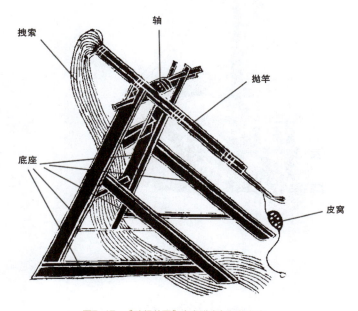

图7–17　《武经总要》中虎蹲砲各部分名称

（1）底座：底座由粗大坚固的木材制成，也被称作床。主体由木材等构成，其他材料使用木楔、狼牙钉、铁丝等进行组装固定。为了适应不同的战争环境和战术需求，底座有四腿支撑正方形底座、长方形底座、三角支撑底座、单柱支撑底座、轮式底座等（图7–18）。轮式底座是为了抛石机方便移动适应机动灵活的作战方式。

（2）抛竿：也称梢，是抛石机的转动臂，将操作施加的能量转化为石弹动能的枢纽。单梢和复合梢的设计由抛射石弹的重量决定。复合梢由单根梢捆绑而成，从而提供更强大的承载力。抛石机根据梢捆绑的数量分为单梢砲、双梢砲、五梢砲、七梢砲，梢越多，拽动所需人数越多，炮弹重量越重，射程也越远。

（3）皮窝：梢末端以整张皮制成用于承载砲弹的装置，也有使用罗筐来代替皮窝的。其一端固定于梢靠近末端位置，另一端以活结系在梢末端，中间承载砲弹。当发射时，梢向上弹起，松开活结即可将砲弹弹离（图7–19）。

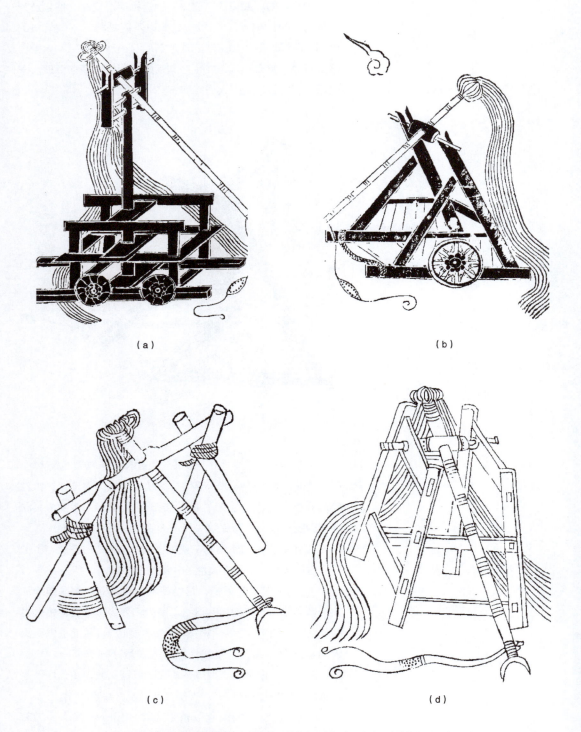

图7-18 《武经总要》虎蹲砲、拄腹砲、卧车砲、车行砲、合砲、火砲中的不同底座
(a) 卧车砲；(b) 车行砲；(c) 合砲；(d) 火砲

第七章　火器参与时代的冷兵器设计

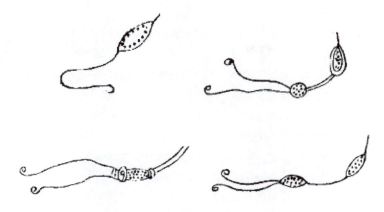

图7-19　《武经总要》中的各式皮窝

（4）拽索：拽索式抛石机的触发装置，其由数量粗细不等的麻线制成，数量和粗细取决于形制对应的砲弹重量和拽手数量。

宋辽金元时期拽索式抛石机延承于前代，由炮手拉拽绳索抛射砲弹。在发射前，首先将砲弹装入皮窝，根据不同砲弹重量配备相应数量的砲手。发射时，炮手合力向下猛拉位于砲梢一端的拽索，砲梢以底座为支点转动，带动另一端的皮窝和砲弹上升，当梢转动竖起到一定角度并与底座横杆撞击而停止运动，砲弹在离心作用下完成发射。

二、襄阳之战中的抛石机应用

蒙宋襄阳之战是抛石机发展到顶峰阶段在战争中大规模应用的典型战例。抛石机在该战役中不仅应用规模之大，同时对战役走向产生了极其重要的影响。

忽必烈即位大蒙古国汗位后，正式开始实施自己平宋的战略谋划。经过对前序大蒙古国平宋战争战略失误的总结，忽必烈决定将战略方向转向南宋战略防御的中段——荆襄地区。1267年，大宋降将刘整向忽必烈提出："攻蜀不若攻襄，无襄则无淮，无淮则江南可唾手下也"，[①]忽必烈当即纳策攻打襄阳。

蒙军战略南移，意味着战争的作战环境发生变化。忽必烈面临两大主要问题：其一，战争的地理环境江河密布，不再是传统蒙军熟悉擅长的平原作战；其二，南宋尤为重视襄阳城防御建设，襄阳城已经是长江中上游城高池深兵精粮足的屏障之地。为此蒙军相对应作出两项重大军事变革：建立

---

① 周密. 癸辛杂识[M]. 北京：中华书局，1988：306.

水军与砲兵。

　　蒙元与南宋军队开始了长达5年的各种攻击防守战役，各式步兵、砲兵、水军参与其中。至元五年，元军也用过传统的砲具进攻襄阳、樊城，[①] 但因为传统砲具威力一般，没能攻破两城，战事依然处于僵持状态。襄樊战役以前，蒙军并未形成专门的砲兵军种，也未专门建造成规模的抛石机。通过战争缴获的少量抛石机仅被编入步骑兵作为辅助性力量。砲手随路征集，不仅人数较少同时也缺乏训练。

　　至元八年，世祖往西域征砲匠，西域人阿老瓦丁和亦思马因应诏来到京师，开始制造一种新式砲。这种砲是在传统砲具基础上进行的改良，具有更远的射程，更大的威力。至元十年，"为砲攻樊，破之。"同年，使用新式砲攻打襄阳，攻襄阳未下。"亦思马因相地势，置砲于城东南隅，重150斤，击发，声震天地，所击无不摧陷，入地七尺。宋安抚吕文焕惧，以城降。"[②] "一砲中谯楼，声如震雷，城中汹汹，军心摇动，诸将纷纷踰城降元。"[③] 历时数年之久的襄阳之战，因为这种新式砲的参战而直接影响了战局，蒙元军队攻克了襄阳城。后来在这种新式砲的助攻下，又相继攻下潭州、静江等郡。

　　因为新式砲的制造，阿老瓦丁和亦思马因受到元朝重用，于至元二十二年，"枢密院奉旨，改元帅府为炮手军匠上万户府，以阿老瓦丁为副万户。"亦思马因也受到重赏和重用："既而以功赐银250两，命为砲手总管，佩虎符。"砲兵成为元军正式建制。

　　随蒙宋战争而全面得到重视和大规模发展的砲兵达到了空前的高度，尤其是在蒙古国对宋战略变化中军事方面的重要战略变革，在多次大规模战役中，砲兵配合水军，步骑兵协同作战，对战争结果产生了决定性影响。

三、钓鱼城之战中的抛石机应用

　　蒙宋钓鱼城之战发生于襄阳之战前期，蒙哥率主力攻打四川地区，准备随后沿江东下会师灭宋。钓鱼城是宋军为巩固四川防守而建立的10余座军事要地之一，也是处于核心地位最为坚固的防御节点。

　　彼时的蒙古大军正处于得势之时。自13世纪初蒙古势力崛起，发动了大规模战争，横跨欧亚两大洲，建立起了庞大的蒙古帝国。灭金后，蒙古军队的战略方向直接转向南

---

① 宋濂. 元史[M]. 北京：中华书局，1976：3582.
② 宋濂. 元史[M]. 北京：中华书局，1976：4544.
③ 宋濂. 元史[M]. 北京：中华书局，1976：6589.

宋，进攻的重点便是长江上游的四川地区。南宋宝祐六年（1258年）蒙哥率4万大军会同各路征调兵力入蜀，钓鱼城面临以少敌多，以弱阻强的严峻防守形势。

钓鱼城依山而建，建有内城、外城多道城墙层层防御。南宋守军利用地理优势，坚守钓鱼城。城内外攻守双方都使用攻城、守城器械对抗，抛石机、砲具、床弩、云梯等器械纷纷派上用场。为加强钓鱼城防守，宋军派千余艘大型舰船增援，后被蒙古军击退。蒙古军队接连采用抢攻、偷袭、夜攻等方法轮番攻城，都没有成功。

在一次对战中，宋军使用砲弹猛烈轰炸，导致蒙哥受伤。重伤之下蒙哥不得不暂时退兵，不久便不治而卒。《合州志》载："开庆中原主蒙哥驻兵城下，攻围累月不克，俄中飞矢死，围解。"[①] 此后蒙古统治集团陷入内乱，暂时无暇顾及钓鱼城攻事，南宋也获得了短暂的休整喘息的机会。

此次战役不仅集中体现了抛石机的设计之于古代战争的重要意义，尤其体现了在冷兵器火器交替时代，古代匠人将火药技术创造性地与砲车原有设计相结合的里程碑意义。

---

① 费兆钺，程业. 合州志[M]. 成都：巴蜀书社，2009.

第六节　蒙古弯刀设计

作为传统游牧民族，弯刀在蒙古军队军事装备中占有极其重要的地位。在蒙古军队的装备中，弓箭的作用居首，其次是弯刀和狼牙棒。美国作家杜普伊在《武器和战争的演变》中载："典型的蒙古军队中大约40％是从事突击行动的重骑兵……重骑兵的主要兵器是长枪，每个士兵还带一柄短弯刀或一根狼牙棒，挂在腰间，或者置于马鞍上。轻骑兵的主要兵器是弓……跟重骑兵一样，他们也有一柄很重的短弯刀或狼牙棒，或者一根套索，有时还带有一支头上带钩的标枪或长枪。"[1] 此种短弯刀就是蒙古特有的冷兵器——蒙古弯刀。

蒙古弯刀是近身对战兵器，利用侧刃劈砍，由刀身和刀柄两部分组成，刀身狭长弯曲，薄刃厚脊，采用臂力挥之对战。元杨瑀《山居新语》中载："刺刺望见尘起，疑有不测，乃入账房中，取手刀弓箭带之上马。遇诸途，短兵相接，而以其手刀挥之。"[2]

蒙古弯刀的突出特点是刀刃和刀脊沿刀尖方向逐渐略微上挑，最终刀刃、刀脊收并为刀尖。蒙古弯刀在手柄末端多设置金属环作配重，即是诸多文献中所称蒙古"环刀"。南宋彭大雅的《黑鞑事略》中载："其长技，弓矢第一，环刀次之。"[3]

为了便于骑兵携带和常规作战的收纳，一般为弯刀配备

---

[1] 杜普伊. 武器和战争的演变[M]. 北京：军事科学出版社，1985：93.

[2] 杨瑀. 山居新语[M]. 上海：上海古籍出版社，2012：14.

[3] 彭大雅. 黑鞑事略[M]. 北京：中华书局，1985：13.

一个桦树皮材质的刀鞘。

基于弯刀特殊的形制设计，在蒙古骑兵作战中具有显著优势。

第一，短且带有弧度的弯刀在收刀时动作幅度较小。蒙古轻重骑兵将弯刀作为近战防身武器，在突入敌军纵深近距离杀敌格斗过程中，经常需要将弓箭等远射兵器快速切换为近战兵器，因而出刀收刀速度至关重要。

第二，重心靠近手柄，使得骑兵用刀动作更加灵活，弥补了马匹上运动作战在灵活性方面的制约。

第三，适合骑兵平行或向下做劈砍或拖刀杀敌动作。尤其值得强调的是，在运用拖刀动作杀敌时，配合马匹的快速运动，横向或略向下将刀向马侧伸展开，刀刃向前，在接触到敌人后，弯曲的刀刃在敌军身体上滑动切割，显著增大了杀伤面，又可连续杀敌。

第四，弯曲的刀面在做劈砍动作时，将一部分侧向力分散，从而很大程度上避免了战刀脱手的状况。

第七节　火器参与时代的兵器设计思想

隋唐后，我国广袤的疆土再次陷入频繁的政权割据、对峙、更迭时期，直至元代方再次回归稳定统一的局面。在此期间，在我国疆土范围内，中原政权与北方游牧民族政权之间不仅有频繁的战争冲突，还有繁荣的贸易往来，在军事思想和兵器设计思想方面形成了互相学习借鉴，互相促进发展的现象。

兵器设计根植于文化和技术基础，基于战争的环境和需求，同时军事制度变革与战略战术思想的演进也对其具有深刻影响。在此400余年间，主要形成了两种典型文化的交流冲突，即以两宋为代表的我国中原地区文化，以辽国、金、大蒙古国为代表的我国北部游牧地区文化。

宋朝沿承前朝千年积累的相对完善的军事管理思想，制定了相当完善的兵器制造与管理体制，实现了比较完备的规范化管理。因为北部游牧地区擅长骑兵作战，迫使宋朝迅速作出相应改变，改变了中原地区以刀、剑、棒为主要作战兵器的状态，而是针对骑兵，特别是重甲骑兵，如铁浮图、铁甲骑兵等的使用，进行相应的兵器改造。弓弩、刀枪、锏鞭等也做了相应的变化，以应对骑兵作战的需求。

火药的应用为其在传统弓、弩、箭等冷兵器基础上发展出火器创造了条件。北宋时期就开始使用初级火器——火药箭与火球，两者多是借助改良后的弓箭、弩和抛石机，进行射击、抛射，既有杀伤力，又有焚烧威力。传统兵器在火器助力之下，威力大增，一些专门配合火器使用而改良、新创的兵器应运而生，并不断更新迭代，才有了之后火器的繁荣发展。

第八章
走向成熟的冷兵器设计

第一节　传统历史根基的兵器设计

明朝和清朝，随着国力的强盛，社会生产力的发展，科学技术的进步，兵器的发展不断进步，冷兵器的设计无论是在质量上还是数量上都受到了火器的影响，出现了衰退的迹象。但是冷兵器在明朝和清朝始终没有被后来居上的火器彻底取代，依然在不断发展与变革。直到第一次鸦片战争的前后，冷兵器依然不断发展，以冷热兵器的混合式作战方式存在着。

关于兵器制作研究、冶铁铸造之术多见诸笔端，著录成书。这一时期的代表作有宋应星的《天工开物》、唐顺之的《武编》、毕懋康的《军器图说》、王鸣鹤的《登坛必究》、戚继光的《纪效新书》和《练兵实纪》等。

一、明朝历史根基的兵器设计

明朝政权建立之后，中原地区已经非常稳定，经济发达，人口众多，有非常雄厚的物质基础。但是北边却远不太平，受到北方少数民族的侵扰不断。为了与北人作战，政府重视保障装备和关隘建设，在中国历史上又出现了建关筑垒的高潮。

在明军攻打的北方地区，朱元璋指示把关筑垒建成基地。明朝的关隘大多位于高山峡谷、河谷转弯处或者必须经过平川的道路等危险地区，用少量军队对抗更多的敌人。明军也会在重要关口建设关城。关城是长城沿线重要的军事基地，位置主要位于长城的主要道路上，周围有许多大大小小的城镇。明朝建设关城的目的是巩固从东起鸭绿江西至嘉峪关的防线，建立稳固的防御阵地，防止北军向南，确保中原的安全。相比周边的少数民族政权，明朝长期保持了装备和保障方面的优势。

在明朝军事边防上，前期和中期主要是抵抗和防御蒙古族军队的侵扰，后期主要是针对金（满洲）的侵略和进攻，这样在整个明朝时期前后各有不同的布局与设施。

明朝初年，冷兵器是主要的武器装备。洪武十一年（1378年），明朝的兵器以弓矢箭弩、马刀长枪、甲胄之类冷兵器为主。后来，明朝积极发展火器、炮具的兵器制造技术，随着火器的迅速发展，冷兵器的主导地位逐渐丧失，冷热兵器混合使用，中国历史进入了火器与冷兵器并用的时代。

明朝在中央的工部和内部政府监察局下设军事局、火药局、装甲厂等。省政府也有一个杂项局来生产武器。随着社会生产力的提高，科学技术的进步，以及国外先进技术的引进，明代的武器取得了快速的发展。

明朝冷兵器的种类和形状基本保持了宋代的特点，在某些方面略有改善。短兵刀在形状上吸收日本刀的优点，并制作成长刀、短刀和腰刀等，以适应步兵和骑兵的特点和操作要求。与宋代相比，长短武器中的枪支和长柄刀具简化，使其更轻，更适合作战。此外，还制造了一些杂项兵器，如钯、马叉等，针对特定战事使用。由于明朝结合长城和关塞要地的防御需要，还会生产大量防御性的武器。在防御武器中，除了继续使用铁、皮、藤甲之外，生产更柔软的软装甲，甚至能承受火炮的射击。

二、清朝历史根基的兵器设计

清朝历时268年，是中国最后一个封建王朝。顺治元年（1644年）入关后，面临着建立和巩固国家政权，稳定秩序，维护多民族国家统一的重大战略任务，内外局势比以往任何一个王朝都要复杂得多。

清朝是一个冷兵器走向没落、火器发展盛行的时代。关隘和城镇在管状枪械面前失去了有效的防御。清政府转而利用关隘控制人口流动，增加政府税收，在一定程度上发挥了社会经济作用。

清朝建立以来，在内部，清朝统治者制定了相应的对策，采取了一系列措施，以应对各种分裂势力和反清势力，避免威胁清朝统治，保持社会稳定。在制止分裂、完成国家统一的过程中，统治集团及时总结经验教训，不断调整战略决策，处理国家安全重大战略问题。总的来说，取得了成功，有些起了非常重要的作用。

在外部，西方社会资本主义兴起，西方列强开始加速东部殖民扩张，清朝在边防和海防方面面临严峻挑战。如何防范和抵制外来侵略，特别是西方列强的侵略，成为国家安全战略的一个新的重要组成部分。在这方面，清朝统治者从维护国家安全和政治稳定的思想基础出发，制定了相应的对策和方法，但并没有从根本上触及根深蒂固的制度问题，而这种变化总是处于被动反应，缺乏积极主动变革的精神。

在枪支逐渐取代冷兵器的巨大转折的过程中，由于社会生产的落后和清朝统治者的保守，清军的武器装备，特别是枪械的发展始终非常缓慢。这一过程最终导致了清朝的被动与挨打。

第二节　火器发展对传统冷兵器设计的影响

明清时期，随着经济的发展和社会的进步，中西方之间发生了更多的交流，特别是中西方军事技术得到更好的交流。在这里值得特别注意的是，西方先进火器的引进，使得中国火器快速发展，进而对冷兵器的设计产生了很大影响。

一、火器发展对明代传统冷兵器设计的影响

火器自北宋初年出现并不断发展后，到明朝已经处于冷兵器和火器并用的时代，且因为火器的威力更大，明朝政府已经开始重视火器的使用，增加了枪支和火炮，逐步改变了军中装备中火器与冷兵器的比例，即火器比例不断增加，冷兵器比例不断减少。明代火器之所以能够以这种方式发展，是因为这一时期的生产力水平有所提高，科学技术进步，火器在战争中大规模的生产和使用、设备的不断优化等。但是冷兵器在战事中依然起到重要作用，在近300年的明代发展历程中，不仅火器得到了前所未有的发展，同时冷兵器也得到了改进与发展。

明朝在统一国家战争中，多次以火器取得战争的胜利。郑和下西洋的航行中，还装备了大量火药、火箭等。在明末清初，大批火炮直接参与战争，以及炮兵部队的诞生，让战

争的规模巨大、复杂和善变。毫无疑问,炮兵和炮兵部队的出现彻底改变了传统的作战方式。

由于封建制度的局限性和生产力的限制,火器的性能还不足以完全取代冷兵器。明代冷兵器的发展体现在武器质量的提高和形状的简化,以及冷兵器种类的改变和结构的改进。

明朝时期,由于火器的大规模发展,冷兵器逐渐失去了主导地位。明朝初期制造和使用的抛石机和弩,逐渐被管状火器取代。在格斗兵器中,与宋代相比,枪和长柄刀的形状简化,轻巧适用。此外,还创造了许多杂式长兵器,如镋把、马叉、狼筅等。外形上效仿了日本刀在造型上的优势,并根据步兵、骑兵作战的特点进行改进,制成长刀、短刀、腰刀。

明朝的防御武器在火器影响下,也得到了改良和发展。防御武器除了抵挡传统格斗兵器外,还发明了一些抵挡矢石的牌,如无敌神牌,①一人可以敌百,十人可以敌千,可攻可守,可山战水战,还可以用来抵挡火炮射来的矢石等。

根据战事需要,还制造了各种战车,有屏风车、卫虏藏轮车、火柜攻敌车、虎车、象车、巷战车、正厢车、扁厢车等,不少战车与火器结合,攻守兼备。如火柜攻敌车(图8-1),"车辕长七尺,屏高五尺,前辕二层,架枪刀八杆,箱中放火箭柜,通于外面,内装火箭四十枝,用军二

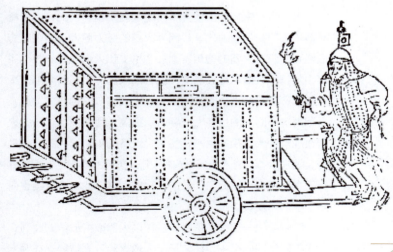

图8-1 《武备志》中的火柜攻敌车

① 唐顺之.武编[M].北京:中华书局,1985:719.

名,轮流推行进攻。"① 这种战车显然是配合火箭设计制造的可战可守的新式战车。

飞轮车(图8-2)是另外一种战车,以木制作,蔽之以竹,"可以六人肩之,张为护,可以蔽二十五人,施铳发火箭,可以有车之用,画地而阻骑,可以有拒马木之用……"② 此飞轮车兼具多种功能为一体,可以配合用铳和火箭。

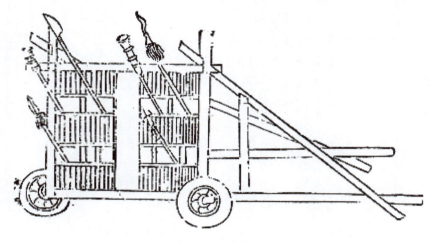

图8-2 《武备志》中的飞轮车

二、火器发展对清代传统冷兵器设计的影响

清朝正处于欧洲国家火器的快速发展逐渐取代冷兵器的时期。但是,清朝统治者并不重视火器的发展,导致我国兵器的研制发展趋于停滞和衰落。这也是造成中华民族遭受百余年灾难的重要原因之一。

清朝的武器装备继承与发展了中国的传统武器制造技术,并具有强烈的时代特征,体现出清朝军事技术的成就与武器发展水平。清朝统治阶级在夺取政权、一统天下的战争中,主要使用用冷兵器刀矛弓矢武装起来的铁骑部队。因此,在开国之初,就奉行冷兵器为主、火器为辅的军事策略。特别是清朝灭三藩,平定边疆后,国家趋于稳定太平,无太大战事,清朝政府开始施行严格的武器控制,对于火器的研究与发展则是持消极态度,对于原来的旧火器也鲜有创新。雍正皇帝甚至说过:"满州夙重骑射,不可专习鸟枪而

---

① 茅元仪.武备志[M].北京:解放军出版社,1989.
② 茅元仪.武备志[M].北京:解放军出版社,1989.

243

废弓矢，有马上枪箭熟习者，勉以优等。"[1] 从雍正皇帝的话中可以推测，清朝时期火器已经发展到一定规模，导致一些士兵重火器而轻弓矢，才引起了雍正皇帝的重视。

《清史稿》载："西藏旗兵，自乾隆五十七年始，前后藏各设番兵千。定日、江孜各设五百。前藏领兵者曰戴琫，其下如琫，又下甲琫、定琫。原置戴琫三人，二驻后藏，一驻定日，复增戴琫一人驻江孜。前藏番兵，游击统之。后藏及江孜、定日，都司统之。原有唐古特兵，归戴琫督练。初制，每番兵千，弓箭三之，鸟枪七之。嗣选唐古特兵三千，鸟枪、刀矛各半。至是新设额兵三千，每千人五成鸟枪，三成弓矢，二成刀矛。"[2] 从乾隆时期在西藏置兵的状况，可以分析清朝对冷兵器始终重视，对弓矢刀矛紧抓不放，冷兵器的配置几乎占到清朝士兵武器装备中的一半。

---

[1] 赵尔巽. 清史稿（卷114）[M]. 北京：中华书局，1977.
[2] 赵尔巽. 清史稿（卷114）[M]. 北京：中华书局，1977.

第三节　典型的兵器种类

明清时期冷兵器的制作工艺可谓精湛至极。明清时期的冷兵器以弓、箭、长枪、大叉、大刀、短剑、藤牌、甲胄等兵器最为显著。在这两个时期的冷兵器可划分为格斗类兵器、远射类兵器和防护类兵器。

一、格斗类兵器

格斗类兵器，是指在近身战斗时用以直接杀伤敌人的各种手持兵器，是冷兵器的主体兵器。《武编前集》卷五中，对格斗类兵器枪、刀、锤、铛、剑等就工艺特点和战事中的使用方法进行了详细的介绍。

按作战的使用来看，格斗类武器可分为长兵器和短兵器。长兵器攻击范围更远，适合远距离作战，可先发制人。短兵器主要用于近身搏斗。明清时期的长兵器主要分刀、枪等类。短兵器主要以可分为刀、剑、钩、戟、锏、鞭、斧、锤等类。长刀一般双手握持，短刀一般单手握持。长兵器与短兵器一般搭配使用，因时制宜。明叶权《贤博编》中载："嘉靖乙卯，海寇败于浙西，走绍兴，途中杀钱御史……中后所官军三百人，皆精锐，立什伍相救护，各持长枪，带短刀，不用弓矢及他器械。"[①] 抗倭名将戚继光也在《纪效新书》里论述了"短兵长用说"，分析了敌我对战之时，兵器

---

① 叶权. 贤博[M]. 北京：中华书局，1987.

长短对战事成败的影响，提出了短兵长用之法。①明清时期的短兵器，在继承宋元的基础之上，有所改良。戚继光《纪效新书·短兵长用说第十二》中载："夫钗、钯、棍、枪、偃月刀、钩镰，皆短兵也……短兵利在速进，终难接长，持久即为所乘。"②道出了短兵器在对战中的利弊。

（一）刀

刀是一种主要用来劈砍的单面利刃兵器，主要由刀身和刀柄组成。明代刀主要有长刀、短刀、腰刀和钩镰刀，主要适用于近身对战（图8-3）。

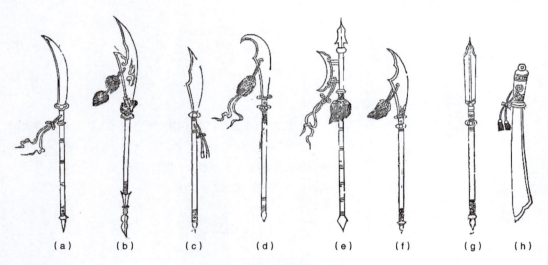

图8-3 《武备志》中的各式刀
（a）眉尖刀；（b）偃月刀；（c）笔刀；（d）凤嘴刀；（e）戟刀；（f）屈刀；（g）掩刀；（h）手刀

在明代，长刀多模仿日本的太刀，长刃短柄，用双手握砍，这与中国古代的短刃长杆的长刀截然不同（图8-4）。此种刀杀伤力很强，这也得益于其先进的冶炼技术，使其刀刃锋利，不仅能够砍劈敌人身体，还能砍断兵器。清朝长刀也多使用模仿日本的长刃短柄式刀，如故宫博物院藏有一件玉柄金桃皮鞘寒锋腰刀（图8-5），即为典型的长刃短柄刀，为皇室专用的腰刀，其装饰精美，刀刃锋利，兼具实用与审美双重功能。

短刀是短兵器的一种，与手刀略同，为单手握持、近距离作战的兵器，骑兵交战也多用短刀。短刀一般佩戴在髀旁，即大腿侧，故古代亦称"拍髀"。短刀一般刀身长于刀

---

① 戚继光.纪效新书[M]. 上海：上海新民书局，1935.
② 戚继光.纪效新书[M]. 上海：上海新民书局，1935.

第八章 走向成熟的冷兵器设计

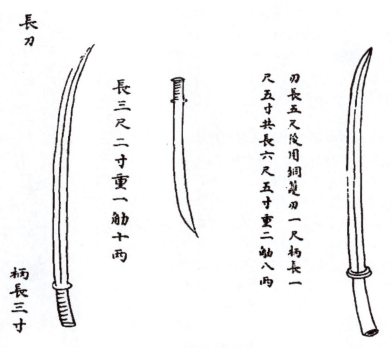

图8-4 清《洴澼百金方》中的刀

图8-5 清玉柄金桃皮鞘寒锋腰刀（故宫博物院藏）

柄，但刀刃较长刀短，总长度亦较长刀短，多与长兵器配合使用。

明朝经常与倭寇作战，倭寇使用的太刀，铸造精良，刀身长刀短柄，使用时双手握刀，能够直接砍断长枪，具有明显优势。双手所用的刀要比单手执剑更具杀伤力，在近身对战中，特别容易砍断敌方的兵器。后来戚继光在日本刀的基础上进行改造，创造出特有的戚家军刀，并独创十五式刀

247

法，专门应对倭寇的太刀。此种戚家刀结合了倭寇的太刀和传统腰刀的特点，刀身长度为70～80厘米，刀柄平直，刀刃属倭刀式，可以劈砍对方兵器和铠甲。

（二）狼筅

明将戚继光等专门针对砍削的日本军刀而设计出多刃形长兵器，即狼筅，专用于抗倭，并取得了很大的成功。狼筅（见图8-6、图8-7）亦称狼牙筅，是明朝新创的长武器品种。戚继光等抗倭勇士与倭寇对战过程中，手中长、短兵器经常被倭寇良刀砍断削折，于是戚继光等将士们创造了多刃防砍的长兵器狼筅，所用材料或用铁，或用坚竹。唐顺之《武编》载："处州人使狼筅，右脚右手在前，阴阳手使挡扒亦多如此，犹左右开弓也。"①明茅元仪《武备志》载："狼筅……今当择力大之人，能以胜此者，勿为物之所使。然后以牌盾佐其下，以长枪夹其左右，镋钯、大刀接翼于后。夫筅能御而不能杀，非有诸色利器相资，鲜克有济。"②说明了狼筅在对战中为御敌兵器，不能作为阵前杀敌的兵器，需要与其他兵器配合作战，才能起到应有的作用。《练兵实纪》中也记载了狼筅："狼筅乃用大毛竹上截，连四旁附枝，节节枒杈，视之粗可二尺，长一丈五六尺。人用手势遮蔽全身，刀枪丛刺必不能入，故人胆自大，用为前列，酒南方杀倭利器。"③

图8-7 《练兵实纪》中的狼筅

图8-6 《武备志》中的狼筅

（三）枪

枪一般为长柄兵器，在木杆长柄上刃下鐏，如果骑兵使用则在枪首之侧施倒双钩或倒单钩，可刺可钩，或在木杆上

---

① 唐顺之. 武编[M]. 北京：解放军出版社，1989：796.
② 茅元仪. 武备志[M]. 北京：解放军出版社，1989.
③ 戚继光. 练兵实纪[M]. 北京：中华书局，2001：305.

施环,步兵则直接使用素木杆。因为柄长,刺击距离较远,适用于长距离的对战,与长柄刀并用。因为枪本身柄长,多结合棍法与枪法配合使用。明唐顺之《武编》中载:"凡枪,以动静两分,动则为攻,静则为守,攻内有行,守内有固,此为攻行守固,以无为是也。"[①]表达了枪使用中的攻守之法。

枪种类繁多,明茅元仪《武备志》中记载有短刃枪、短锥枪、抓枪、蒺藜枪、拐枪等(图8-8)。其中短刃枪刃连袴长二尺,杆长六尺;短锥枪刃连袴长一尺二寸,杆长六尺;抓枪刃长一尺五寸,刃后四个方向有四逆鬃,杆长六尺二寸,杆上施铁刺;蒺藜枪刃连袴长一尺三寸,杆长六尺,前两尺施铁蒺藜;拐枪刃连袴长二尺五寸,杆长四尺,长刃上施倒钩。

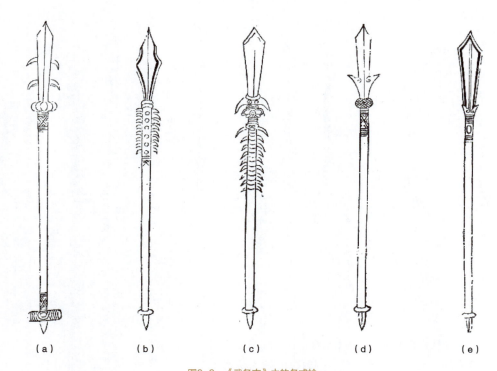

图8-8 《武备志》中的各式枪
(a)拐枪;(b)蒺藜枪;(c)抓枪;(d)短锥枪;(e)短刃枪

明戚继光《练兵实纪》中载:"长枪解用毛竹之细者,长一丈七八尺,上用利刃,重不过四两,或如鸭嘴,或如细刀,或尖分两刃。造法亦自脊平铲至刃乃利。必执持在根,用杨家法。初则用之南方,杀倭全赖于此。此利其长,倭刃短,即所用精惯,然未及我身,彼已受刺。"[②]

---

① 唐顺之.武编[M].北京:解放军出版社,1989:797.

② 戚继光.练兵实纪[M].北京:中华书局,2001:305.

二、远射类兵器

明清时期远射类兵器以弓和弩为主。明清时期的弓弩和宋代的弓弩大致相似,在此基础上加以改良创新。

明代弓制作更加精良讲究(图8-9),名称颇为丰富,有马蝗面弓、泥鳅面弓、漆弓、裹弓、稍弓等,皆以弓制作材料工艺特点命名。①如马蝗面弓,是用大牛角解截成面而阔,拉弓射箭之时,弯曲如扇圈,受力均匀,不变形。泥鳅面弓则用小牛角解截成面而狭小,拉弓射箭之时,弯曲如折竹,受力不均,易变形。漆弓则是用漆髹弓,裹弓用黄桦,或用桃皮,或用朱红,皆不如黑生漆。稍弓则是用白角,或用鱼枕,或用绘画,或用红绿花彩,皆不如黑生漆。

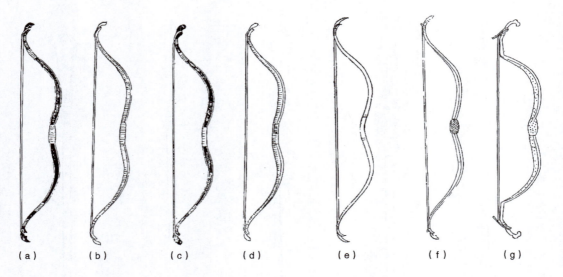

图8-9 《武备志》中的弓
(a)麻背弓;(b)白桦弓;(c)黑漆弓;(d)黄桦弓;(e)西番木工;(f)小稍弓;(g)开元弓

不同的弓配不同的弓矢,射击目标不同,弓矢也不同。有专门穿透铠甲的透甲锥箭,有专门射马的狼舌头箭、艾叶头箭和铲子箭,有专门射牲畜、水战射蓬索的月牙箭等(图8-10)。《武备志》中载:"矢……其法也,惟要头杆相称,中粗而两头细,则肯行矣。头要点钢,方透得甲过,箭肩要盖过箭杆,方可入坚,不然两强相遇,则箭镞易入箭腹矣。铁信要长,入箭腹五寸方妙。其羽必用生漆,下丝缠方不畏雨湿。"②一些弓矢既可为弓所用,也可为弩所用。

① 唐顺之. 武编[M]. 北京:解放军出版社,1989:756.
② 茅元仪. 武备志[M]. 北京:解放军出版社,1989.

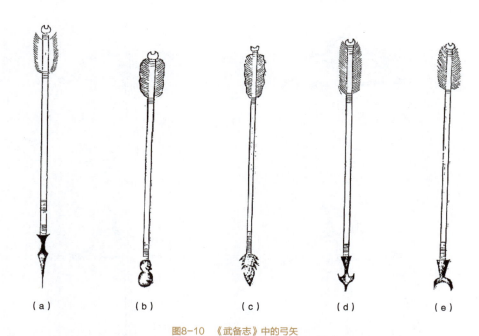

图8-10 《武备志》中的弓矢
(a)透甲锥箭；(b)狼舌头箭（射马）；(c)艾叶头箭（射马）；(d)铲子箭（射马）；(e)月牙箭（射牲畜、水战射蓬索）

弩箭之制与弓箭之制不同，各有所长，各有所短。弩威力强大，特别是床弩，威力是弓之数倍。但弩一般费人力，既需要力大之人，又需要多人操作，所以弩较弓更为费事，可守不可战。

明代单人使用的弩依其装饰，有黑漆弩、雌黄桦稍弩、黄桦弩、白桦弩、跳蹬弩等，配以合适的箭矢，可以发挥更大的威力（图8-11、图8-12）。

明代大型的弩有双弓床弩、三弓床弩等（图8-13）。其中双弓床弩前后各施一弓，以绳轴绞张之下施床，承弩其名有小合蝉弩、大合蝉弩、射手合蝉弩。三弓床弩，前两弓后一弓，世人亦称"八牛弩"，张弩时需要100人，用木竿铁羽，世人称作"一枪三刃"。此系列床弩与宋时相似，为传承宋代床弩之制。

明代在前代弩的基础之上，又创造了不少新的弩机。明人刘天和开始用弩，又有克敌弩，即前朝所称跳镫弩。苗人用弩，自创新意，为己所用，但其弩强而不便；宣湖射虎用竹弩，两者皆藉力于药；诸葛金式弩可置十矢以次发，但是力量不够。程宗猷根据所获的古铜机进行研究，研发了古弩，威力更强大了。《武备志》的作者茅元仪结合神臂弩和天和之法，进行了改良（图8-14）。经时人不断地改良创新，弩有了很大的提升。

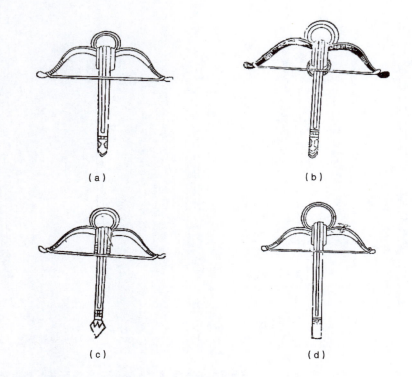

图8-11 《武备志》中的弩
（a）黄桦弩；（b）黑漆弩；（c）白桦弩；（d）雄黄桦梢弩

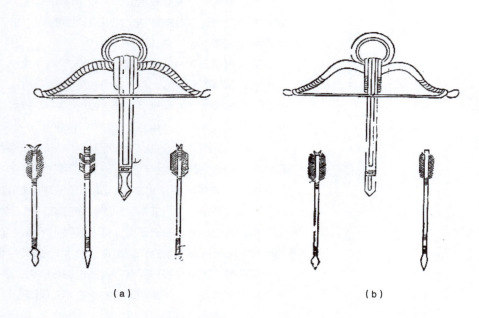

图8-12 《武备志》中的弩与箭矢
（a）木弩及扑头箭、风雨箭、点钢箭；（b）跳蹬弩及木羽箭、三停箭

第八章 走向成熟的冷兵器设计

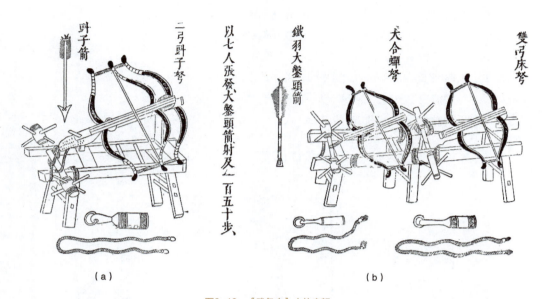

图8-13 《武备志》中的床弩
（a）二弓斗子弩，斗子箭；（b）双弓床弩，承弩为大合蝉弩，铁羽火鏊头箭，此床弩七人张发，铁羽火鏊头箭射及150步

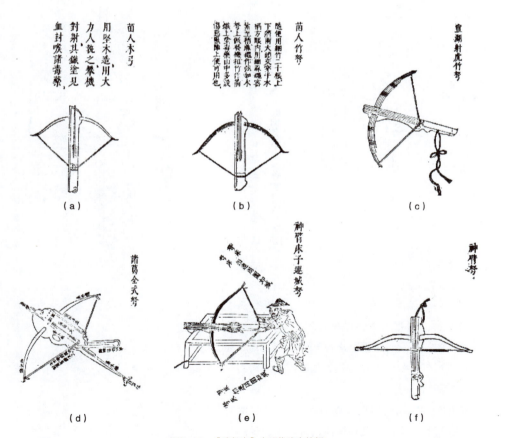

图8-14 《武备志》中明代改良的弩
（a）苗人木弓；（b）苗人竹弩；（c）宣湖射虎竹弩；（d）诸葛全式弩；（e）神臂床子连城弩；（f）神臂弩

253

弩自身精进改良还不够，抗倭名将戚继光还利用弓弩暗发、连发之法，配合战术，赢得胜利。其中就有弩机暗发、连环暗弩之法（图8-15）。弩机暗发，即以线引系桩于二三十步，横路而下，堆草藏形，触线而机发，箭必中，使箭在出其不意的情况下发出。连环暗弩，则将三五弩并排，通过控制弩机发射的先后，来袭击前进的敌人。

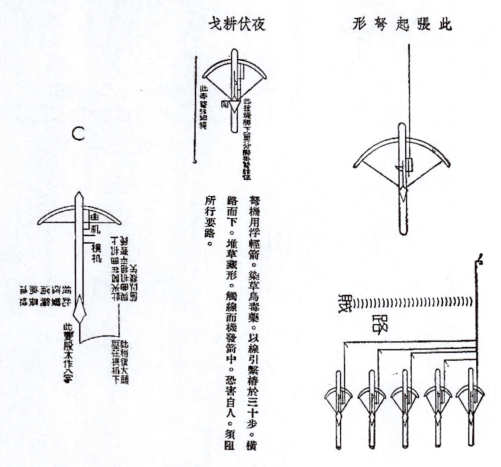

图8-15 《纪效新书》中的暗弩、连环弩

清朝的弓箭丝毫不逊于明朝，因为清朝满族本是游牧民族，擅骑射。现存有清帝武库中御用大弓及各种羽箭多具，其箭镞形式各异，根据射击目标而专门设计，曲度各有不同，弓的两个角的形状也不同。故宫博物院藏有一件顺治皇帝使用的黑面桦皮弓（图8-16），长118厘米。故宫博物院还藏有一件皇帝御用弓（图8-17），弓胎木质，外贴牛角，再以筋胶加固，外贴金桃皮，饰以黄色菱形花纹。弓为双曲度弓形，弓中部镶木一块，以便于手握。此弓为实用

器，是皇帝围场狩猎所用弓箭。

图8-16　黑面桦皮弓（故宫博物院藏）

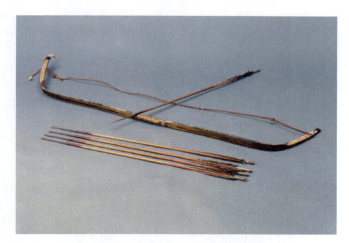

图8-17　清代皇帝御用弓（故宫博物院藏）

三、防护类兵器

在冷兵器时代，战事中进攻和防守同样重要，锋利的冷兵器是制胜的关键，而防护类兵器更是起到了关键的保护作用。在火器出现之前，防护类兵器一直发展稳定。而火药的发明，火器的使用，开始撼动防护类兵器的常态发展。因为随着冷兵器时代逐渐向火器时代的过渡，对防护类兵器产生了很大的影响，特别是古代使用的传统甲胄已经难以抵御火器的冲击，重装甲不再适应火器时代的防护需求，逐渐退出历史舞台，而轻装甲则受到很大的重视，大力发展起来。

甲制所用材料一般为铁、皮、藤、棉、纸等，有纸铠、绵甲、纸甲、皮甲、铁甲、藤牌等。因材料不同，制作甲制的工艺也有很大不同，在战场使用的方法也各有不同。金属制甲固然坚固、耐用，但成本高、工期长、重量大。动物皮毛所制铠甲则相对轻便，且经过特殊工艺加工，也能抵挡利刃。明唐顺之《武编·前集·甲》中记载："广西造皮甲法，生牛皮裁成甲片，用刀刮毛，以破碗舂碎筛取米大屑，调生漆传上油浸透，则利刃不能入。"[①] 其他藤、棉、纸等植物纤维制作的铠甲更是成本低廉，制作简单，通过一定工艺处理，也能起到有效的防护作用。明戚继光《练兵实纪》中记载有藤牌（图8-18）："藤牌解以藤为之，中心突向外，内空可容手轴转动。周檐高出，虽矢至面，不能滑泄及人。内以藤为上下二环，以容手肱执持。重不过九斤，圆径三尺。"[②] 此类藤牌轻巧方便，多与腰刀、狼筅相结合使用，防守兼备，是明清时期频繁使用的防护类兵器。清太平天国时期，太平军也以藤牌为主要的防护装具。

明清防护类装具，也会根据部队的兵种等特点进行特定防护，如骑兵装甲、弩手装甲、人甲、马甲等。明唐顺之《武编·前集·甲》提及人甲制、马军甲制、弩手甲制、马甲制，[③] 不同甲制有不同的配置，以配合战场的防护需求。人甲亦分头部防护、颈部防护、上身防护、下身防护等。

故宫博物院藏有顺治皇帝锁子锦盔甲（图8-19），共

图8-18 《练兵实纪》中的藤牌

图8-19 顺治皇帝锁子锦盔甲（故宫博物院藏）

---

① 唐顺之. 武编 [M]. 北京：解放军出版社，1989：782-783.
② 戚继光. 练兵实纪（卷之五）[M]. 北京：中华书局，2001：306.
③ 唐顺之. 武编 [M]. 北京：解放军出版社，1989：773-783.

11件。甲分为上衣下裳式，蓝底人字纹锦面。甲有上衣下裳，裳分左右，左右护肩，左右袖，左右护腋，裳间有前遮缝、后遮缝。因为顺治皇帝御用，盔甲采用缂丝、镶嵌等技法，使用金、珊瑚、青金石、绿松石、珍珠等宝物，是在实用基础上彰显权威。而八旗所穿盔甲（图8-20），也在颜色、细节上各有不同，这些盔甲既有实用功能，又有装饰功能。

图8-20 八旗盔甲（故宫博物院藏）
（a）正黄旗盔甲；（b）镶黄旗盔甲；（c）正白旗盔甲；（d）镶白旗盔甲；（e）正蓝旗盔甲；（f）镶蓝旗盔甲；（g）正红旗盔甲；（h）镶红旗盔甲

第四节　明清时期冷兵器设计分析

一、外观与结构

明清时期冷兵器设计承袭前朝，并有所创新。在兵器设计上重实用，轻装饰，以克敌制胜为主要目标。一些新创的兵器多是在传统冷兵器基础上结构的革新，以应对不断变化的战事。兵器的革新主要集中在应对倭寇的进攻和应对火器的影响两方面。

明代对抗倭寇的兵器革新，主要是长柄武器的创新和刀的革新。针对倭寇使用倭刀砍削传统长柄兵器棒、枪的问题，发明了多刃防砍的长柄武器狼筅，其造型亦为长柄。与传统长柄兵器单柄单刃不同之处在于，长柄之上安有多枝多刃，倭刀砍掉一刃，还有其他多刃，可以发起多次进攻。倭寇使用的倭刀与中国传统刀具长柄短刃不同，倭刀长刃短柄，适合双手握刀砍削，特别适合对付中国传统长柄兵器。为应对倭寇及其对战特点，明代适时地革新了刀具，特别是戚继光结合了中国传统腰刀和倭寇的倭刀，创制了戚家刀，造型介于中国传统腰刀和倭刀。这些冷兵器的改良革新，都是战地需要，以实用为主。

随着火器的不断发展，一些实用冷兵器也会在原有基础上进行改良革新，增加火器的功能，以适应火器参与的战争形式，两相结合，形成了威力强大的热兵器（图8–21）。

第八章 走向成熟的冷兵器设计

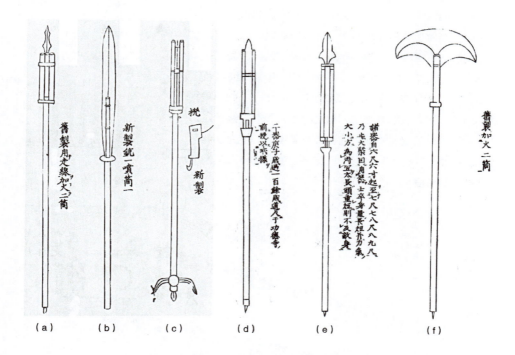

图8-21 《神器谱》中的火器与冷兵器结合的新式兵器
(a) 梨花枪；(b) 电光枪；(c) 三神镋；(d) 国初双头枪；(e) 国初三眼枪；(f) 天蓬枪

明赵士桢《神器谱》中载："射疏及远，中国长技。以鸟铳为射疏及远之具，似与弓弩有加矣。矛鋋戈鋋，中国长技，枪铲益之以火，似与畴昔戈戟有加矣。"[1] 表达了弓弩矛戈这些冷兵器本是中国擅长的技艺，与鸟铳枪铲相结合，威力大增。

清朝初年，顺治时期按照"一切军器皆归实用"[2] 的规定，在各省驻防八旗编制铁匠、铜匠、镞匠、弓匠、箭匠、鲍头匠、盔匠、甲匠、鞍匠、马甲匠等匠役兵，负责制造维修兵器。随着清朝政权的稳定、战事减少和物质基础的提高，"一切军器皆归实用"的传统规定不再严格实施，而在仪式、典礼上使用的兵器、仪仗，则更多以显示威严、地位为目的，流于形式了。兵器制造和设计在满足实用需求之外，开始重视美观性，特别是统治阶级、贵族阶层所配兵器开始注重装饰，工艺采用浮雕、镂雕和圆雕等多种工艺手法；装饰纹饰除了统治阶级常用的龙、凤及各种瑞兽装饰，还有牡丹等花卉纹饰。

清朝贵族的佩剑，不仅制作精良，而且装饰精美，外观漂亮。考虑到实用性，选用优质钢材，加工工艺复杂。在

---

[1] 赵士桢. 神器谱[M]. 上海：上海科学院出版社，2006：393.

[2] 赵尔巽. 清史稿[M]. 北京：中华书局，1977.4123.

259

满足实用的功能需求后，也有非常精致的装饰。剑柄无论木雕还是铁制，都做工精细，比例适中，造型舒展。剑饰有金属錾刻工艺、宝石镶嵌工艺等，浮雕、圆雕相结合，雕刻有各式龙凤、百宝、花卉纹饰等。如故宫博物院藏"红鲨鱼皮鞘决云剑"是乾隆皇帝使用的佩剑（图8-22），长99厘米，堪称精美。剑的底部有刻字，剑是由镀金、银、铜丝组成的，构成了龙首云纹。木柄外缠有黄色条带，护手为铁镀金，黑漆，饰缠枝莲纹，元宝形。柄首是如意云头状。剑鞘木质，饰红色鲨鱼皮。

图8-22 清代乾隆佩剑（故宫博物院藏）

清朝统治阶级满族是马背上的民族，马上驰骋，能征善战，弓箭则是骑马民族最擅长的武器。因此弓箭的设计也在满足实用的基础上，进行各种装饰。弓箭的装饰根据使用者的身份使用不同的材料、装饰和制造工艺。

二、制造与工艺

在明代，金属冶铸业成为明代军事重要基础之一，也成为明代手工业的重要组成部分，金属冶炼技术有了长足的发展。明朝在全国设置多个部门，其中管理铁匠、销金、木、油漆、神箭、火药等多种与军器制造加工紧密联系的行业都经过严格管理，一些政策客观上促进了手工业的发展，包括这些与军器制造紧密联系的行业。明朝设有官营和民营的冶铁场，并不断扩大规模，驻于铁矿区的卫所也设有冶铁场，这些冶铁场提供了充足的钢铁来制造兵器。

有了充足的金属资源，明朝冶铸技术也有了很大的提高，为兵器制作提供了精良的金属材料，客观上促进了兵器

第八章 走向成熟的冷兵器设计

制作技艺的提高。

在金属冶炼过程中，明代时人已经注意到使用木炭为燃料冶炼出来的钢材更加优良，适合制作兵器。明万历二十六年成书的《神器谱》载："制铳须用闽铁，他铁性躁，不可用。炼铁，炭火为上，北方炭贵，不得已以煤火代之，故迸炸常多。"① 可见时人已经开始注意到兵器加工过程中的诸多细节会对兵器性能产生影响，特别是对钢铁性能要求更高的火器，这些经验对兵器制造产生了积极影响。

明代冶炼技术不断发展，已经注意到含碳量高低会对钢材产生很大的影响。当时使用的钢冶炼方法主要有脱碳法、炒炼法和灌钢法等。

明赵士祯在《神器谱》中记载了一种脱碳法："铁在炉时，用稻草截细，杂黄土，频洒火中，令铁屎自出，炼至五火，用黄土和作浆，入稻草一二宿，将铁放在浆内，半日取出再炼，须炼至十火之外，生铁十斤，炼至一斤余，方可言熟。"② 其中，加入稻草和黄土，频洒火中，是帮助氧化，降低铁中含碳量的做法。虽然时人无法用化学分析其原理，但研究出这些经验，可以产出优质钢材，制造火器、铁器，以获得优良性能。

明人已经掌握了生铁、熟铁的不同性能，使用炒炼法把生铁炒炼成熟铁，然后将其反复锤打成块，再进一步锻炼，除去渣滓，成为优质熟铁或钢材。明唐顺之《武编》中载："熟铁出福建、温州等处，至云南、山西、四川皆有之。闻出山西及四川泸州者甚精，然南人实罕用之，不能知其悉。熟铁多粪滓，入火则化，如豆渣，不流走。冶工以竹夹夹出，以木捶捶使成块，或以竹刀就炉中画而开之。今人用以造刀、铳、器皿之类是也。其名有三：一方铁，二把铁，三条铁。用有精粗，原出一种。铁工作用，以泥浆淬之，入火极熟，粪出，即以捶捶之，则渣滓泻而净铁合。初炼色白而声浊，久炼则色青而声清，然二地之铁百炼不折，虽千斤亦不能存分两也。"③

灌钢法在明清时期不断发展成熟，可以精工锻造，热处理得当，造出的刀剑性能优良，可以满足战斗要求。明代抗倭名将戚继光的《练兵实纪》中载："腰刀造法：铁要多炼，刃用纯钢，自背起用平铲平削，至刃平磨，无肩乃利，妙尤在尖。"④ 明唐顺之《武编》中载："或以熟铁片夹广铁锅涂泥，入火而团之。或以生铁与熟铁并铸，待其极熟，生铁欲流，则以生铁于熟铁上，擦而入之。此钢合二铁，两经

---

① 赵士祯. 神器谱[M]. 上海：上海科学院出版社，2006：430.
② 赵士祯. 神器谱[M]. 上海：上海科学院出版社，2006：430-431.
③ 唐顺之. 武编[M]. 北京：解放军出版社，1989：721-722.
④ 戚继光. 练兵实纪[M]. 北京：中华书局，2001：304.

铸炼之手,复合为一,少沙土粪滓,故凡工炼之为易也。"①
明宋应星在《天工开物》中也记载了灌钢法的工艺:"凡
钢铁炼法,用熟铁打成薄片如指头阔,长寸半许,以铁片
束包尖紧,生铁安置其上(原注:广南生铁名堕子生钢者
妙甚),又用破草履盖其上(原注:粘带泥土者,故不速
化),泥涂其底下。洪炉鼓鞴,火力到时,生钢先化,渗淋
熟铁之中,两情投合。取出加锤,再炼再锤,不一而足。俗
名团钢,亦曰灌钢者是也。"②

三、操作与交互

明清时期火器发展迅速,成为战事中重要的制胜武器,其重要性不断增加,逐渐超越冷兵器,成为主力。但是火器没有完全替代冷兵器,而是在许多战术战事中,火器需要冷兵器的辅助配合,以达到战事目标。

在格斗类兵器中,还是使用惯常的刀、枪、矛、斧、棍棒等,使用方式也是传统的方式。一些传统的格斗类冷兵器与火器相结合,形成独特的火器,可以多功能使用。需要使用火器功能时,将冷兵器简单拆装即可使用;在近身作战时,则恢复至冷兵器原始的造型和结构,参与攻守。明戚继光《练兵实纪》中记载了一种独特的火器与冷兵器结合的创新兵器——"快枪",其外观与传统的长柄枪并无二致,而实际上是一种创新的火器。《练兵实纪》中载:"快枪解 北方御虏,唯有快枪一种,人执一件……故虽敌畏火,而火具又不足以下敌,唯有支吾不见敌面而已。且柄短赘重,将欲兼持战器,则不能两负,将只持此器,则近身无可恃者。制必以腹长二尺为准,腹用钻洞光圆如口,每口可吞铅子三四钱药,有竹木筒量就,封贮候用,俾临时不至增减。"③可见此种革新的快枪,将冷兵器和火器合二为一,起到了更好的制敌效果。

在远射类兵器中,火器更加普及,以火炮、火药箭、鸟枪为主要远射兵器,而传统远射类兵器弓矢只起到辅助作用,床弩、抛石机等大型兵器基本被取代。但不少火器的结构、操作多借鉴传统冷兵器,在此基础上加以革新创造。可以说,新型火器的发展是建立在传统冷兵器基础之上的,因此不少火器的操作与交互也和传统冷兵器有相似之处。

在防护类兵器中,根据火器参与战事的需求,进行了相

---

① 唐顺之. 武编[M]. 北京:解放军出版社,1989:723.
② 宋应星. 天工开物[M]. 商务印书馆,1933:232-233.
③ 戚继光. 练兵实纪[M]. 北京:中华书局,2001:319.

应的改良。摒弃了笨重的重型装甲，机动轻巧的轻型装甲开始流行使用。

格斗类、远射类、防护类兵器在明朝战事中多配合使用，以达到攻防兼备的目的。如在明朝，明军与倭寇的对战中，多以火器、腰刀、长柄枪、藤牌配合使用，火器适合远攻，腰刀、长柄枪适合近身作战，藤牌则是在近身作战时进行近身防护，各专所长，攻防有致，克敌制胜。

四、性能与威力

明清时期，冷兵器达到了成熟的程度，在与火器的紧密配合之下，兵器的性能和威力空前强大。明清时期的冷兵器较前朝无论是在种类上还是在质量上都有了很大的提高，特别是钢铁冶炼技术水平的提高，增加了冷兵器的性能与威力。但是因为冷兵器以人力和简单机械原理为动力源，威力远不能与火药为动力源的火器相比。

在远射类兵器中，因为火器的加入，远攻威力大增，数倍于前代兵器。不少火器，如火炮、火铳借助于传统弓弩、抛石机的结构和原理，在此基础上增加火器的威力，使得远射威力大增。如借助连发床弩的结构，加入火药的威力，使得床弩在连发、射程远的优势下，又增强了射杀力，威力大为增强。

在格斗类兵器中，因为冶金技术的精进，可以制造出性能优秀的钢材，打造冷兵器，使得冷兵器性能稳定，威力增强。根据明清时期战事特点，在传统长柄格斗类兵器基础之上，创制了镗、钯、马叉、狼筅等特种格斗类兵器，以及相应的辅助、配合、防护的兵器。通过革新创制的兵器的出现，各式兵器的相互配合，提高了总体的杀伤力和防护力，增加战事成功的概率。

在防护类兵器中，因为冶金技术的精进，制造的盔、甲、护臂等防护类兵器性能也不断强化。甲胄上的甲片可以制作得精致精细，既保证防护力，又穿着轻便。防护类装具，特别是人甲、马甲只在近身作战，或弓弩对战时发挥效力，遭遇枪弹、炮弹等杀伤力超大的火器对战时，这些甲具、护具基本失去效能，成为可有可无之物了。

五、设计案例分析：明清辽东防线火器与冷兵器

中国自古以来，就有北方草原游牧民族与南方农耕民族这两个互相对立又依存的社会模式，中国历史上的各个朝代都在经历着游牧民族和农耕民族的冲突与融合。明代北部防务一直是整个朝代最要紧的边防事务，朱元璋统一中国之后，就在北部边防设立边地镇戍制。永乐年以后，边地都司重镇演变成了九边重镇。辽东、蓟镇、宣府、大同、山西、延绥、宁夏、甘肃、固原九镇称为九边。在九边之中，辽东一镇战略地位极其重要，被称为"九边之首"。明政府在此布置重兵把守，又修城墙，遍设卫、所，耗费巨大，使辽东成为卫所交错的重镇。

自明万历年间努尔哈赤起兵始，这里就战事不断，努尔哈赤一直主导着辽东战事。此时，明军虽然已经掌握了较为成熟的火器，却对使用弓箭的马上民族束手无策。萨尔浒之战是明清辽东防线火器与冷兵器的经典对决，也是典型的冷兵器战胜火器的战役。

当时，明朝已经掌握了火器制作技术，可以自行研发枪炮，各种冶铁铸造技术、火器制作技术的书籍出现，如唐顺之的《武编》、戚继光的《纪效新书》《练兵实纪》等，对火器的制作和使用有诸多的研究。从两军兵器比较的角度来看，明朝掌握的火器和冷兵器，无论是从数量上，还是质量上都占有绝对优势。但是辽东防线的胜负不是看武器装备，而是综合方面的原因。

首先，后金以机动快速的轻骑兵制胜。骑兵训练有素，弓矢弯刀皆精准有力。训练有素、勇猛有力的骑兵队伍增强了冷兵器的威力，既可快兵突进，又可快速退去；既可远处弓矢攻击，又可近身对战。这一时期后金的轻骑兵将冷兵器的威力发挥到极致，成就了冷兵器威力的最后辉煌。

其次，明朝的火器没有发挥应有的威力。因为政治腐败、守备松散、指挥失利等重大缺陷，使得明朝的火器没有在辽东防线上发挥应有的威力。火器参与战事，讲究作战策略，需要战术配合，排兵布阵，才能保证火器发挥应有的效能。但是在辽东防线的战事中，明军明显没有运筹帷幄地排兵布阵。如有的布阵错误，导致火器无效；有的冒进，火器落在了后方；有的则投降敌人，火器为后金所受用。

《清史稿》中记载了明朝马林大军与后金军队在东北

清河、三岔至尚间崖的一场火器参与的对战中，完全没有发挥火器的威力，而被后金军队打败。《清史稿》中载："是日，马林军由东北清河、三岔至尚间崖。乙酉，代善闻报，以三百骑赴之。马林敛军入壕，外列火器，护以骑兵，别将潘宗颜屯飞芬山相犄角。上率四贝勒逐杜松后队，歼其军，闻马林军驰至。上趋登山下击，代善陷阵，阿敏、莽古尔泰麾兵继进，上下交击，马林遁，副将麻岩战死，全军奔溃。"[①] 此次战役，因为明军地理位置的错判，以及后金军队两面夹击的策略，导致火器完全没有发挥出应有的威力。

又明朝大将杜松在萨尔浒之战中引领的中路左翼，为争功冒进，不顾其他路军的进程，日行百余里，并进攻界凡城下以北的吉林崖，"松于初一自抚顺提兵，直渡浑河，生擒活夷十四名，焚克二栅，随乘胜追剿至二道关，伏夷突起约三万余骑，与我兵对敌。松率官兵奋战数十余阵，欲图聚占山头，以高临下。不意树林复起伏兵，对垒鏖战，天时昏暮，彼此混杀。而车营枪炮以浑河水势深急，拥渡不前。"[②] 杜松因为贪功冒进，在对战时居然将车营枪炮落在了后面，没能参与对战，更不用提发挥火器的威力了。

综上所述，明清辽东防线的对战，充分证明了决定战事胜负的综合因素很多，武器的优劣、多寡，以及火器和冷兵器的多寡，会对战事产生很大的影响，但不是绝对因素。明朝在辽东防线的全面溃败，并不是火器和冷兵器多寡的原因。这也说明，火器和冷兵器作为战争中的武器装备，只有充分发挥效能，才能影响战事胜负的走向。

---

① 赵尔巽. 清史稿[M]. 北京：中华书局，1977.
② 赵尔巽. 明实录[M]. 北京：中华书局，2016.

第五节　东方与西方的兵器设计融合

明清时期，中西之间发生了规模较大的文化和科技的交流，其中西方军事技术的传入，直接促使中国从冷兵器时代加快进入火器和冷兵器并用的时代。明清统治阶级面对的战争，也由国内的统一战争、农民起义战争为主，逐渐发展为抗击外来侵略势力的战争为主。

明清两代是中国封建社会政治、经济、军事文化发展到一定程度并开始衰落的时代。在经济上，虽然江南地区产生了资本主义的萌芽，但生产关系仍然以封建的小农经济为主导。文化上采取高压政策，多次实施文字狱。统治阶级蒙头统治国内，却不知道世界形势正在悄然发生变化。

在同一时期，西方正在经历文艺复兴和启蒙运动，这个时期也被称为"大航海时代"和"启蒙时代"。资本主义经济开始迅速发展，科学、技术和文化各方面都取得了很大进展，军事技术已经开始引领东方。特别是英国和荷兰的资本主义发展最快，法国、奥地利帝国、俄罗斯帝国和普鲁士王国等其他国家紧随其后。与中国统治者固守安逸相反，欧洲主要国家开始增强国力，在国际舞台上获得竞争优势，欧洲逐渐领导东方并成为世界舞台的中心。

明中期以后，由于东南沿海倭寇的侵扰，以及北方后金的挑衅，明朝不得不引进西方的先进火器，主要是佛郎机、鸟铳、西洋火炮。引进西方火器的方法，或者是在战场上缴获的战利品，或者是通商时采买的商品，或者是西方传教士送来的礼物。明朝在获得西方先进火器之后，开始研究仿制和改造。这些举措客观促进了明清时期火器的发展。《火龙经》《纪效新书》《练兵实纪》《登坛必究》《武备志》《兵录》等兵书都记载着各式不同火器的制作工艺、结构和作战策略。

随着西方军事技术的引入和统治阶级的重视，西方先进的枪械及制造技术传到中国。明清时期火器的性能不断提高，数量和种类不断增加，军队主力装备的火器比例逐渐增加，从明初的少部分增加到明中期的占据半数。由于火器填充快速，发射方便，射程远，命中率高，显著提高了军队的作战能力。军队的结构出现了车、步、炮、骑兵协同作战的局面。

火器的研究与制造实际上是建立在冷兵器发展基础之上的，特别是金属冶炼技术的支持。火器对金属器身有着比冷兵器更高的技术要求，金属冶炼达到技术标准，才能保证火器稳定、安全地发射。

火器和冷兵器并用的时期，兵器发展总的趋势是火器逐步发展，冷兵器逐渐衰退。在火器使用的初期，火药的射击性能还没有被人们完全掌握，燃烧性火器和爆炸性火器需要依赖冷兵器抛射。金属管形火器出现后，由于手工业生产技术的条件限制，火器本身仍存在着种种弱点，还不能适应各种战斗的需要。近战格斗更是须依靠长、短兵器解决。火器发展之初，在当时设计的兵器中，有许多是火器和冷兵器相结合形成的新兵器。

在以火器为主的战争中，也需要装备刀、矛、弓箭等冷兵器的步兵和骑兵配合，以方便近战。火器与冷兵器的紧密配合，可以取长补短，满足不同作战需求。枪械部队也配备长枪和短刀，以方便近战。明朝抗倭名将戚继光甚至主动参与冷兵器与火器相结合的兵器设计，从而使两者结合，取长补短，以发挥更大威力。戚继光这种火器与冷兵器结合的战术思想，在中国军事史上具有重要意义。

第九章 结语

第一节 中国古代冷兵器设计的脉络

回首整个中华民族的发展历程,一代又一代的工匠不断钻研创新,充分发挥自己的智慧和勤劳,推动着冷兵器设计和文化达到一个又一个高峰。即便在信息化高度发达的今天,我们在现代武器装备中仍能看见古代冷兵器的影子,传统设计思想仍然时刻浸润着我们的造物理念。虽然冷兵器的辉煌已成往事,但我们仍然能从中一窥古时匠人的智慧和创新精神,并与今时今日的兵器设计参照借鉴。

一、原始时期冷兵器设计

旧石器时代,人类通过群落间的共同协作从自然界中获取生产资料,使用石块、木棒等工具获取食物、击退野兽。随着工具制作技艺的逐渐成熟,原始人类生产力大幅提升,社会结构过渡至氏族公社时期,各部落之间的资源争夺战争促进了专门争斗兵器从劳动工具中剥离。原始社会末期,私有化和阶级分化刺激部落间频繁争战,兵器彻底从劳动工具中分化出来,开启了漫长的演进之路。

兵器发展至原始社会末期,已经初具雏形。从功能来看,兵器演变了出格斗、远射和防护三个种类,以适用于不同的斗争场景。从设计角度来看,既有借鉴动物特征的仿生设计,也有基于观察日常生活的生存设计;从材料和工艺的角度来看，原始人群充分利用了自然界石、木、骨、角等天然材料，并尝试用天然橡胶等新材料将各种材质穿插、拼接来制作复合工具。

随着生产力的不断发展，原始时期的石木兵器已经无法满足大规模军队批量生产的需求，最终逐步被物理性能和外观感受更好的青铜所取代。

二、青铜时期冷兵器设计

自夏代以来，中国进入了奴隶制社会，民族、阶级、政治群体之间的争斗使得军事体量逐步扩大。随着冷兵器需求量的增加，兵器设计和制造有了新的要求。在进一步掌握了铜锡合炼的青铜冶炼技术后，中国的兵器发展进入到了青铜时代。商代晚期到西周早期青铜兵器发展到了顶峰时期。从商代开始青铜兵器的设计逐渐发展出多种系列，至西周时期，青铜器在设计造型上更加规范化，器型类型更加丰富多彩，表现出秩序感和富于庄严的艺术效果。

在高度规范的"百工制度"和兵器制造管理制度的双重制约下，青铜时代的兵器制造达到了卓越的水平。智慧的古代工匠根据不同的作战场景对兵器进行了大量的创新，在师法自然哲学思想和"度数之学"的双重加持下，青铜时代涌现了大量功能良好、工艺精湛的兵器。

三、革新时期冷兵器设计

春秋战国时期是我国历史上大分裂的变革时期，东周以后，政权分裂，战事频繁，作战范围也从中原地带蔓延至沼泽山地等复杂地形。各国在合纵连横中斗智斗勇，不仅广纳贤才创造了百家争鸣的璀璨文化，更在频繁的摩擦中孕育出了《孙子兵法》这样的权谋之书。这一时期，无论是政治制度、文化思想还是战争模式都发生了巨大而深刻的变革，而这些变革也直接或间接地影响了冷兵器的设计和发展。西周至春秋时期，乡遂制度下的"国人"掌握着绝大多数的社会资源，为冷兵器制造提供了坚实的物质基础，而阶级的划分也给兵器的外观设计带来了更多的可能性。到了春秋战国时期，老子将顺应自然规律作为道家的核心思想，各国工匠根据自身地理环境对兵器制作的材料和纹饰进行不同的调整；《考工记》中"天有时、地有气、材有美、工有巧"的造物理念加强了工匠对材料物理属性和感觉属性的理解；墨家和法家坚持实用性和功能主义的立场；荀子则为儒家补充了造物的"体用观"，强调功能与形式的统一。

总体来看，西周至战国是我国冷兵器蓬勃发展的时期，工匠在国家强有力的物质支撑下，结合大量丰富的实际经验不断对武器进行改良和创新，满足了不同地貌条件和战争形式中兵器的使用需求。

四、封建制上升时期冷兵器设计

在秦完成了统一六国的壮举后，我国进入了中央集权的高度统一时期。在稳定的政治环境和重农抑商政策下，生产力的提升对手工业有着极大的促进作用，作为关乎维护统治的武器装备设计制造，冷兵器的发展也到达了新的高度。秦对兵器制造实行中央统一管理，并且对质量、技术、鉴定等细节都有十分完备的标准和要求，不仅严格实行标准化制造，还明确了匠人对所制物品的直接责任，对手工制品进行档案化管理，这一系列举措都极大地提高了冷兵器制造的质量。

秦汉时期的青铜制造工艺已经达到顶峰，但随着钢铁冶炼技术的成熟，大规模批量化的兵器逐渐转为使用造价更低廉、性能更优的钢铁制造，到西汉时期，铁戟已经取代青铜戟成为部队的重要装备。这一时期的兵器不仅在技术上博采众长，造物观念也处于融合阶段，既有继承了墨家法家功能主义的文质观，又有继承了道家思想崇尚自然、顺应自然的"天人合一"法则，儒家"事死如事生"的厚葬观也拓展了兵器的用途。

在大一统的环境下，战争的目的转为防守和维护统治，这一时期的兵器制造作为国防任务的重要一环既有经费的保障，又有制度的约束，形成了稳定发展的良好局面。

五、多元与融合时期冷兵器设计

魏晋南北朝是我国历史上政治变迁最频繁的时期，各国对武器装备的制造升级高度重视，促进了钢铁锻造、淬火、退火等技术的发展，最终钢铁兵器几乎完全取代了青铜兵器。与北方游牧民族的频繁交战使骑兵战成为主要战斗形式之一，各种乘骑兵器层出不穷；此外，不断交战也给了双方互相学习和交流的机会，冷兵器总体呈现出一种多元融合的态势。值得一提的是，这一时期的统治者注重对战斗力的保护，各类防护装备也得到了长足的发展，并且和进攻型武器型成了互相促进的关系。

隋唐时期随着社会的安定与繁荣，兵器的功能性发展有所停滞，在装饰和造型方面日趋华美繁复，与盛唐时期的社会面貌相符。与此同时，高度开放的外交政策也将隋唐时期的兵器设计流传至其他国家，具有一定的影响力。

六、火器参与时代的冷兵器设计

宋辽金元是兵器设计史上重要的转折时期，火药的发明使中国率先进入了冷热兵器混用的时代。两宋时期，夏、辽、金等少数民族发展迅速，复杂的周边环境迫使宋加强对军事装备发展的重视，凭借先进的技术和工艺占据有利地位。元朝虽然文化技术基础薄弱，但很好地继承了宋遗留的工艺技术，并凭借其变化多端的战术和机动灵活的骑兵部队横扫欧亚大陆。

宋辽金元时期的冷兵器发展已经趋于成熟，但没有实质上的创新和突破，工匠们的创造力被封建生产方式所束缚，虽然有一部分冷热兵器混用的案例，但火器的发展仍处于萌芽阶段，大多数研究停留在理论阶段，缺乏实战经验。

七、走向成熟的冷兵器设计

明清时期冷兵器发展成熟，火器逐渐取代冷兵器成为战斗主力，在此期间同西方的交流也极大地促进了火器的技术进步。

明朝拥有坚实的经济基础和较为稳定的社会环境，面对北方游牧民族的侵扰，重视关隘建设和装备保障，产生了诸多防御性武器，并对传统冷兵器结构设计进行了改良。明朝统治者十分注重火器的发展，研制出了管状火器，并设有炮兵部队，出现了大量由冷兵器改装的火器，经过简单的拆装就可以适应不同需求。但清朝统治者对火器的发展持消极态度。随着国家的安定，武器装备设计开始向装饰化转变。面对西方的殖民扩张，清朝统治者采取保守的态度，直接导致了技术落后和民族衰弱。

第二节　中国古代冷兵器设计分析

冷兵器的设计和制造因其所处时代背景的差异，在不同历史时期体现出不同的特点与规律，但无论哪个时代，冷兵器设计规律总是体现在外观与结构、制造与工艺、操作与交互、性能与威力四个范畴。

一、外观与结构

原始时代的冷兵器从生产工具、狩猎工具、防御工具演化而来，劳动工具经过实战经验的筛选，逐渐发展成为专门的兵器。石制兵器作为抵御野兽和外族入侵的生存工具，遵循实用性的原则进行制造，制造材料直接取材于自然界，外观质朴，造型粗犷且具有一定的随机性。

青铜时代的冷兵器由于使用了可塑性更高的金属材料，其外观和结构的设计有了巨大的发挥空间。频繁的战乱和蓬勃发展的思想体系也给冷兵器设计提供了更多的可能性，这一时期产生了许多新型的兵器制式。在道家思想的影响下，这一时期的冷兵器大多以功能性为主导，形式简约优美，且在数理知识的指导下，往往有着精巧的结构和协调的比例。铁制兵器继承了青铜时代的范式，在冶炼工艺和对材料的把控上精益求精，并在制度的推动下实现了大批量标准化生产，精美程度和武器质量随生产力和技术不断进步，并且开始注重功能和形式的协调统一。

虽然在冷兵器的漫长发展历程中出现过注重装饰的器型，但大体上都在坚持以实用性为主导的基础上借鉴自然界中的造型元素进行美化和装饰，以达到彰显身份、威慑敌人的目的。

二、制造与工艺

中国古代冷兵器的制造材料加工技术的发展有着紧密的联系。在石制兵器时代，兵器制造的方法沿袭了制造生产工具的打制石器的方法，通过敲打、修理等粗加工，在此基础上，不断衍生出间接打击法、压削法、细石叶镶嵌法、胶黏法、磨制技术、石器穿孔技术等细加工，使得兵器型状不断规整，线条更加流畅、表面光洁、更加坚固。

自金属冶炼技术出现以来，兵器的材质完成了由天然材料到人造材料的重大转变，中国古代兵器制作进入青铜时代。随着制造经验的不断积累，匠人们掌握了矿石提纯、合金制备、模型浇铸、表面镀层等技术，到秦汉时期，青铜兵器的制造已经十分成熟。与此同时，钢铁冶炼技术也开始发展进步。汉代的块炼铁和块炼渗碳钢技术已经非常完善，并在渗碳钢的基础上发展了百炼钢技术，此时钢铁兵器已经占据了主要地位，铁制冷兵器时代到来。随着炒钢法、灌钢法、百炼钢法等兵器制作工艺的创造与发展，为钢铁兵器的标准化创造了条件，也使得军队武器装备的攻击性能与防护力不断提高。

三、操作与交互

石制兵器时代，冷兵器本身简单、粗糙、笨重，使用者需要依靠自身的力量来操作兵器，对使用者有较高的体力和技巧要求，如弓箭需要使用者具有较强的臂力，才能拉弓射箭，这在某种程度上限制了整体战斗力的发挥。

青铜兵器则明显精炼有效得多，不再如石制兵器那么笨重，使用者可以依靠兵器的结构设计借力发挥，达到更高的效能。青铜兵器的操作也是多样化的，一样兵器可以集合多种攻击方式，提高了袭击效能。由于战事频繁，这一时期的统治者十分重视战斗力的留存，因此防护类兵器有了长足的发展，形成了攻击与抵御两种元素互相制衡的局面，很大程度上促进了冷兵器的创新和发展。

铁制兵器时代，由于骑兵的加入，作战范围扩大，作战方式也由个人对个人的近身交战为主开始转变为以军队对阵的方式，整个军队不仅要有强大的杀伤力，还要有完备的防护能力，同时还要考虑军队的机动性。这一时期的冷兵器更加轻巧随身，防御装备也走向了轻量化，确保作战力量的灵活性。

四、性能与威力

冷兵器的性能提升不仅是材料和工艺的进步，更是工匠对形式、结构、功能、材料、造物思想等多方面统筹协调的结果。无论是石制兵器还是青铜兵器，各时代的制造者们都在其有限的时代背景下将冷兵器的性能发挥到了极致。

金属的使用增强了兵器的硬度和锋利程度，合金技术赋予了武器更强的韧性和耐久性，表面镀层延长了兵器的使用寿命；投掷器和弩等武器中力学结构的使用减轻了使用者的操作负担，借用力学原理极大地增加了武器的攻击范围和打击强度；手持兵器的形式也紧随作战方式和作战环境的变化而进化，最终形成了多样而灵活的使用方式，最大限度地提升参战者的战斗力和存活率。

冷兵器由最初的粗糙笨重到顶峰时期的精美巧妙，不断地在实战中经受检验，在生与死的夹缝中创新发展。冷兵器作为利益争夺的最直接工具参与厮杀搏斗，代表着一个时期内最顶尖的制造技术，体现着一个利益集团的最高权力和威严，自然也就成了一个时代的缩影和记忆。

第三节　中国冷兵器设计的若干规律

一、中国古代冷兵器设计的发展规律

纵观中国古代冷兵器发展变革的历史地理脉络，冷兵器往往是一个时代最新科技水平、设计工艺、文化思潮的反映，也体现着战争发展变化的规律。

（一）冷兵器材质的迭代

以技术迭代为线索，冷兵器的发展经历了石器时代、青铜时代和铁器时代三个阶段。随着技术继承与改进，人类充分利用不同材质设计制造石、骨、蚌、竹、木、皮革、青铜、钢铁等兵器。原始兵器以磨制的石兵器为代表，同时大量使用由木、骨乃至蚌、角等材料制造兵器，此时防护兵器则以藤、木、皮革为主。青铜冶炼技术的出现，使性能和可塑性更优的人造材质，逐步替代了天然材料。随后人类进入铁器时代，钢铁的冶炼工艺取得巨大进步，青铜兵器逐渐被新锐的钢铁兵器排挤出战争时空，进攻性兵器与防护装具均以钢铁为主，钢铁冷兵器进入相对成熟阶段。

从最原始的石木兵器，到青铜兵器，再到铁兵器，体现人类对于兵器材料来源、杀伤威力、设计思想、制造工艺、使用维护等方面的不断迭代传承。先民会将上一个技术层面

的兵器设计与制造技术，较为完整地继承到下一个技术层面的兵器设计与制造技术。人类就是在兵器设计不断的技术迭代发展中取得长足进步。

（二）原始劳动工具—兵器的演进

原始社会时期人们学会了用石材加工制造的石质工具，设计就由此产生。设计其实就是人类对大自然的认识在实践的过程中改造自然界的产物。起初在原始社会的设计更多的是实用性，为了方便人类进行对自然的改造而产生。胡光华在《设计史》中说道："总的来说，这一时期石器工具的设计特点是出现设计类型的初步分化，材料设计由单一过渡到多样，形态设计由不规则趋向规则，具有明显的目的性与功能性相结合的特征。"①

旧石器时代早期主要使用砍砸器、刮削器、尖状器，其中砍砸器是原始时代的"万能工具"，以鹅卵石边缘打出刃部。石器的使用大大促进了生产力的发展，从而带来人们生活生产方式的改变。新石器时代主要使用磨制石器。磨制石器在设计上体现两个显著特征：第一，均为两种工具组合而成的复合工具，如石刀就是木柄和刀体的组合（如南临汝仰韶文化庙底沟类型彩陶缸所绘制鹳鱼石斧图）。第二，加工手段多样技术高超。敲打磨制技术成熟以及钻孔技术的成熟，二者的结合运用使得原始人类在生产生活中对当时各种技术要素使用得得心应手。

人类最早使用带有锋利边缘的石器和木棒作为兵器，二者结合成为原始时期最初的石矛和石斧原型。石矛和石斧主要对付凶禽猛兽，征服自然。人类最初使用的生产生活工具和武器并无明显区别。石头、木棍、石刀、石矛等兼具生产生活工具和武器双重功能。在原始社会的末期，因为私有财产出现与掠夺—护卫战争，人与人之间、人群与人群之间的斗争使得争斗的工具得以独立产生，形成独立发展、独立功用的兵器。②随着人类生产力提高，人与人之间、人与自然之间的矛盾加剧，兵器逐渐从一般性生产生活工具中抽象脱离出来，专门发展，形成多种类型和样式的兵器家族。③

（三）实用兵器—礼制兵器的同步发展

实用兵器、非实用兵器（礼仪兵器）同时发展。在历

---

① 胡光华. 中国设计史[M]. 北京：中国建筑工业出版社，2010：1–220.

② 王教健. 中国古代冷兵器的文化意蕴[J]. 当代体育科技，2012(8)：80–81.

③ 刘梦藻. 中国古代冷兵器与武术器械[J]. 文史知识，1993(8)：62–65.

第九章 结 语

史发展早期，一些实用兵器同时也是礼仪兵器，例如青铜斧钺、权杖等。随着历史时序发展，实用兵器与礼仪兵器的界限日渐清晰，越到历史后期，礼仪兵器的装饰性、威仪性日渐重要，礼仪兵器种类也日渐繁多。中国古代不同阶层的人（例如皇帝、将军、普通士兵等）使用的兵器都不一样，都与一定身份、层级、阶层、制度礼仪等相关。有的兵器本身就是礼仪器具，而非战斗兵器。兵器的战斗有效部分、装饰部分往往根据分类呈现极大差别。实用兵器的战斗有效部分是主体，装饰部分缺失或很少；礼仪兵器则是以装饰部分为主体，战斗有效部分是次要的，甚至故意隐藏刀锋刀刃等。

实用兵器中的权杖、斧钺等往往为最高权力统治者所拥有，同时也是财富、权力的象征。随着生产力向前发展与社会阶层的分化，权杖、斧钺等实用功能逐渐降低，象征性符号功能逐渐上升。往往在祭祀亡灵、指挥战争或者作出重大决策时候，权杖、斧钺等才体现强大的"礼制"作用。

（四）冷兵器—火兵器的替代发展

依据主要兵器的质地和设计工艺特点，冷兵器迭代演变依次为石制兵器时期（或石木并用时期）、青铜兵器时期、钢铁兵器时期、冷火兵器并用时期。每一次单个兵器微小的技术改变，日积月累，量变发生质变，就会产生显著的技术迭代。人类从冷兵器向冷火并用时期的兵器转变，乃至近乎完全使用火兵器，不仅仅是兵器类型在时间维度上的演进与技术迭代，更重要的是代表人类跨越生产力门槛，是巨大的技术进步。

冷兵器一般指不利用火药、炸药等热能打击系统、热动力机械系统和现代技术杀伤手段，在战斗中直接杀伤敌人，保护自己的武器装备。广义的冷兵器则指冷兵器时代所有的作战装备。出于战争的需要，人们手中的劳动工具越来越多地演变为兵器，促使兵器走出原始时期，与劳动工具分道扬镳。进入阶级社会之后，战争具有了阶级斗争的性质。这些具有独特形制和专门作用的战斗器具才演变成真正意义上的兵器，它连同军队一并成为统治阶级的垄断工具。

宋代处于冷、热兵器并用的开始时期。热兵器是刚刚出现，在技术上尚不成熟，但开始逐渐取代冷兵器。随着传统冷兵器在宋辽夏金时期的衰落，火药兵器已经开始出现在军事装备之中，并大量用于实战。宋王朝在火药兵器的应用上居于世界领先地位，火药规模大，制造种类齐全，装备部队多。此时冷兵器开始与火药兵器并用，互为补充。随着近代西方新科技革命（工业革命）的时代叠加，火药兵器成为热兵器的主要战斗力量，冷兵器开始淡出历史舞台。

二、中国古代冷兵器设计的象形文化规律

从中华兵器发展史来看，兵器雏形的灵感来源于自然。其中体现了华夏民族文化中非常重要的一点：对自然万物的敬畏重视。"人法自然"，我们可以感到先人对自然的一种关注。在兵器制作中，注重师法自然、运用自然法则的思想内核也深深植入了兵器设计文化之中。从实用性和艺术性上，古代兵器都体现出自然万物的影子。冷兵器设计在艺术性上描绘万物形态，表达或崇拜、或威慑、或彰显身份的情感。纹饰作为武术兵器艺术性的重要体现，多用于通过不同文化意象内涵的纹饰，表达制器人、持器人的个人感情需要。动物纹饰、植物纹饰乃至云纹水纹等日月星辰、风雨雷火相关的纹饰都是古人从天地中采撷万物形态，在兵器上描摹倾注感情之用。中国古代冷兵器设计造型重视自然模拟万物，详细规律解读如下。

第一，在从自然中汲取灵感创制兵器，单纯模拟动物的外形或特殊技能进行兵器设计与制作、纹饰装饰与美化，体现模拟仿生或象形性。

第二，实用性上模拟动植物效法生物特殊技能。从仿生来看，有叉形、钳形、爪形、镶形、掌形、甲壳形、刺猬形等。从兵器实物来看，很大一部分与野兽猛禽的仿生有关，如模仿尖牙的狼牙棒，模仿鹰爪的飞爪，模仿牛角的牛角叉，模仿龟壳的盾牌，模仿穿山甲的铠甲。对植物的仿生亦有很多，如柳叶刀、铁蒺藜、梅花钩、梅花针、草镰等。

第三，中国古代兵器不单是对自然万物简单单纯的模仿化用，而是结合了人类对自然规律的认知与感受。观察自然，从中获得启示，继而利用自然资源，把握自然规律，创制出各类兵器来满足争斗的各种需要。在冷兵器设计制造中有效利用自然的思想原则，融合自然与人于一体的精神气度，体现"天人合一"的文化内涵。

三、中国古代冷兵器设计的对立演化规律

（一）中国古代兵器设计中攻—守的辩证结合

中国古代将进攻军事要塞和城池的作战称为"攻"，相应的防守作战称为"守"。

中国古代"攻"的作战形式是围困和强攻。围困就是切断要塞城池的交通和补给。强攻的方法通常是先在城外堆砌用于观察城内的情况和掩护的土山，然后用攻城车等器械撞击城门。此外，还有大量的士兵借助云梯、飞爪等工具攀登城墙，古代的兵书中曾把这种攻城方法概括为筑埋、攻门和蚁附。与此同时，古人还会采取放火烧城和挖地道的方法配合攻城。为了配合攻城守城的作战方式，抛石机应运而生，其利用杠杆原理，通过木质的结构装置将石头或者火药抛射出去，从而毁伤相对较大范围的敌军或大规模的军事目标。

古代守城方法通常是在攻城者接近城墙时，借助城外各种障碍，用弓矢和抛石器等兵器攻击敌军，并以短兵格斗杀伤敌军攻城人员，投掷重物破坏其登城工具。宋辽时期有宽七寸、斧柄长约三尺半的挫王斧，主要用来防守城门时攻击爬上城门的敌军。当时要塞城池城墙的四角通常有高于城墙的望楼用于观察敌情和攻击两面夹击的敌人，也就是早期的瞭望塔。城墙上设置有可以用于掩护守军的胸墙和方便射箭的射孔，每隔一定距离还外筑一个突出部，用以进行侧防和控制死角。

（二）中国古代兵器设计中的相克而生

中国古代冷兵器设计，往往体现对立思维，考虑两种兵器相克而生：

（1）从兵器的使用方式上，设计产生了攻击兵器、防具、马具、车船、机械装置等，攻击兵器与防护兵器互相对立。

（2）从兵器的作战方式上，设计产生了步兵兵器装备、骑兵兵器装备，两者长期对立；攻城兵器装备、护城兵器装备，两者长期对立。

中国古代冷兵器分为正规军队使用的兵器、武林高手使用的兵器，武林高手使用的兵器往往与一般常规冷兵器有所区分和不同。按照兵器本身重量与杀伤力等，中国古代冷兵

器设计考虑重兵器与轻兵器。重兵器讲究威猛，量重，杀伤力强，让对手难以招架，个人使用个性强；轻兵器相对重量轻，讲究移动性、隐蔽性。按照兵器杀伤力大小与否、战斗力实用与否，中国古代冷兵器设计考虑实用兵器、非实用兵器的对立演化。实用兵器讲究实战与杀伤力，非实用兵器讲究威慑性、礼仪性、非实战性等。

在思想方面，阴阳五行学说是古人观察自然时所生发和总结的朴素的关于世界的看法和规律。阴阳五行指导兵器与武术"刚柔并济、以柔克刚"，也深深影响了兵器的设计制作。长短兵器往往互补，攻守兼具。兵器体系中种类各异，可以用于满足各种战事或武术需求。流传最广的十八般武器也是"九长九短"的组合。一些兵器的产生本身就有专门的对抗用途。兵器相克，并非是站在制高点进行绝对统治的地位，而是一种动态的循环从而进行改良和进化。例如：梢子棍（带连枷结构）对抗盾牌；汉之弓弩抵抗匈奴的骑兵，北宋的床弩抵抗辽的骑兵；南宋扑刀抵抗金人的重甲骑兵、铁制盔甲抵抗弓箭、枪矛。这是先人从自然规律中所获得的真知，并由武术体现出来，化入兵器实践之中。

兵器的矛与盾演变往往以材料为基础，取决于诸多内外因素。步、骑兵与战车交战时，手持锋利铁兵器的骑兵步卒与笨重的车兵作战，往往取得战争优势，战车往往甘拜下风。唐代骑兵多不穿铠甲，步兵则用铁铠甲防护。[①]骑兵与步兵协同，对付草原民族的高头大马与百炼钢、冷锻铠甲，唐军取得胜算较多。蒙古西征时，蒙古骑兵则利用"透网剑"与蒙古弯刀，对抗西方的骑兵、步兵，刮起一股征服欧亚大陆草原的蒙古旋风。蒙古骑兵还与炮军（抛石机）等结合，攻打金国、南宋等汉地城池，所向无敌[②]。

四、中国古代冷兵器设计的战争主导规律

中国古代战争形式往往产生伏击、包围袭击、围点打援等具体战略战术，为了适应不同的作战环境、应对不同作战对象一直在不断地发展、分化和融合。兵器的设计随着战争形式的变化同时也在不断发展，与此同时，兵器设计的进步也会间接刺激作战方式的改变。依据作战方式，一切围绕战争胜利，往往在具体战事中使用不同的兵器或兵器组合，甚至上一次的失利战事会成为本次战事中兵器改进的重要原因。战争在相当程度中主导了兵器使用、设计、改

---

① 郭可谦，小沢康美，佐藤建吉. 中国古代冷兵器矛和盾的演变[G] //第二届中日机械技术史国际学术会议论文集. 2000.

② 曹荫之，姚卫薰. 中国古代冷兵器矛和盾的演变[J]. 机械技术史，2000（S）：177-185.

进、管理等。

"战"在中国古代战争中专指野战。所谓野战就是两军对阵相互冲杀的作战形式。这种古老的作战形式并没有明确的攻守之分，战术的关键主要是阵法的运用，步兵战、骑兵战、车战、水战都是在"战"这一战争形式下根据不同的战场环境而应运而生的。

夏商周时期，车战一直是作战形式的主流，主要兵器有车马、长柄的青铜兵器和远距离投射的弓箭。春秋时期，车战达到了高潮，相应的战车和车战时使用的长柄兵器设计和生产达到了空前的规模。每辆战车驾2匹或4匹马。4匹马拉的车为一乘。战车每车载3名甲士，"兵车，则车左者执弓矢，御者居中，车右者执戟以卫"。这是说，为适应车战这一作战形式，兵器配备和设计上，战车左面的甲士持弓，主射；右方的甲士执戟等长兵器，主击刺，并有为战车排除障碍之责；驾驭战车的甲士居中。除3名甲士随身佩戴或手持的武器外，战车上还放置若干其他格斗兵器，以长兵器为主。

春秋末期以及战国时期，随着金属冶炼技术的改进和弓箭射程的增大，尤其是远射弩的出现，目标高大的兵车受到的威胁与日俱增，加之战场范围从平原扩大到山地和江河湖沼地带，兵车战斗效能的发挥受到了极大限制。人们使用战车达到获胜目的的难度越来越大，于是更加机动灵活的步战应运而生，甚至出现了"魏舒毁车以为行"，强制由车战转为了步兵战。战国后期，短兵器开始盛行，多以单手操作来进行刺杀和砍杀，近战杀伤力很强。

随着步兵战术的发展，车战逐渐退出历史舞台，一部分步兵转变成了更加机动灵活的骑兵，形成了步兵骑兵混合作战的形式。骑兵作战形式的出现，使用于战争的马具得以大幅发展，马鞍、马镫相继出现；同时为了应对骑兵的出现，弓、弩等主要用于克制骑兵的远射类兵器普遍用于实战，且种类繁多，如夹弩、瘦弩、唐弩和大弩。

水战的出现主要是辅助陆地上的战斗，由于江河湖海面积广阔，且士兵在水上需借助船的辅助，攻击距离大大拉长，宋辽夏金元时期船长可20~30丈（60~90米）。"飞虎战舰"是最具代表性的一种船舰，这种战船具有轻便快捷的特性，是常用战船型号。当时水军的装备战船还有"海鳅"，这种战船的形状设计灵感来自于海鱼。除了这两种战船，水军的战船还有双车、十棹、防沙平底等各类舰艇。南宋水军统制冯湛制造出了"湖船底、战船盖、海船头尾"的多桨船。

五、中国古代冷兵器设计的文化融合规律

（一）游牧文化与农耕文化的融合

以中国冷兵器为核心，本土文化同外来文化的对抗可分解为两个方向：其一是北方，以太刀（农耕地区本土兵器文代表之一）用来对抗北地蛮夷的弓箭（游牧地区本土兵器文代表之一）。农耕民族在与游牧民族长期的军事对垒、文化融合中，也增加了民族凝聚力与向心力中心地位，推动了历史车轮不断向前发展。其二是东南和南方，随着近现代中国社会发展时序与西方的落差，传统的汉民族用冷兵器抵御资本主义列强的外来火器，在冷火交锋中冷兵器完全处于劣势，这也为战争成败与社会发展时序埋下了伏笔。

（二）东、西方文化的融合

在15世纪大航海时代到来之前，中国是一个相对封闭、自我发展的文化体系，较少受到外来文化冲击。随着宋元时代海上丝绸之路的兴盛与航海技术飞速发展，全球在15世纪日益形成一个一体化的海洋时代。此时中国，日益受到来自海洋的西方的文化、技术冲击。西方大踏步进入工业革命时代，中国却仍然沉浸在"天朝大国"的美梦中。中国古代冷兵器设计在此时受到西方工业革命、火器设计与制造的剧烈冲击，经历了抗拒、吸收、改进西方技术文化的艰难历程。在历史发展的后期，东西方文化的融合在兵器设计与制造上形成一个高潮。

参考文献

[1] 《中国军事史》编写组. 中国历代军事装备[M]. 北京：解放军出版社，2006.

[2] 钟少异. 中国古代军事工程技术史[M]. 太原：山西教育出版社，2008.

[3] 钟少异. 古兵雕虫[M]. 上海：中西书局，2015.

[4] 成东，钟少异. 中国古代兵器图集，[M]. 北京：解放军出版社，1990.

[5] 陈明远，金岷彬. 木石复合兵器——投石索、投石器、投石机[J]. 社会科学论坛，2014（3）.

[6] 刘成纪. 百工、工官及中国社会早期的匠作制度[J]. 郑州大学学报，2015（5）.

[7] 卢嘉锡，王兆春. 中国科学技术史：军事技术卷[M]. 北京：科学出版社，1998.

[8] 周纬. 中国兵器史稿[M]. 天津：百花文艺出版社，2006.

[9] 邹凤波.《周易》设计思想初探[J]. 船山学刊，2010（3）.

[10] 徐新照. 中国兵器创制中的文化思想[J]. 国防科技，2007（10）.

[11] 杨宽. 战国史[M]. 上海：上海人民出版社，2016.

[12] 长沙铁路车站建设工程文物发掘队. 长沙新发现春秋晚期的钢剑和铁器[J]. 文物，1978（10）.

[13] 杨泓. 考古学与中国古代兵器史研究[J]. 文物，1985（8）.

[14] 陆敬严，沈斌，虞红根. 有关中国古代战争与兵器的几个问题[J]. 机械技术史，2000（12）.

[15] 王兆春. 冷兵器的起源、发展和使用[J]. 军事历史，1988（5）.

[16] 段清波. 刀枪剑戟十八般——中国古代兵器[M]. 成都：四川教育出版社，1998.

[17] 杨泓. 中国古代兵器论丛[M]. 北京：文物出版社，1980.

[18] 于孟晨，刘磊. 中国古代兵器图鉴[M]. 西安：西安出版社，2017.

[19] 刘宇峰，方金娴. 略论技击的构成要素——以冷兵器时代军事需求为背景[J]. 体育科技文献通报，2011，19（1）.

[20] 李学勤. 古越阁所藏青铜兵器选萃[J]. 文物，1993（4）.

[21] 庾露茜. 从出土兵器看我国古代冷兵器的演变[J]. 少林与太极，2008（5）.

[22] 石振荣，蔡克勤. 绿松石玉古文化初探[J]. 宝石和宝石学杂志，2007（5）.

[23] 井中伟. 先秦时期青铜戈、戟研究[D]. 长春：吉林大学，2006.

[24] 刘向. 说苑校证[M]. 向宗鲁，校. 北京：中华书局，1987.

[25] 王俊杰. 春秋时期楚国邦交研究[D]. 武汉：华中师范大学，2011.

[26] 班固. 汉书[M]. 北京：中华书局，1962.

[27] 孙楷，徐复. 秦会要订补[M]. 北京：中华书局，1959.

[28] 司马迁. 史记[M]. 北京：中华书局，1982.

[29] 范晔. 后汉书[M]. 北京：中华书局，2007.

[30] 张卫星. 先秦至两汉出土甲胄研究[D]. 郑州：郑州大学，2005.

[31] 张昕瑞. 汉阳陵出土铁器制作工艺与保存现状研究[D]. 西安：西北大学，2018.

[32] 张蓉芳，黄淼章. 南越国史[M]. 广州：广东人民出版社，2008.

[33] 袁康，吴平. 越绝书[M]. 上海：上海古籍出版社，1985.

[34] 韩欣. 中国兵器收藏与鉴赏全书[M]. 天津：天津古籍出版社，2008.

[35] 凌峰. 外来文化对南越的影响[J]. 广东社会科学，1991（4）.

[36] 廖国一. 论古代南越与中原的关系[J]. 广西师范大学学报（哲学社会科学版），2000（4）.

[37] 敬晓庆，于孟晨，师爽. 中国兵器文化概要[M]. 西安：西安出版社，2017.

[38] 金铁木，纪宇. 秦军兵器制作之谜[J]. 出版参考，2005（8）.

[39] 吴蔷薇. 汉代造物艺术的文质观[J]. 山东青年政治学院学报，2008（5）：142-144.

[40] 束景南，郝永. 论扬雄文学思想之"文质相副"说[J]. 文艺理论研究，2007（4）：83-87.

[41] 杨伯峻. 论语译注[M]. 北京：中华书局，2006.

[42] 王兆春. 中国的兵器[M]. 北京：中国国际广播出版社，2010.

[43] 中国社会科学院历史研究所，中国历史年表课题组. 中国历史年表[M]. 北京：中华书局，2019.

[44] 唐电，邱玉朗. 中国古代金属热处理——试论退火、淬火、正火与回火[J]. 金属热处理学报，2001（2）：51-55.

[45] 房玄龄. 晋书[M]. 北京：中华书局，2019.

[46] 庚晋，白杉. 中国古代灌钢法冶炼技术[J]. 铸造技术，2003，24（4）：349-350.

[47] 韩汝玢，柯俊. 中国古代的百炼钢[J]. 自然科学史研究，1984（4）：316-320.

[48] 李振石. 辽宁省北票县北燕冯素弗墓出土文物[J]. 社会科学辑刊，1981（4）：81-163.

[49] 王兆春. 中国的兵器[M]. 北京：中国国际广播出版社，2010.

[50] 薛居正. 旧五代史[M]. 薄小莹，标点. 长春：吉林人民出版社，1995.

[51] 崔明德. 高欢民族关系思想初探[J]. 中国边疆史地研究，2019（3）：24-40.

[52] 谷霁光. 五论西魏北周和隋唐的府兵——府兵制的确立与兵户部曲的趋于消失[J]. 江西师院学报，1983（4）：4-11.

[53] 黄朴民. 魏晋南北朝军事斗争新气象（一）[J]. 文史天地，2019（7）：4-7.

[54] 黄朴民. 魏晋南北朝军事斗争新气象（三）[J]. 文史天地，2019（9）：13-16.

[55] 高敏. 曹魏士家制度的形成与演变[J]. 历史研究，1989（5）：61-75.

[56] 赵昆生. 孙吴世袭领兵制研究[J]. 重庆师范大学学报（哲学社会科学版），2003（4）：18-22.

[57] 高敏. 三国兵志杂考[J]. 河南大学学报（哲学社会科学版），1990（1）：21-32.

[58] 高敏. 两晋时期兵户制考略[J]. 历史研究，1992（6）：20-38.

[59] 马欣，张习武. 十六国军制初探[J]. 天津师大学报（社会科学版），1990（1）：39-44.

[60] 信自力. 历代军事与兵器阵法[M]. 北京：现代出版社，2018.

[61] 高敏. 魏晋南北朝兵制研究[M]. 郑州：大象出版社，1998.

[62] 谷霁光. 府兵制度考释[M]. 上海：上海人民出版社，1962.

[63] 张国刚. 唐代兵制的演变与中古社会变迁[J]. 中国社会科学，2006（4）：178-189.

[64] 张国刚. 唐代团结兵问题辨析[J]. 历史研究，1996（4）：37-49.

[65] 齐勇锋. 五代藩镇兵制和五代宋初的削藩措施[J]. 河北学刊，1993（4）：75-81.

[66] 李云河. 正仓院藏金银钿装唐大刀来源小考[J]. 西部考古，2013（1）：298-311.

[67] 李德文. 安徽南陵县麻桥东吴墓[J]. 考古，1984（11）：974-978.

[68] 刘礼纯. 江西瑞昌朱湖古墓群发掘简报[J]. 南方文物，2003（3）：32-40.

[69] 张桢. 棨戟遥临——陕西历史博物馆藏《列戟图》的前世今生[J]. 文物天地，2019（10）：40-44.

[70] 鲁怒放. 余姚市湖山乡汉—南朝墓葬群发掘报告[J]. 东南文化，2000（7）：41-51.

[71] 万欣. 辽宁北票喇嘛洞墓地1998年发掘报告[J]. 考古学报，2004（2）：209-242.

[72] 于孟晨，刘磊. 中国古代兵器图鉴[M]. 西安：西安出版社，2017.

[73] 南京博物馆. 南唐二陵发掘报告[M]. 北京：文物出版社，1957.

[74] 李德辉. 唐陌刀源流与历史作用[J]. 宁夏社会科学，2002（2）：92-95.

[75] 李林甫. 唐六典[M]. 陈仲夫，点校. 北京：中华书局，2019.

[76] 吴镇烽，陕西省考古研究所. 陕西新出土文物选粹[M]. 重庆：重庆出版社，1998.

[77] 张文才. 太白阴经解说：中国古代著名兵书研究[M]. 北京：线装书局，2017.

[78] 杨泓，于炳文，李力. 中国古代兵器与兵书[M]. 北京：新华出版社，1992.

[79] 冯汉骥. 前蜀王建墓发掘报告[M]. 北京：文物出版社，2002.

[80] 孙机. 床弩考略[J]. 文物，1985（5）：67-70.

[81] 皖西博物馆. 皖西博物馆文物撷珍[M]. 北京：文物出版社，2013.

[82] 于志勇. 新疆民丰县尼雅遗址95MNI号墓地M8发掘简报[J]. 文物，2000（1）：4-40.

[83] 杨泓. 中国古代的甲胄（上篇）[J]. 考古学报，1976（1）：19-46.

[84] 杨泓. 中国古代的甲胄（下篇）[J]. 考古学报，1976（2）：59-96.

[85] 黄明兰. 洛阳北魏元邵墓[J]. 考古，1973（4）：218-224.

[86] 冯汉骥. 前蜀王建墓发掘报告[M]. 北京：文物出版社，2002.

[87] 中国社会科学院考古研究所，河北省文物研究所. 磁县湾漳北朝壁画墓[M]. 北京：科学出版社，2003.

[88] 杨泓. 古代兵器通论[M]. 北京：紫禁城出版社，2005.

[89] 张雪岩. 集安县两座高句丽积石墓的清理[J]. 考古，1979（1）：27-32.

[90] 范永贤. 简述中国古代的造兵业[J]. 军事经济研究，1990（12）：74-78.

[91] 王兆春. 中国科学技术史·军事技术卷[M]. 北京：科学出版社，2016：63.

[92] 肖梦龙. 论吴文化冶铸（下篇）——吴地历代冶金业的发展[J]. 江苏科技大学学报（社会科学版），2006（3）：35-41.

[93] 陈寿. 三国志[M]. 北京：中华书局，2012.

［94］宋应星. 天工开物[M]. 潘吉星, 注. 上海：上海古籍出版社，2019.

［95］沈仲常. 蜀汉铜弩机[J]. 文物，1976（4）：76–77.

［96］周庆基. 关于弩的起源[J]. 考古，1961（11）：608.

［97］谢凌. 战国至三国时期的弩机[J]. 四川文物，2004（3）：52–58.

［98］高承. 事物纪原[M]. 李果, 订. 北京：中华书局，1985.

［99］刘仙洲. 我国独轮车的创始时期应上推到西汉晚年[J]. 文物，1964（6）：1–5.

［100］刘洁. 从褒斜道路况探"流马"功能[J]. 四川文物，2003（4）：78–81.

［101］李迪，冯立升. 对"木牛流马"的探讨[J]. 机械技术史，2002（10）：223–229.

［102］王子今. 诸葛亮"流马""方囊"考议[J]. 四川文物，2015（1）：46–52.

［103］军事科学院世界军事研究部. 世界军事革命史[M]. 北京：军事科学出版社，2012.

［104］脱脱. 宋史[M]. 上海：中华书局，1977.

［105］苏光. 北宋时期军队兵器发展研究[J]. 武术研究，2011，8（9）：30–32.

［106］华岳. 翠微先生北征录[M]. 北京：中华书局，1982.

［107］曾公亮. 武经总要·中国兵书集成 [M]. 北京：解放军出版社，1988.

［108］沈括. 梦溪笔谈[M]. 北京：中华书局，2009.

［109］吴广成. 西夏书事[M]. 影印本. 北平：龙福寺文奎堂，1935.

［110］曾公亮. 武经总要[M]. 北京：商务印书馆，2007.

［111］司马迁. 史记[M]. 北京：商务印书馆，2007.

［112］许慎，汤可敬. 说文解字今释[M]. 长沙：岳麓书社，2001.

［113］李约瑟. 中国科学技术史. [M]. 北京：科学出版社，1990.

［114］沈约. 宋书[M]. 长春：吉林人民出版社，1998.

［115］姚思廉. 梁书[M]. 北京：中华书局，1974.

［116］李筌. 太白阳经[M]. 台北：台湾"商务印书馆"，1982.

［117］欧阳修，宋祁. 新唐书[M]. 北京：中华书局，1975.

［118］周密. 癸辛杂识[M]. 北京：中华书局，1988.

［119］宋濂. 元史[M]. 北京：中华书局，1976.

［120］费兆钺，程业. 合州志[M]. 成都：巴蜀书社，2009.

［121］杜普伊. 武器和战争的演变[M]. 严瑞池，李志兴，等，译. 北京：军事科学出版社，1985.

［122］杨瑀. 山居新语[M]. 上海：上海古籍出版社，2012.

［123］彭大雅. 黑鞑事略[M]. 北京：中华书局，1985.

［124］唐顺之. 武编[M]. 北京：中华书局，1985.

［125］茅元仪. 武备志[M]. 北京：解放军出版社，1989.

［126］赵尔巽. 清史稿[M]. 北京：中华书局，1977.

［127］叶权. 贤博[M]. 北京：中华书局，1987.

［128］戚继光. 纪效新书[M]. 上海：上海新民书局，1935.

［129］戚继光. 练兵实纪[M]. 北京：中华书局，2001.

［130］赵士桢. 神器谱[M]. 上海：上海科学院出版社，2006.

［131］赵尔巽. 明实录[M]. 北京：中华书局，2016.

[132] 胡光华. 中国设计史[M]. 北京：中国建筑工业出版社，2010.

[133] 王教健. 中国古代冷兵器的文化意蕴[J]. 当代体育科技，2012（8）.

[134] 刘梦藻. 中国古代冷兵器与武术器械[J]. 文史知识，1993（8）

[135] 郭可谦，小沢康美，佐藤建吉. 中国古代冷兵器矛和盾的演变[C]//第二届中日机械技术史国际学术会议论文集. 2000.

[136] 曹荫之，姚卫薰. 中国古代冷兵器矛和盾的演变[J]. 机械技术史，2000.